U0345549

三条红线约束下
滨海城市水资源配置

陈立华　田昀艳　王　焰　黄舒萍　等　著

国家重点研发计划项目（2017YFC0405900）
国家自然科学基金项目（51469002;51669003）资助

科 学 出 版 社

北 京

内 容 简 介

本书针对以钦州市为例的桂南滨海城市,在实行最严格水资源管理制度的背景下,分析"三条红线"与水资源优化配置的关系。以钦州市水资源的现状为基础,分析降雨及入海河流径流的演变规律与趋势,定量分析气候因子对地表水资源量变化的影响,对滨海城市地表水资源可利用量进行分析与评价;构建城市可供水量分析框架体系,重点分析大、中、小型蓄水工程与引水、提水工程的可供水量简化计算方法,并对钦州市水利工程可供水量进行分析与预测;结合经济社会发展预测,基于用水效率控制红线对钦州市进行需水量预测分析,分析不同水平年各行业的用水定额和用水效率,采用指标分析法与定额法分析各用水部门需水量。本书构建"三条红线"约束下的钦州市多目标水资源优化配置模型,将"三条红线"的约束指标纳入模型的约束条件中,对钦州市未来的水资源量作供需平衡分析,实现在新形势下对城市水资源进行合理的配置。

本书可为研究"三条红线"约束下的城市水资源配置的研究者提供参考,也可供地理、水利工程、水资源与可持续发展等相关领域的研究人员和高等院校师生阅读。

图书在版编目(CIP)数据

三条红线约束下滨海城市水资源配置/陈立华等著.—北京:科学出版社,2018.7

ISBN 978-7-03-058240-9

Ⅰ.①三… Ⅱ.①陈… Ⅲ.①城市用水-水资源管理-研究-钦州 Ⅳ.①TU991.31

中国版本图书馆 CIP 数据核字(2018)第 154732 号

责任编辑:杨光华 郑佩佩/责任校对:董艳辉
责任印制:徐晓晨/封面设计:耕 者

科 学 出 版 社 出版
北京东黄城根北街 16 号
邮政编码:100717
http://www.sciencep.com

北京凌奇印刷有限责任公司 印刷
科学出版社发行 各地新华书店经销
*
开本:787×1092 1/16
2018 年 7 月第 一 版 印张:13 1/4 彩插:2
2019 年 5 月第二次印刷 字数:315 000

POD定价: 98.00元
(如有印装质量问题,我社负责调换)

前　　言

  水是生命之源、生产之要、生态之基,是事关国计民生的基础性自然资源和支撑经济社会可持续发展的战略性经济资源,也是生态环境保护和建设中的重要控制性因素。随着社会经济的发展和人类活动的加剧,对资源和环境造成了严重的影响。而在 21 世纪,区域社会经济发展与水资源调配直接的互动影响关系更为密切,水资源供需失衡、水资源质量下降、水生态系统恶化,严重威胁着区域生态安全和供水安全,制约着经济社会的可持续发展。

  滨海城市经济发展快速、城市化进程加快,在跨越式发展背景下,对水资源的量、质和供水安全的要求不断提高。广西壮族自治区北部湾由于自然条件限制,独流入海河流集水面积小,源短流急,地表水资源可利用量十分有限,加之水资源时空分配不均的特征,使得水资源面临着更为严峻的供需矛盾。钦州市作为众多滨海城市之一,是"一带一路"南向通道陆海节点城市,区域内主要河流为入海河流,季节性缺水明显,控制性水利工程不足,使得供需矛盾日益突出。因此,必须要对水资源进行科学合理的配置,完善用水管理,建立节水型社会,维护钦州市生态系统的良性循环,促进经济的发展。

  针对水资源过度开发、粗放利用、水污染严重三个方面的突出问题,2011 年国务院发布《关于实行最严格水资源管理制度的意见》,明确提出水资源开发利用控制、用水效率控制和水功能区限制纳污"三条红线"的主要目标,推动经济社会发展与水资源水环境承载能力相适应。随着"三条红线"的建立与实行,传统的水资源配置迎来了新的挑战。当前,有关水资源配置模型的研究经验趋于成熟,模型以多层次、多工程、多用户、多水源为核心,如何将"三条红线"约束下水资源配置模型应用于滨海地区,使之既能满足区域供需水的要求,又能推动社会经济的可持续发展,这是目前研究工作的重点之一。

  在国家自然科学基金项目——桂南滨海城市跨流域江河水网库闸泵多目标调控研究(51469002)的支持下,针对钦州市水资源量、效、质进行研究,从定性、定量两个角度分析气候变化与人类活动对径流的影响,重点分析地表水资源量和可利用量,分析钦州市未来水平年的主要水利工程可供水量;在经济社会发展的需求下,结合"三条红线"中用水效率红线,在三种不同经济发展模式下采用定额法对钦州市进行需水量预测;根据供需水量预测数据,对钦州市水资源做三次平衡分析;面对三次平衡后依旧存在的供需缺口,构建在"三条红线"约束下的水资源配置模型并对其进行求解。

  本书由陈立华、田昀艳、黄舒萍负责统稿工作。本书共 11 章,第 1~2 章由陈立华、田昀艳、黄舒萍撰写;第 3 章由陈立华、王焰、黄舒萍、吕淑婷撰写;第 4~6 章由陈立华、王焰撰写;第 7 章由陈立华、严诚撰写;第 8 章由陈立华、关昊鹏撰写;第 9 章由陈立华、黄舒萍撰写;第 10~11 章由陈立华、关昊鹏、易凯撰写。此外,田昀艳、黄舒萍、滕翔、吕淑婷、冷刚负责书中后期的文字校对和图表编辑。

  本书在现状调查、水利工程基础信息、经济社会发展等资料收集整理方面,及地表水资源量、可利用量分析、水资源供需预测、水资源配置等分析工程中,得到了钦州市水利局、钦州市水文水资源局、钦州市统计局、广西壮族自治区水利厅、广西壮族自治区防汛办抗旱指挥办公室、广西壮族自治区水利工程管理局、广西壮族自治区水文水资源局等有关单位的大力支持和配合。

由于作者水平所限,书中难免有疏漏及不足之处,敬请读者批评指正。

作　者

2018 年 4 月

目　　录

第1章 绪 论

1.1 研究背景及意义

沿海地区是我国人口相对较多、经济发展水平相对较快的区域,经济的快速发展和人民生活水平的提高使得对水量、水质的要求也不断提高,而供水量不足、水资源的严重污染,令原本凸显的水资源供需矛盾更加尖锐化:一方面,农业、工业以及居民生活对水资源的需求越来越大,同时又存在利用效率低、浪费程度严重、水生态被破坏等问题;另一方面,我国存在水资源时空分布不均和总量不足的"先天短板"。在这些因素的共同作用下,水资源的经济效益、社会效益和生态效益难以发挥至最佳,制约了地区的经济发展。

钦州市位于广西壮族自治区(简称广西)北部湾经济区的中心位置,自"九五"开发开放钦州港口岸,加上国家西部大开发的战略布局,钦州市的经济得到了快速发展。2012 年,为贯彻落实国家战略的发展要求,将中国-马来西亚钦州产业园区纳入城市总体规划,钦州市编制完成了《钦州市城市总体规划修改(2012~2030)》,提出以港兴工,工业化、城镇化和农业现代化互动发展,全面推进以"开发钦州、现代钦州、特色钦州"为中心的钦州建设。2014 年,钦州市全市生产总值(GDP)944.42 亿元,比上年增长 8.4%,人均生产总值 2.79 万元,全市总用水量为 15.16 亿 m³,农业、工业、建筑业与服务业、居民生活、生态环境的用水量分别为 11.01 亿 m³、1.77 亿 m³、0.59 亿 m³、1.75 亿 m³、0.04 亿 m³。相比于快速增长的用水趋势,钦州市的水资源开发利用存在以下问题:①在跨越式发展背景下,钦州市的水资源可利用量十分有限,供需矛盾突出;②可调控水资源不足,水资源利用程度低。钦州市境内河流大多为独流入海河流,由于控制性水利工程建设不足,蓄水能力差,水资源调控难度较大,实际可控水资源并不富裕;③水生态安全问题不容乐观。根据《2014 年广西壮族自治区水资源公报》,南流江、钦江、郁江等河流局部河段水质恶化,评价河段中有 23.6% 的河流水质处于Ⅳ~Ⅴ类或劣 Ⅴ 类,污染类型以 COD、氨氮和细菌学指标为主,低于 Ⅲ 类水质标准的地下水控制区面积占总面积的 86.8%。因此,必须加强钦州市水资源管理,优化区域水资源配置,确保城市水资源的可持续发展,实现区域供水一体化,为构建和谐社会、加快北部湾经济区发展建设提供重要保障。

水资源配置从整体出发,分析区域水资源现状和供需关系,综合统筹各种需水状况,确定各类可利用的水资源在环境保护、供水设备等各类限制条件下,对不同区域不同用户进行科学合理的分配[1]。随着 2011 年中央一号文件《中共中央、国务院关于加快水利改革发展的决定》的提出,正式确立了将最严格水资源管理制度作为加快转变经济发展方式的战略举措,如何将最严格水资源管理制度与城市水资源配置相结合是目前的主要工作,而近年来,"三条红线"与水资源配置相结合的定量研究成果较少。当前,如何建立在"三条红线"约束下的水资源配置模型并应用于滨海地区,使之既能落实好最严格的水资源管理制度,又能在满足区域供需水的情况下推动滨海地区的水资源保护,这是目前的研究重点之一。

　　针对钦州市水资源配置的研究,早在 2008 年钦州市水利局、广西壮族自治区水文水资源局钦州市分局共同编制的《广西钦州市水资源综合规划报告》,分别对钦州市 2010年、2020 年、2030 年进行水资源三次供需平衡分析,并对钦州市水资源进行了全方位系统性的规划与配置。然而,面对新时期城市建设规划,为使钦州市有限的水资源支撑全市的建设发展,保证生态环境、资源和社会经济系统的平衡运作,实现水资源的可持续利用和社会的可持续发展,必须要采用新理念、新方法,优化调配钦州市水资源,协调生活、生产、农业和生态用水,以 2014 年为现状年,2020 年、2030 年为规划水平年进行"三条红线"约束下的水资源合理配置,重点研究区域节流与开源、当地水与外流域调水、常规水源与非常规水源等多种水源关系,实现水资源可持续利用,为水资源管理寻求一种新的方法,具有重要的理论价值。

1.2　国内外研究进展

1.2.1　水资源配置模型研究进展

　　国外水资源配置研究较早,Masse[2]于 20 世纪 40 年代提出了水库优化调度问题,以合理配置为目标,系统分析为工具,对当地水库水资源进行优化调度,揭开了水资源优化配置的序幕。由于水资源系统过于复杂,以及政治、决策人偏好等各种非技术性因素的影响,使得仅通过某些简单的优化技术要取得预期的效果比较困难。要想更为详细地描述水资源系统内部的复杂关系,就必须应用模型模拟的技术,从而为水资源的规划调度提供科学依据。

　　最早的水资源模拟模型,是美国陆军工程师兵团(United States Army Corps of Engineers,USACE)于 1952 年为了研究解决美国密苏里河流域 6 座水库的运行调度问题而设计的。Masse 在 1962 年提出了模拟技术在评价流域开发经济指标中的应用实例[3]。Marks 于 1971 年提出水资源系统线性决策规则后,采用数学模型的方法描述水资源系统问题更为普遍[4]。随着系统分析理论和优化技术的引入以及计算机技术的发展,水资源系统模拟模型和优化模型的建立、求解和运行的研究和应用工作不断得到提高。例如,1975 年,Cohon 和 Marks 对水资源多目标问题进行了研究[5]。1975 年,Haimes 和 Hall 应用多层次管理技术对地表水库、地下含水层的联合调度进行了研究,使模拟模型技术向前迈进了一步[6];同年,Grigg 和 Bryson 将系统动力学应用于水资源系统中,他提出的建模方法强调了一种交互式模拟,但模型仅适用于与城市供水系统[7]。1977 年,Haimes[8]将层次分析法(analytic hierarchy process,AHP)和大系统分解原理应用于水资源配置模型中,将流域大系统分解为若干相对独立的子系统,每个子系统应用优化技术分别求出优化解,然后通过全局变量把各子系统优化结果反馈给流域大系统优化模型,得到整个流域的优化解。1978 年,Singh 和 Titli[9]在前人研究的基础上,对流域系统分解、优化和控制理论进行了探讨。1982 年,美国召开"水资源多目标分析"会议,推动了水资源管理多目标决策技术的研究和应用[10]。1984 年,Louie 等[11]利用约束线性规划技术开发了一个旨在与一个或多个仿真模型配合使用的多目标优化程序,以协助水资源规划者建立一个更加统一的全流域管理计划。

20 世纪 80 年代以后,随着计算机的普及、地理信息系统(geograhic information syetem,GIS)的发展以及公众参与水资源管理意识的不断提高,开发多用户参与的交互式多目标水资源配置模型得到了重视。Camara 等[12]将引入了使用数字,语言和图像实体和操作的综合决策辅助模拟(IDEAS)方法的框架应用于水资源管理中。Simonovic[13]为了确定决策支持系统(decision-making support system,DSS)在实施水资源管理实践中的作用,阐述了关于 DSS 特性、体系结构和主要组成部分,特别强调了解决可持续性原则所需的模式,提出了一套原则,并对三个主要子系统(生态,经济和社会)进行了简短论述。Hämäläinen 等[14]将多目标水资源管理和多用户协商决策支持系统的框架应用于芬兰屈米河(Kymijoki)流域。Kipkorir 等[15]开发了一种基于动态规化(dynamic programming)的优化模型来实时制定缺水灌溉决策,并将其应用于肯尼亚 Perkerra,结果表明,通过优化模型可以实现农作物生产的改善。

20 世纪 90 年代中期至今,水资源系统规划管理软件得到了迅速发展,为水资源配置提供了更多的工具,是水资源合理配置的逐步完善阶段。1992 年,Afzal 等[16]针对巴基斯坦(Pakistan)的某个地区的灌溉系统建立了线性规划模型,对不同水质的水量使用问题进行优化,在劣质地下水和有限运河水可供使用的条件下,模型能得到一定时期内最优的作物耕种面积和地下水开采量等成果。Rosegrant 等[17]建立了经济-水文模型框架,该框架考虑了水量分配、农民投资选择、农业生产力以及非农业用水需求和资源退化之间的相互作用,以便估计分配改善带来的社会经济收益和用水效率,并将该模型应用于智利迈波河流域。随着优化算法进一步完善,遗传算法、模拟退火算法等开始在水资源优化配置中应用[18],Mckinney 等[19]提出 GIS 面向对象的地理信息系统(object oriented geograhic information system,OOGIS)的水资源模拟系统框架,进行了流域水资源配置研究的尝试。

相对而言,国外在水资源模拟的软件产品上处于领先优势,开发的模型具有较高的应用价值,充分利用计算机技术完成系统化集成。MIKE BASIN 是由丹麦水利与环境研究所(Danish Hydraulic Institute,DHI)开发的集成式流域水资源规划管理决策支持软件,其最大特点是基于 GIS 开发和应用,以数据显示工具(ArcView)为平台引导用户自主建立模型,提供不同时空尺度的水资源系统模拟计算以及结果分析展示、数据交互等功能。MIKE BASIN 以河流水系为主干,工程、用户以及分汇水点等为节点和相应水力连线构建流域系统图,以用户建立的系统和各类对象相应的属性实现动态模拟。模型考虑了地表水和地下水的联合供水,对不同方式下的水库运行以及水库群联合调度提供了计算方法,并对系统中的农业灌区、水电站及污水处理厂设置了相关计算。目前该软件在国内包括长江、珠江、海河等多个流域和省区的水资源规划管理得到了应用。流域模拟系统(watershed modeling system,WMS)是美国杨百翰大学与陆军工程兵团共同开发的可用于流域模拟的软件,属于能量管理系统(energy management system,EMS)软件系统的一个组成部分。该软件重视水文学和水动力学机理,从宏观和微观两个层次同时反映流域水资源运移转换。WMS以通用的数据接口提供多达十余种的水文模型和水力学模型,并提供多种相关的扩展功能模块供用户选用,内嵌了完整的GIS工具,可以实现流域描绘和各种GIS功能分析。该模型提供融汇地表水和地下水转化影响的二维分布式水文模型,也可以进行水质变化和泥沙传输沉积的模拟,并提供随机模拟以及对各类参数的不确定性分析。目前该软件已被引入国内,并在部分研究中得到了应用。水资源综合管理分析系统(Waterware)是奥地利环境软件与服务公司开发的流域综合管理软件,其功能包括流域的水资源规划管理、水资源配置、污染控制以及水资源开发利用的环境影响评价。软件中集成了GIS分析工具、模拟模型和专家系统,以面向对象数据库为支持,结合GIS直观显示分析结果。Waterware立足于社会经济、环境和技术三个方面分析流域水资源问题,得出合理的水资源以及污染物排放指标的分配。模型以面向对象技术构建,以流域内的水利工程、用水节点、控制站点、河道等基本元素组成的网络为模拟基础,采用水质控制约束下的经济及环境用水分配的效益最大化为目标,实现整个系统的水量计算。Aquarius是由美国农业部(United States Department of Agriculture,USDA)为主开发的流域水资源模拟模型,该模型以概化建立的水资源系统网络为基础,采用各类经济用水边际效益大致均衡为经济准则进行水资源优化分配,并采用非线性规划技术寻求最优解。模型以流域系统内相关的客观实体为建模对象,可对水库、水电站、灌区、市政、工业用水户、各类分汇水节点、生态景观及娱乐等用水要求进行概化反映,并将其有机耦合在一个整体框架之中。交互式组件建模系统(interactive component modeling system,ICMS)是澳大利亚研制的水资源系统管理模型。ICMS由一系列功能组件构成,包括模型创建组件(ICMS Builder)、模型库(Model libraries,MDL)、方案生成(Project)、结果显示(ICMS Views)四部分。其主要特点是强大的交互性和方案生成的灵活性,通过组件式的开发实现由用户选择系统模拟方法。其中ICMS Builder是系统支撑平台并提供系统网络图创建功能;MDL是各专业模块的组合,可以由用户选择嵌入系统中使用;Project在已建立的系统图和选定的计算模型方法基础上,自动生成计算方案并进行模拟计算并以图表形式直观展示计算结果。

　　国内学者在20世纪60年代就开始了以水库优化调度为手段的水资源分配研究。20世纪80年代初,由华士乾教授为首的研究小组对北京地区的水资源利用系统工程方法进行了研究,并在国家"七五"科技攻关项目中加以提高和应用。该项研究考虑了水量的区域分配、水资源利用效率、水利工程建设次序以及水资源开发利用对国民经济发展的作用,成为水资源系统中水量合理分配的雏形。随后,水资源模拟模型在北京及海河北部地区得到了应用。第八个五年计划(简称"八五"计划)期间(1991~1995年),许新宜等[20]提出了基于宏观经济的水资源优化配置理论与方法,主要从经济属性来研究水资源配置决策。谢新民等[21]分析宁夏水资源优化配置的目标及要求,建立了水资源优化配置模型系统。王好芳和董增川[22]根据水资源配置的目标建立了水量分析、水质分析、经济分析、生态环境分析等子模型,并在此基础上,根据大系统理论和多目标决策理论建立了基于量与质的面向经济发展和生态环境保护的多目标协调配置模型,用来解决目前水资源短缺和用水竞争性的问题。白宪台等[23]应用分解聚合技术建立一个大系统多目标决策模型并应用于四湖地区,将系统目标分解为若干子系统,应用向量优化技术求解模型。刘健民等[24]针对京津唐地区水资源大系统供水规划和调度问题,采用大系统递阶分析的原理和方法建立了京津唐地区水资源大系统供水规划和调度优化三级递阶模型和三层递阶模拟模型。

20 世纪 90 年代中期以后,模拟和优化综合模型开始应用于水资源配置中。翁文斌等[25]建立宏观经济水资源规划多目标决策分析模型,将水资源规划和管理列入经济环境的整体研究,开辟宏观经济水资源规化思路。1997 年,冯尚友和刘国全[26]提出水资源可持续的依据、支持条件、发展模式、演变控制等的水资源持续利用理论与框架。中国水利水电科学研究院等单位系统地总结了以往工作经验,将宏观经济、系统方法与区域水资源规划实践相结合,提出了基于宏观经济的多层次、多目标、群决策方法的水资源优化配置理论,开发出了华北宏观经济水资源优化配置模型,为大系统水资源配置研究开辟了新道路[27]。水利部黄河水利委员会进行了"黄河流域水资源合理分配及优化调度研究",综合分析区域经济发展、生态环境保护与水资源条件,是我国第一个对全流域进行水资源配置研究的单位,对构建模型软件实施大流域水资源配置起到了典范作用[28]。赵建世等[29]在考虑水资源系统机理复杂性的基础上,应用复杂适应系统理论的基本原理和方法提出了水资源配置理论和模型,同时对系统的动力机制、主体行为特性和系统状态的评价方法进行了描述,用于分析水资源配置系统的演化规律。尹明万等[30]从时间结构和空间结构两个方面介绍了全面考虑生活用水、生产用水和生态环境用水要求的、系统反映各种水源及工程供水特点的水资源配置模型的建模思路和技巧,给出了模型的基本任务和主要约束方程,并将模型应用于河南省安阳市水资源可持续利用综合规划。

很多学者结合当前发展需求和新技术研究了水资源系统配置的一些理论和方法。王浩等[31]提出了水资源配置"三次平衡"和水资源可持续利用的思想,系统阐述了基于流域的水资源系统分析方法,提出了协调国民经济用水和生态用水矛盾下的水资源配置理论。2003 年,冯耀龙等[32]建立了面向可持续发展的区域水资源优化配置模型,给出了其实用可行的求解方法,并以天津市 2010 年(水平年)的水资源配置为对象进行了应用研究。2005 年,邵东国等[33]从生态环境保护、水权转让、利益补偿、水价形成和集中控制等方面探讨了基于水资源净效益思想的水资源配置机制,构建了基于水资源净效益最大的水资源优化配置模型,并将该模型应用于郑州市郑东新区龙子湖地区。2006 年,黄晓荣等[34]以宏观经济结构为基础,以水资源与经济可持续发展为方向,研究了宁夏地区水资源合理配置和经济结构最优问题。赵勇等[35-37]探讨了广义水资源合理配置的理论内涵、配置系统、配置目标及协调与冲突、研究框架、调控机制、全口径供需平衡分析方法和后效性评价体系,并将开发的广义水资源合理配置模型(workflow access control model,WACM)应用于宁夏回族自治区。严登华等[38-39]将低碳发展理念引入水资源配置中,在整体识别水循环与碳平衡耦合作用机制基础上,构建以区域碳水耦合模拟和水资源配置为主要支撑的技术框架,以应对未来变化环境中的水资源危机。2010 年,吴丽和田俊峰[40]以大连市为例,针对多水源、多用水户的城市水系统特点,建立了城市水资源多目标分配模型,并通过计算各目标的模糊隶属度,将模型转化为模糊多目标决策模型,逐步缩小决策空间来对模型求解。2011 年,张华侨等[41]以常规区域水资源优化配置为基础,为确保城市用水过程中的连续性和安全性,将自来水供水系统作为水资源优化配置对象,构建了城市水资源"双线"配置模型,并将该配置模型应用于新密市城区。2012 年,叶健等[42]以华北某市新区为例,针对生态城市水资源配置的不确定性、模糊、多目标特点,建立了基于不确定性基本理论的不确定性模糊多目标规化(inexact fuzzy multi-objective programming,IFMOP)水资源配置模型。2014 年,刘年磊等[43]将可信性模糊机会约束规划模型与区间规划相结合,提出了不确定环境下的可信性模糊区间线性规划(fuzzy interval linear programming,FILP)模型,将其应用于某城市水资源优化配置与科学管理中。2016 年,吴丹等[44]以需求为导向分析水资源需求量与其相关驱动因素之间的逻辑互动关系,在预测和修正城市需水量的基础上,综合考虑水资源利用的经济、社会与生态环境效益,根据城市水资源需求与供水情况,建立非线性多目标优化模型,实现城市水资源优化配置。2017 年,沈国浩等[45]以北京市大兴区为例,为解决水资源配置系统中的不确定性和层次性问题,开发出具有层次关系的双层优化模型,其中以经济效益为上层目标,配水量为下层目标,并运用模糊满意度算法和 Lingo 软件对模型进行求解。

1.2.2　水资源供需平衡研究进展

国外对水资源供需平衡的研究始于 20 世纪 60 年代初期。1960 年,科罗拉多等几所大学共同探讨了对未来需水量的预测及如何满足未来需水量的方法,充分体现了水资源供需平衡的思想。我国水资源供需平衡的研究始于 20 世纪 50 年代末的西北地区。取得的成果主要体现在:①以需定供到开源节流;②增加工程供水规模到改善管理措施;③粗放式供水向集约式供水转变,主要以提高用水效率为主要目标;④从一次性供水转向水循环多次利用。1959 年完成了"新疆水土平衡",1960 年又有"甘肃河西地区农田用水供需平衡的初步研究"问世。这些研究的特点:一是用水资源量作为供水水量;二是只考虑当时用水量占 90%以上的农田用水作为需水量;三是应当地政府部门的要求,提出适宜的开垦的地区和区域[46]。在全国进行水资源评价的基础上,1987 年根据实际资料对全国分流域按河段进行了水资源供需平衡的计算[47],1980 年根据实际资料对全国分流域按河段进行了水资源供需平衡的计算[47],1999 年又用 1989 年的实际资料,再一次对全国水资源供需平衡作了计算分析[48]。这两次计算所采用的原则是:供水方面,不仅考虑了水资源量,而且直接采用可供水量的计算结果;需水方面,主要是河道外用水,不仅考虑了农业用水(包括牧、林),也考虑了城市人口、工业用水和农村生活用水。在选取保证率时,针对当时全国范围内以农业用水为主,特别是农田灌溉用水占总用水量 80%以上的情况,采用了 $P=75\%$ 中偏枯水年的标准[49]。

进入 20 世纪 90 年代,随着计算机模拟技术的普遍应用,与水资源优化配置的相关研究和成果逐渐增多。1994~1995 年,由联合国开发计划署(United Nations Development Programme,UNDP)和联合国环境规划署(United Nations Environment Programme,

UNEP)组织援助新疆维吾尔自治区水利厅和中国水利水电科学研究院负责实施的"新疆北部地区水资源可持续利用总体规划"项目,在中华人民共和国水利部(简称水利部)、国家经济贸易委员会的支持下,联合自治区有关单位,对新疆北部地区的经济、水资源与生态环境之间的协调发展进行了较为充分的研究,提出了基于宏观经济发展和生态环境保护的水资源规划方案。"八五"期间,水利部黄河水利委员会进行了"黄河流域水资源经济模型研究",并在此基础上,结合国家"八五"科技攻关项目,进行了"黄河流域水资源合理分配及优化调度研究",对地区经济的可持续发展与黄河水资源、地区经济发展趋势与水资源需求、黄河水资源规划决策支持系统、干流水库联合调度、黄河水资源合理配置、黄河水资源开发利用中的主要环境问题进行了深入研究,并取得了较为成功的经验。这项研究是我国第一个对全流域进行合理配置的研究项目,对全面实施流域管理和水资源合理配置起到了典型的示范作用[50]。21 世纪以来,随着水资源优化配置模型技术的进一步完善,相关研究多集中在借助数据分析对模型进行优化等层面上。2001 年,马斌等[51]以系统分析的思想为基础,建立了多水源引水灌溉的优化调配数学模型,通过对新增加工程规模的论证、城市引水量的分析以及多水源工程联合运用的合理运行方式确定等,对实际问题进行了分析计算。王劲峰等[52]研究表明我国水资源供需平衡在空间上存在巨大差异,从而造成了我国跨区域调水的现状,提出了水资源在时间、部门和空间上的三维优化分配理论模型体系。王浩等[53-54]系统地阐述了在市场经济条件下,水资源总体规划体系应建立以流域为对象、以流域水循环为科学基础、以合理的配置为中心的系统观,以多层次、多目标、群决策方法作为流域水资源规划的方法论。贺北方等[55]研究并提出了一种基于遗传算法的区域水资源优化配置模型,利用大系统分解协调技术,将模型分解为二级递阶结构,同时探讨了多目标遗传算法在区域水资源二级递阶优化模型中的应用。2004年,王浩等[56]针对生态环境脆弱的干旱区水资源利用特点,基于水资源二元演化理论和方法,保持水土平衡、水量平衡和水盐平衡,以空间配置、时间配置、用水配置、水源配置、管理配置为基本模式,建立了干旱区水资源合理配置模型。2005 年,唐德善等[57]用分层递阶分析的方法以追求经济效益、社会效益和环境效益为目标建立流域水资源优化配置供水模型,用大系统多目标递阶动态规划方法求解,以太子河流域为例对流域水资源优化配置进行研究。2006 年,沈大军等[58]对水资源配置中以需定供和以供定需两个概念进行了剖析,将以供定需的模式的水资源配置方式应用于海拉尔流域,得到以供定需的模式才能实现水资源的可持续开发利用。2007 年,顾世祥等[59]利用 MIKE BASIN 模型与三次供需平衡理论相结合的方法应用于红河流域水资源配置中,既解决了系列年水资源供需平衡的计算数据量大、方案多、输入输出等问题,又避免典型年法进行供需分析的同频率相加的弊病。2009 年,黄初龙[60]以福建省为例,从水资源供需流程角度,构建了反映水资源供需动态特征的供需平衡评价指标体系,其由水资源丰度、供水能力、用水效率和需水趋势 4 个领域构成,并运用极差变换法对指标进行无量纲化处理,采用 AHP 为指标体系赋权。2011 年,康爱卿等[61]针对当前新形势下水资源配置的基本要求在原有三次平衡分析基础上,提出了水资源全要素优化配置框架下从水量的供需平衡、污染物排污总量控制和水功能区水质达标以及河道生态流量要求等多重目标出发新的三次平衡分析。

2015 年,熊鹰等[62]考虑社会经济发展及城镇生态用水需求的基础上,利用系统动力学方法建立长株潭城市群水资源供需系统模型,仿真模拟传统发展型、发展经济型、节水型、协调型等 4 种不同方案条件下,2012~2030 年长株潭城市群水资源供需变化趋势。2016 年,张腾等[63]采用系统动力学法,建立海淀区水资源供需平衡的系统动力学(system dynamics,SD)模型,结合水资源供需系统所具有的复杂系统特征,在综合考虑水资源需求、水资源供给、非常规供水、生态需水、生产需水、生活需水及缺水率的影响等因素的情况下,分析其水资源供需平衡情况。

1.2.3 "三条红线"约束下水资源配置研究进展

世界各国由于在人文地理、生态文明发展、历史背景、水资源禀赋、政治体制、经济制度以及社会经济发展水平等方面存在显著差异,所以不同国家和地区所采用的水资源管理模式也不尽相同。尽管世界各国的水资源管理模式多种多样,但是归纳概括起来主要有以下几种基本类型:①以江河、湖泊水系的自然流域为单元的流域管理模式;②以地方行政辖区为基础的行政区域管理模式;③基于水资源的某种经济或社会功能或用途设立或委托专门的机构负责所有涉水事务的水资源管理模式;④以江河、湖泊水系内自然流域的水资源管理为中心,对流域内与水资源相关的水能、水产、航运、土地等多种资源实行统一管理的综合水资源管理模式[64]。

2009 年全国水资源工作会议上,水利部提出未来中国将实行最严格的水资源管理制度。其核心是围绕水资源的配置、节约和保护等方面,建立水资源管理的"三条红线",即用水总量红线、用水效率红线和排污总量红线。随着 2011 年中央一号文件《中共中央国务院关于加快水利改革发展的决定》的提出,正式确立了将最严格水资源管理制度作为加快转变经济发展方式的战略举措,如何在水利工作中落实最严格水资源管理制度成为目前面临的最紧迫问题。

许多学者在"三条红线"指标体系和评价方法方面进行了研究,陶洁等[65]为实现"三条红线"控制目标的具体量化,在分析"三条红线"内涵的基础上,从三个控制目标上构建了"三条红线"控制指标体系并将其用于新密市。杨丹等[66]则从评价指标体系入手,以济南市为例,构建了包含目标层、领域层、准则层和指标层的 4 阶递阶层次结构指标体系,并运用层次分析法进行筛选。孙可可和陈进[67]等分析了"三条红线"间的内在关系,并以武汉市为例,划分各行政单元区,对"三条红线"的各评价指标进行初步量化,为探讨制定合理的武汉市水资源管理"三条红线"指标提供借鉴。

近年来,针对"三条红线"和最严格水资源管理的研究主要从定性分析为主,尤其是"三条红线"与水资源配置相结合的定量研究成果较少。吴丹和吴凤平[68]对流域取水权与排污权进行了研究,基于"三条红线"和流域初始水权配置的主从递阶思想,构建了流域初始二维水权耦合配置的双层优化模型。同年,王偲等[69]以滨海城市莱州市为例,在充分考虑不同水源供水潜力和未来需水情况的基础上,构建基于"三条红线"约束的滨海区多水源联合调控模型。2013 年,梁士奎和左其亭[70]以新密市为例,结合人水和谐量化方法,进行了不同方案下的水资源配置结果和谐度分析。2014 年,王伟荣等[71]以南四湖为例,解析了最严格水资源管理制度"三项制度"对水资源配置目标设定的影响,以及"三条红线"对设定约束条件的作用,并分析比较一般模式和最严格水资源管理制度下的配置结果。2015 年,王义民等[72]针对渭河流域水质水量上的问题,在以"三条红线"为控制目标的基础上,考虑跨流域调水与河道内外不同用水需求等,绘制了渭河流域水量水质联合调控节点图,引入改进型一维河流稳态水质模型,建立了基于"三条红线"的水量水质耦合调控模型。同年,孙栋元等[73]针对内陆河流域水资源供需矛盾突出、水资源配置结构不合理、生态环境恶化、用水管理不够完善和管理制度不健全等方面的问题,分析和探讨了基于"三条红线"、生态环境综合治理、地表水与地下水联合调度和流域水资源集成管理的内陆河流域水资源管理模式。2016 年,姜志娇等[74]以平定县为例,在探讨"三条红线"控制指标的选取和确定方法上,结合超效率模型(super-efficiency data envelopment analysis,SE-DEA)建立了以社会、经济和水环境为效益目标的多目标水资源优化配置模型。2018年,钟鸣等[75]以玉环县为例,把正态分布的随机因子引入粒子群优化算法(particle swarm optimization,PSO)的惯性权重项中以提高算法寻优效率,建立"三条红线"约束下的水资源优化配置模型。

1.3　水资源开发利用存在的主要问题

1.3.1　水量现状

钦州市内河流密布,流域面积 100 km² 以上的河流有 32 条,其中属西江水系 7 条,独流入海 25 条。多年平均降雨量为 1 789.01 mm,年降雨总量 187 亿 m³,全市水资源总量为 109.996 亿 m³,2013 年,全市人均水资源占有量为 4 209.9 m³,高于全国 、广西全区人均水平。市内有南流江、钦江、茅岭江、大风江、防城河、北仑河 6 条较大的独流入海河流,钦江、茅岭江、大风江三条主要河流的多年平均水资源量 72.9 亿 m³。其中,钦江多年平均水资源量 22.11 亿 m³;茅岭江多年平均水资源量 29.59 亿 m³;大风江多年平均水资源量 21.2 亿 m³。钦州市水资源开发利用程度约 18.2%,其中,钦江为 32%,茅岭江为 11%,大风江为 5%。以钦州市划分水资源计算分区,钦州市可划分为钦北区、钦南区、钦州港区、灵山县、浦北县 5 个水资源计算分区。各计算分区面积及河流情况见表 1-1。

表 1-1　钦州市各计算分区面积及河流情况表

计算分区	面积/km²	主要河流
钦南区	2 442	大风江、茅岭江、钦江和其他独流入海小支流
钦北区	2 217	钦江、茅岭江
钦州港区	152	金鼓江
灵山县	3 558	大风江、钦江、武思江、沙坪河、罗凤河
浦北县	2 526	南流江干流(部分)、张黄江、马江、武利江、武思江
合计	10 895	

通过 1956~2013 年共 58 年长系列资料计算,钦州市多年平均降雨量为 1 789.01 mm,各来水频率下降雨量见表 1-2。

表 1-2　钦州市年降雨量特征值

面积 /km²	多年平均 降雨量/mm	不同来水频率下年降雨量/mm				
		$P=20\%$	$P=50\%$	$P=75\%$	$P=90\%$	$P=95\%$
10 895	1 789.01	2 022.24	1 769.03	1 586.61	1 437.44	1 354.74

通过 1953~2013 年共 61 年长系列资料计算,钦州地表水资源总量为 109.996 亿 m³,根据《钦州市水资源综合规划报告》,钦州市多年平均地下水资源量为 24.89 亿 m³;地表水、地下水重复计算量为 24.89 亿 m³。钦州市各来水频率下径流量见表 1-3。

表 1-3　钦州市年径流量特征值

面积 /km²	多年平均 径流量/(亿 m³)	不同来水频率年径流量/mm				
		$P=20\%$	$P=50\%$	$P=75\%$	$P=90\%$	$P=95\%$
10 791	109.996	134.26	106.53	85.47	69.26	60.71

尽管水资源丰富,但地表水资源年内年际分配不均匀,降雨过程与需水过程不匹配,汛期多雨,枯季少雨,钦州市内年降雨量集中在 5~8 月,降雨量占全年的 2/3,各雨量站变差系数 C_v 值在 1.7~2.3,最大降雨量与最小降雨量的差值在 1 000 mm 上。汛期降雨量强度大,流域内控制性拦洪蓄水工程严重不足,主汛期洪水泛滥难以调控,造成大量洪水资源白白奔流入海,到枯季或枯水年又常出现大面积干旱。市内地形主要为山丘区,地下水主要为松散层孔隙潜水和基岩裂隙水,由于松散层孔隙含水层分布面积小,基岩裂隙含水层补给及储存条件较差,钻孔涌水量小,含水层富水性极不均匀,故地下水资源不能作为集中供水水源。

钦州市是农业大市,农业用水量是大部分用水量,但市内主要河流为独流入海诸河,源短流急,控制性水利工程不足,流域蓄水能力较差,实际可控水资源并不富裕,导致局部区域农业缺水比较严重,农村饮水安全得不到保障,而现有农田建设投资水平低,灌溉技术落后,渠系损耗较大,农业用水效率低下且浪费严重,还有部分农村地区人畜饮水存在困难,有 35% 左右耕地无法得到有效灌溉。

1.3.2　水质现状

钦州市经济的快速发展在一定程度上对生态环境造成了影响,根据《2014 年广西壮族自治区水资源公报》,南流江、钦江、郁江等河流局部河段水质恶化,评价河长中有 23.6% 的河流水体处于 IV~V 类或劣 V 类,根据广西水环境监测中心的水质监测数据来看,河流水质超标的主要污染物为总磷、五日生化需氧量、氨氮、高锰酸盐、粪大肠菌群指数。主城区现仅有一座污水处理厂,位于大榄江北岸,沙井大道南侧,其设计规模为 8 万 m³/日,处理工艺采用序批式反应器(sequencing batch reactor,SBR)生化处理值循环式活性污泥法（cyclic activated sludge system，CAST）氧化沟。钦州港区、市域县城及乡镇尚未建成污水处理厂。污水经化粪池等简单处理或未经处理，直接排入附近水体，对地表水造成污染。

近年来，钦州市虽然已经划定了饮用水源保护区，并执行了一系列的保护措施，但境内三大主要河流的水质有变差的趋势。根据调查了解，造成河流水体污染的原因：①沿江中小企业众多，排污口多，安装废水自动监控设备的企业较少，仅能对部分企业实行在线监测。沿钦江有许多造纸厂和制糖厂，部分企业的污水未经任何处理直接排入河流。钦州市域内各区划、重点产业园区供水水源单一，供水集中程度较高，缺少备用水源；甚至个别产业园区和工业区布局或规划布局在河流上游河段或水源地附近，致使水源地突发性水污染事件的风险加大。②沿江乡镇居民生活污水没有得到有效处理，乡镇污水处理厂设施不完善，生活污水未经处理直接排入水体。部分乡镇卫生院、食品厂、屠宰场等产生的污水直接排放，严重影响河流水质。③部分居民利用水库丰、枯水季节的水位落差，在水库蓄水范围内种植大量果蔬和经济作物，或者在河道岸边种植农作物，施肥、浇灌、喷洒农药，导致水库、河流水体富营养化，形成面源污染。④沿江居民利用水面进行网箱养殖及放养鸡、鸭、猪等畜禽，向水体排放、倒放养殖污水以及投料饲养带来的污染，造成水质富营养化，微生物和病菌增多。⑤江河水库周边原有的水源林大量改种成速生桉等经济林，速生桉的枝叶落入水中，造成水体变黑变黄。⑥钦州市水源保护区规划与工业园区布局不够协调的问题仍然存在，近年来水源保护区调整相对频繁，水源保护工程建设受到较大影响，工程建设推进缓慢。部分计算分区污水处理费收费标准较低，一些已建成的城市污水处理厂不能满负荷运行。

1.3.3 水旱灾害

由于钦州市地处沿海，属于南亚热带季风气候区，湿润多雨，且容易受到热带风暴的影响，造成强降雨和风暴潮，产生暴雨洪水，再加上钦州市属于丘陵地区，地势北高南低，境内山峦起伏绵延交错，受地形对气流的影响，暴雨频发。而枯水季节降水量少，气温高、日照长、水面蒸发量大，季节性干旱缺水矛盾突出。据《广东省文史资料》和《钦州县自然灾害史料》等记载，1099~1949 年，出现较严重的旱灾 40 多次，较严重的水灾上百次，中小旱涝灾害不计其数。通过对钦州市 1950~2001 年旱涝灾害统计，有 47 年旱灾，有 31 年水灾，旱涝灾害几乎每年都发生，尤其是大旱涝灾害出现的频率最高。灾害的周期在缩短，1970 年中期前，平均 8 年出现一次大旱灾，5 年出现一次大水灾；20 世纪 70 年代中期至今，每隔 2~3 年就出现一次严重的旱涝灾害。

根据钦州市水利局防汛抗旱办公室所统计的钦州市历年灾害数据得到，2000~2014年，钦州市发生大小洪涝灾害 39 次。2001 年，全市旱涝灾害损失折合人民币 6.905 亿元，占当年 GDP 的 4.7%。2006 年 6~8 月发生了 7 次洪灾，直接经济损失达 1.2 亿元，山洪灾害导致的受灾面积达到 10 527 km²。2011 年汛期，钦州市遭受了多次强降雨和热带气旋的袭击及影响，尤其受到第 17 号台风"纳沙"的严重影响，发生了较严重的洪涝灾害。境内三大河流中的钦江、大风江在台风影响期间出现超过警戒水位的洪水，其中钦江市发生了 1986 年以来的最大洪水。全市 393 座水库在台风影响期间先后有 73 座水库超汛限水位。因灾导致的直接经济损失 64 551.06 万元,其中水利设施直接经济损失 4 799.95 万元。2014 年台风"威马逊"造成 125.2 万人受灾,农作物受灾面积 82 864.7 hm²,全市直接经济损失 45.51 亿元。台风"海鸥"致使钦州市各地普遍降大暴雨,受灾人数 67.33 万,农作物受灾面积 44 336 hm²,因灾倒塌房屋 884 间,全市直接经济损失 44 939.6 万元。其中农林牧渔业损失 31 392.46 万元,水利工程损失 2 447 万元。

受钦州市特殊的地理位置、多变的气候条件和特定的地质地貌特征等因素的综合影响,由台风暴雨所形成的洪水灾害频发,每年汛期防汛形势十分严峻。目前,全市灾害预警预报体系尚未全面建立,抗御山洪灾害的能力低,病险水库的数量还较多,加大了洪灾风险。此外,防汛的非工程措施仍然薄弱,缺乏洪水风险分析研究,水利信息化建设缓慢,流域和水库自动化预报及大坝自动化监测程度较低。

1.3.4　供需不平衡

随着国家西部大开发战略决策的转移和广西北部湾经济区的开放开发,国务院批准的《广西北部湾经济区发展规划》将钦州市定位为大型临海工业城市。按照大型临海工业城市的发展布局,目前,已有中国-马来西亚钦州产业园区(简称中马钦州产业园区)、钦州保税港区和钦州港经济技术开发区三个国家级地厅级机构共管、共推钦州市发展,已有中油、造船、金桂浆纸等一批特大型企业落户。工业的迅猛发展以及人口的不断增长,使得钦州市的用水趋势呈跳跃式增长。根据《钦州市水资源综合规划报告》以及目前水利设施年供水能力 15.41 亿 m³ 作供需平衡计算,当来水保证率 $P=75\%$ 时,2020 年全市工农业总需水量 21.45 亿 m³(其中城区、临海工业园区、中马钦州产业园区 5.57 亿 m³),将缺水 6.04 亿 m³;2030 年全市总需水量 23.74 亿 m³(其中城区、临海工业园区、中马钦州产业园区 7.30 亿 m³),将缺水 8.33 亿 m³。

1.4　主要研究目标与内容及技术路线

1.4.1　研究目标与内容

钦州市在实际可控制水资源量不足和跨越式的发展方式共同作用下,必将加剧未来水资源供需矛盾。目前,围绕钦州市"三条红线"约束下水资源配置的相关研究较少。在以钦州市可持续发展为目标的水资源合理供给配置过程中,如何保持满足社会、经济、生态协调发展的基本供需平衡关系,保障合理配置的现实可行性,如何在水资源配置中加强水质的控制和约束作用,达到优化配置和水环境保护的目的,是本书研究的重点和目标。通过在钦州市建立以水量分配为核心,结合最严格水资源管理制度下的水资源配置方式,对以钦州市为例的南方滨海城市水资源配置模式开展探索,保障水资源得到优化配置、高效利用,促进资源、环境和经济社会协调发展,实现流域水资源的可持续利用,建设"人水和谐"的节水型社会。

　　钦州市水资源配置研究的总体思路是:紧紧围绕城市水资源的开发及利用现状,根据区域经济未来发展需求,通过三次供需平衡的方法对钦州市现有水资源进行分析,研究钦州市发展现阶段的可供水量与所需水量的关系,通过对供水系统结构和需水系统结构的不适应情况进行分析,查明原因,提出解决水资源实际供应能力与需求之间矛盾的方法。钦州市通过水量分配、制定保障措施,推动水资源合理配置、高效利用,进而遏制生态环境的进一步恶化,为实现区域水资源的可持续利用,促进流域经济、社会与生态环境的协调发展提供技术参考和依据。

　　本书共 11 章,各章内容如下。

　　第 1 章,绪论。重点分析本书的研究背景、意义和国内外研究进展、钦州市水资源开发利用现状,阐述水资源配置在"三条红线"约束下面临的挑战,及本书的主要内容和技术路线。文献综述分别对水资源配置模型、水资源供需平衡及"三条红线"约束下水资源配置实证研究成果进行简要叙述和评价。

　　第 2 章,"三条红线"的内涵。本章主要对"三条红线"的内容作介绍,列举"三条红线"约束下钦州市各级单位的指标,并对考核内容进行简要阐述。

　　第 3 章,钦州市水资源开发利用情况。本章介绍钦州市地理地貌、气候特征、河流水系及社会经济的概况,同时对经济社会资料进行分析,以《2014 年钦州市水资源公报》为依据,通过供水量、用水量及耗水量三个方面重点分析钦州市水资源开发利用现状。

　　第 4 章,钦州市水资源量分析评价。本章在对钦州市水资源计算分区 DEM 的填充、水流方向提取,流域河网提取和子流域划分的基础上,阐述其水文资料基本情况,详细介绍水资源量分析方法,并对钦州市降雨量及入海河流径流演变规律与趋势进行分析,以及对钦州市地表、地下水资源总量进行计算分析。

　　第 5 章,钦州市地表水资源可利用量。本章重点介绍水资源可利用量的计算方法及各方法用于钦州市地表水资源可利用量的计算成果。

　　第 6 章,气候因子对地表水资源量变化影响的定量分析。本章主要定量分析气候因子对地表水资源量变化影响,从趋势、变异、周期性三方面定性分析气候变化与人类活动对径流的影响,并在蒸发差值法对径流量还原的基础上,结合采用改进累积量斜率变化率比较法(slope charging ratio of cumulative quantity,SCRCQ)定量分析各因子对径流减少影响的贡献率分析。

　　第 7 章,钦州市水资源需求态势分析。本章主要阐述钦州市需水量预测的相关原理和方法,并对钦州市未来生活、工业、建筑业和第三产业、农业、生态需水量进行预测及综合分析。

　　第 8 章,钦州市水利工程可供水量分析与预测。本章主要阐述钦州市可供水量分析的方法及主要水利工程供水量预测结果,与第 7 章共同为区域水资源供需分析及合理配置设计奠定基础。

　　第 9 章,钦州市水资源三次供需平衡分析。本章阐述水资源三次供需平衡分析的计算原理,并分析钦州市供用水量的现状,及对未来供水量、需水量预测后进行三次供需平衡分析。

第 10 章,"三条红线"约束下的水资源优化配置模型。本章简要阐述"三条红线"约束下的水资源优化配置方法,重点介绍建立的水资源优化配置模型及其求解的方法。

第 11 章,水资源优化配置模型求解。本章简要分析水资源优化配置的方案,确定模型参数与水资源限制量,利用第 10 章所介绍的方法对模型进行求解,并详细叙述求解的步骤及结果,对配置方案进行评价,提出措施和建议。

1.4.2 技术路线

本书在收集水文资料、水利工程、经济社会发展现状与规划资料的基础上,分析钦州市水资源现状、降雨量及入海河流径流演变规律与态势,定量分析气候因子对地表水资源量变化影响,并对滨海城市地表水资源可利用量进行分析与评价;构建城市可供水量分析框架体系,重点分析大、中、小型蓄水工程与引水、提水工程的可供水量简化计算方法,并对钦州市水利工程可供水量进行分析与预测;结合经济社会发展预测,基于用水效率控制红线对钦州市进行需水量预测分析,在三种不同经济增速下分析不同水平年各行业用水定额和用水效率,采用指标分析与定额法分析各用水部门需水量。构建"三条红线"约束下的钦州市多目标水资源优化配置模型,将"三条红线"的约束指标编入模型的约束条件中,对钦州市未来的水资源量作供需平衡分析,以实现在新形势下对城市水资源进行合理的配置。

本书的技术路线如图 1-1 所示。

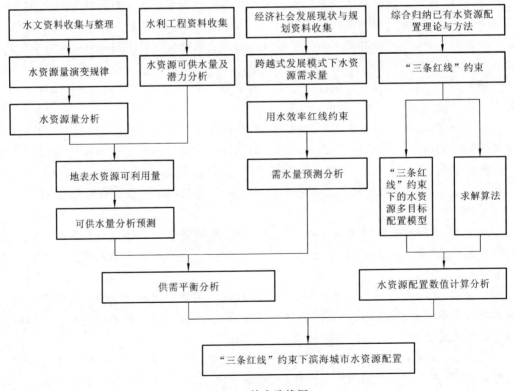

图 1-1　技术路线图

1.5 小 结

本章对本书的研究背景及意义进行了论述,综述了水资源配置模型、水资源供需平衡、"三条红线"约束下水资源配置三个方面的国内外研究进展,分析了钦州市水资源开发利用存在的主要问题,提出了本书的主要研究目标与内容及研究技术路线。

参 考 文 献

[1] 游进军,甘泓,王浩. 水资源配置模型研究现状与展望[J]. 水资源与水工程学报,2005(3):1-5.

[2] MASSE P B P. Les reserves et la regulation de l'avenir dans la vic economique[D]. Hermann Et CiePairs,1946.

[3] MASSE A. Design of Water-Resource Systems[M]. New York:Harvard University Press,1962.

[4] MARKS D H. A new method for the real time operation of reservoir systems[J]. Water Resources Research,1971,23(7):1376-1390.

[5] COHON J L,MARKS D H. A review and evaluation of multi-objective progamming technique[J]. Water Resources Research,1975,11(11):208-220.

[6] HAIMES Y Y,HALL W A. Multi-objective in water resources system ancrlysis:the surrogate worth trade off method[J]. Water Resources Research,1975,10(4):615-624.

[7] GRIGG N S,BRYSON M C. Interactive simulation for water system dynamics[J]. Journal of the Urban Planning & Development Division,1975,101(1):77-92.

[8] HAIMES Y Y. Hierarchial Analysis of Water Resources Systems:Modeling and Optimization of Large-Scale Systems[M]. New York:Mc Graw-Hill Interational Book Company,1977.

[9] SINGH M G,TITLI A. Systems:Decomposition,Optimisation and Control[M]. England:Pergamon Press,1978.

[10] HAIMES Y Y. Multiobjective analysis in water resources[J]. New York Ny American Society of Civil Engineers,1982.

[11] LOUIE P W F,YEH W G,HSU N S. Multiobjective water resources management planning[J]. Journal of Water Resources Planning & Management,1984,110(1):39-56.

[12] CAMARA A S,FERREIRA F C,LOUCKS D P,et al. Multidimensional simulation applied to water resources management[J]. Water Resources Research,1990,26(26):1877-1886.

[13] SIMONOVIC S I. Decision support systems for sustainable management of water resources:1. general principles[J]. Water International,1996,21(4):233-244.

[14] HäMäLäINEN R,KETTUNEN E,MARTTUNEN M,et al. Evaluating a framework for multi-stakeholder decision support in water resources management[J]. Group Decision & Negotiation, 2001,10(4):331-353.

[15] KIPKORIR E C,RAES D,LABADIE J. Optimal allocation of short-term irrigation supply[J]. Irrigation & Drainage Systems,2001,15(3):247-267.

[16] AFZAL J,NOBLE D H,WEATHERHEAD E K. Optimization model for alternative use of different quality irrigation waters[J]. Journal of Irrigation & Drainage Engineering,1992,118(2):218-228.

[17] ROSEGRANT M W,RINGLER C,MCKINNEY D C,et al. Integrated economic-hydrologic water modeling at the basin scale:The Maipo river basin[J]. Agricultural Economics,2000,24(1):33-46.

[18] WARDLAW R,SHARIF M. Evaluation of genetic algorithms for optimal reservoir system operation[J]. Journal of Water Resources Planning & Management,1999,125(1):25-33.

[19] MCKINNEY D C,CAI X. Linking GIS and water resources management models:An object-oriented method[J]. Environmental Modelling & Software,2002,17(5):413-425.

[20] 许新宜,王浩,甘泓.华北地区宏观经济水资源规划理论与方法[M].郑州:黄河水利出版社,1997.

[21] 谢新民,裴源生,秦大庸,等.二十一世纪初期宁夏所面临的挑战与对策[J].水利规划设计,2002(2):19-25.

[22] 王好芳,董增川.基于量与质的多目标水资源配置模型[J].人民黄河,2004,26(6):14-15.

[23] 白宪台,吴华,关庆滔,等.湖区水资源综合开发的多目标分解-聚合模型[J].水利学报,1991(6):1-11.

[24] 刘健民,张世法,刘恒.京津唐地区水资源大系统供水规划和调度优化的递阶模型[J].水科学进展,1993,4(2):98-105.

[25] 翁文斌,蔡喜明,史慧斌,等.宏观经济水资源规划多目标决策分析方法研究及应用[J].水利学报,1995(2):1-11.

[26] 冯尚友,刘国全.水资源持续利用的框架[J].水科学进展,1997,8(4):301-307.

[27] 许新宜,王浩,甘泓.华北地区宏观经济水资源规划理论与方法[M].郑州:黄河水利出版社,1997.

[28] 常炳炎,薛松贵.黄河流域水资源合理分配和优化调度[M].郑州:黄河水利出版社,1998.

[29] 赵建世,王忠静,翁文斌.水资源复杂适应配置系统的理论与模型[J].地理学报,2002,57(6):639-647.

[30] 尹明万,谢新民,王浩,等.基于生活、生产和生态环境用水的水资源配置模型[J].水利水电科技进展,2004,24(2):5-8.

[31] 王浩,秦大庸,王建华.流域水资源规划的系统观与方法论[J].水利学报,2002,33(8):1-6.

[32] 冯耀龙,韩文秀,王宏江,等.面向可持续发展的区域水资源优化配置研究[J].系统工程理论与实践,2003,23(2):133-138.

[33] 邵东国,贺新春,黄显峰,等.基于净效益最大的水资源优化配置模型与方法[J].水利学报,2005,36(9):1050-1056.

[34] 黄晓荣,张新海,裴源生,等.基于宏观经济结构合理化的宁夏水资源合理配置[J].水利学报,2006,37(3):371-375.

[35] 裴源生,赵勇,张金萍.广义水资源合理配置研究(I):理论[J].水利学报,2007,38(1):1-7.

[36] 赵勇,陆垂裕,肖伟华,等.广义水资源合理配置研究(II):模型[J].水利学报,2007,38(2):163-170.

[37] 赵勇,陆垂裕,秦长海,等.广义水资源合理配置研究(III):应用实例[J].水利学报,2007,38(3):274-281.

[38] 严登华,秦天玲,张萍,等.基于低碳发展模式的水资源合理配置框架研究[J].水利学报,2010,41(8):970-976.

[39] 严登华,秦天玲,肖伟华,等.基于低碳发展模式的水资源合理配置模型研究[J].水利学报,2012,43(5):586-593.

[40] 吴丽,田俊峰.基于模糊多目标决策的城市水资源优化配置研究[J].南水北调与水利科技,2010,8(5):80-84.

[41] 张华侨,窦明,张海林,等.城市水资源"双线"配置模型研究[J].水电能源科学,2011,29(3):20-23.

[42] 叶健,刘洪波,闫静静.不确定性模糊多目标模型在生态城市水资源配置中的应用[J].环境科学学报,2012,32(4):1001-1007.

[43] 刘年磊,蒋洪强,吴文俊.基于不确定性的水资源优化配置模型及其实证研究[J].中国环境科学,2014,34(6):1607-1613.

[44] 吴丹,王士东,马超.基于需求导向的城市水资源优化配置模型[J].干旱区资源与环境,2016,30(2):31-37.

[45] 沈国浩,陆美凝,宗志华.城市水资源协调配置问题中双层规划模型及应用[J].水电能源科学,2017,35(4):32-36.

[46] 汤奇成,张捷斌,程维明.中国西部地区水资源供需平衡预测[J].自然资源学报,2002,17(3):327-332.

[47] 水利电力部水文局.中国水资源评价[M].北京:水利电力出版社,1987.

[48] 水利电力部水利水电规划设计院.中国水资源利用[M].北京:水利电力出版社,1989.

[49] 张国良.21 世纪中国水供求[M].北京:中国水利水电出版社,1999.

[50] 常炳炎,薛松贵.黄河流域水资源合理分配和优化调度[M].郑州:黄河水利出版社,1998.

[51] 马斌,解建仓,汪妮,等.多水源引水灌区水资源调配模型及应用[J].水利学报,2001,32(9):59-63.

[52] 王劲峰,刘昌明,于静洁,等.区际调水时空优化配置理论模型探讨[J].水利学报,2001,32(4):7-14.

[53] 王浩,秦大庸,王建华.流域水资源规划的系统观与方法论[J].水利学报,2002,33(8):1-6.

[54] 王浩,陈敏建,何希吾,等.西北地区水资源合理配置与承载能力研究[J].中国水利,2004(22):43-45.

[55] 贺北方,周丽,马细霞,等.基于遗传算法的区域水资源优化配置模型[J].水电能源科学,2002,20(3):10-12.

[56] 王浩,秦大庸,郭孟卓,等.干旱区水资源合理配置模式与计算方法[J].水科学进展,2004,15(6):689-694.

[57] 唐德善,王霞,赵洪武,等.流域水资源优化配置研究[J].水电能源科学,2005,23(3):38-40.

[58] 沈大军,刘斌,郭鸣荣,等.以供定需的水资源配置研究:以海拉尔流域为例[J].水利学报,2006(11):1398-1402.

[59] 顾世祥,李远华,何大明,等.以 MIKE BASIN 实现流域水资源三次供需平衡[J].水资源与水工程学报,2007,18(1):5-10.

[60] 黄初龙.基于指标体系的区域水资源供需平衡时空分异评价[J].中国农村水利水电,2009(3):28-31.

[61] 康爱卿,魏传江,谢新民,等.水资源全要素配置框架下的三次平衡分析理论研究与应用[J].中国水利水电科学研究院学报,2011,9(3):161-167.

[62] 熊鹰,李静芝,蒋丁玲.基于仿真模拟的长株潭城市群水资源供需系统决策优化(英文)[J].Journal of Geographical Sciences,2015,68(11):1357-1376.

[63] 张腾,张震,徐艳.基于 SD 模型的海淀区水资源供需平衡模拟与仿真研究[J].中国农业资源与区划,2016,37(2):29-36.

[64] 黄昌硕,耿雷华.基于"三条红线"的水资源管理模式研究[J].中国农村水利水电,2011(11):30-31.

[65] 陶洁,左其亭,薛会露,等.最严格水资源管理制度"三条红线"控制指标及确定方法[J].节水灌溉,2012(4):64-67.

[66] 杨丹,张昊,管西柯,等.区域最严格水资源管理"三条红线"评价指标体系的构建[J].水电能源科

学,2013,31(12):182-185.

[67] 孙可可,陈进.基于武汉市水资源"三条红线"管理的评价指标量化方法探讨[J].长江科学院院报, 2011,28(12):5-9.

[68] 吴丹,吴凤平.基于双层优化模型的流域初始二维水权耦合配置[J].中国人口·资源与环境,2012, 22(10):26-34.

[69] 王偲,窦明,张润庆,等.基于"三条红线"约束的滨海区多水源联合调度模型[J].水利水电科技进 展,2012(6):6-10.

[70] 梁士奎,左其亭.基于人水和谐和"三条红线"的水资源配置研究[J].水利水电技术,2013,44(7): 1-4.

[71] 王伟荣,张玲玲,王宗志.基于系统动力学的区域水资源二次供需平衡分析[J].南水北调与水利科 技,2014,12(1):47-49.

[72] 王义民,孙佳宁,畅建霞,等.考虑"三条红线"的渭河流域(陕西段)水量水质联合调控研究[J].应用 基础与工程科学学报,2015,23(5):861-872.

[73] 孙栋元,金彦兆,李元红,等.干旱内陆河流域水资源管理模式研究[J].中国农村水利水电, 2015(1):80-84.

[74] 姜志娇,杨军耀,任兴华.基于"三条红线"及 SE-DEA 模型的水资源优化配置[J].节水灌溉, 2016(11):81-84.

[75] 钟鸣,范云柱,向龙,等.最严格水资源管理与优化配置研究[J].水电能源科学,2018,36(3):26-29.

第2章 "三条红线"的内涵

2.1 "三条红线"约束下水资源配置面临的挑战

2.1.1 水资源配置内涵

水资源配置的内涵是指在一个特定流域或区域范围内,遵循公平性、高效性和可持续利用的基本原则,充分考虑市场经济规律和水资源合理配置原则,采用工程与非工程措施,通过合理抑制需求,有效增加供水等措施,对有限的、不同性质的水资源在不同用水部门之间进行优化分配,协调生活、生产、生态用水量,达到抑制需求、保障供给、协调供需矛盾、满足多目标要求,最终实现水资源的可持续利用和经济社会的可持续发展。

2.1.2 "三条红线"内容

2011年中共中央一号文件明确提出了最严格的水资源管理制度,并确立了"四项制度,三条红线"的管理要求。最严格水资源管理制度中"四项制度"分别是:用水总量控制制度、用水效率控制制度、水功能区限制纳污制度、水资源管理责任和考核制度。"三条红线"分别是:用水总量控制红线;用水效率控制红线;水功能区限制纳污红线。具体内容为:

(1)用水总量控制红线是对区域内用水总量的严格控制,对未来水平年区域内用水总量提出控制目标;

(2)用水效率控制红线是对区域内用水指标的严格控制,突出对区域内"万元工业增加值用水量"和"农田灌溉有效利用系数"两项指标的约束性设定,还可以延伸至"人均综合用水量""万元GDP用水量""人均生活用水量"等指标的严格约束;

(3)水功能区限制纳污红线是区域内的水功能区对入河污染物排放量的严格控制,对未来水平年区域内江河水库水功能区水质达标率和河流交界断面水质达标率提出控制目标。

2012年《国务院关于实行最严格水资源管理制度的意见》对"三条红线"制度设定了总体目标:①确立水资源开发利用控制红线,到2030年全国用水总量控制在7 000亿 m^3 以内;②确立用水效率控制红线,到2030年用水效率达到或接近世界先进水平,万元工业增加值用水量低于40 m^3,农田灌溉水有效利用系数大于0.6;③确立水功能区限制纳污红线,到2030年主要污染物入河湖总量控制在水功能区纳污能力范围之内,水功能区水质达标率提高到95%以上。

2.1.3 "三条红线"约束下的水资源优化配置

"三条红线"作为约束性指标被考虑到区域水资源配置时,应被纳入水资源优化配置模型中的约束条件。水资源优化配置模型约束条件的确立常常是过去参照配置区域的实际情况,"三条红线"约束下的水资源优化配置模型不仅要参照区域实际情况,还需要严格按照"三条红线"量化具体指标:水资源配置总量不能超过用水总量红线的约束指标;水功能区的污染物排放量不能超过水功能区限制纳污红线的约束指标;用水指标、用水定额必须达到用水效率控制红线的约束指标,从而限制需水量的增长,进而约束所有决策变量的配置水量。

"三条红线"与水资源优化配置关系如图 2-1 所示。

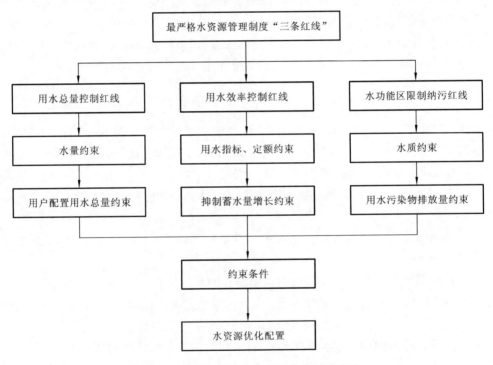

图 2-1 "三条红线"与水资源优化配置关系

2.2 "三条红线"约束下钦州市各计算分区的指标分解

2.2.1 钦州市整体

钦州市用水总量控制目标、用水效率控制目标及主要江河水库水功能区水质达标率控制目标见表 2-1。

表 2-1 "三条红线"约束下钦州市各控制目标汇总表

各控制目标 年份	用水总量控制目标/(亿 m³)	用水效率控制目标		主要江河水库水功能区水质达标率控制目标/%	各设区市河流交界断面水质水量达标率控制目标/%
		万元工业增加值用水量较 2010 年下降比例/%	农田灌溉水有效利用系数		
2015	16.21	30	0.453	66	100
2020	16.53	—	—	86	100
2030	16.95	—	—	90	100

注:用水总量控制目标中直流火电用水只计耗水量部分;用水效率控制目标中各区市 2015 年后的用水效率控制目标,综合考虑国家产业政策、区域发展布局和物价等因素,结合国民经济和社会发展五年规划另行制定;主要江河水库水功能区水质达标率控制目标中河流交界断面水质水量达标率按照自治区绩效考评规定进行考核

2.2.2 钦州市各计算分区

钦州市行政区划有钦南区、钦北区、灵山县和浦北县,按计算分区划有钦南区、钦北区、钦州港区、灵山县和浦北县,各计算分区用水总量控制目标见表 2-2,用水效率控制目标见表 2-3,主要江河水库水功能区水质达标率控制目标见表 2-4。

表 2-2 各计算分区用水总量控制目标 　　　　(单位:m³)

计算分区	2015 年	2020 年	2030 年
钦南区	3.63	3.63	3.77
钦北区	2.77	2.77	2.84
钦州港区	1.34	1.66	1.69
灵山县	6.27	6.27	6.40
浦北县	2.20	2.20	2.25
合计	16.21	16.53	16.95

注:直流火电用水只计耗水量部分

表 2-3 各计算分区用水效率控制目标

计算分区	2015 年	
	万元工业增加值用水量较 2010 年下降比例/%	农田灌溉水有效利用系数
钦南区	30	0.450
钦北区	30	0.412
钦州港区	33	—
灵山县	30	0.480
浦北县	30	0.450
合计	30	0.456

注:各区市 2015 年后的用水效率控制目标,综合考虑国家产业政策、区域发展布局和物价等因素,结合国民经济和社会发展五年规划另行制定

表 2-4　各计算分区主要江河水库水功能区水质达标率控制目标　　（单位：%）

计算分区	2015 年	2020 年	2030 年
钦南区	66	86	90
钦北区	66	86	90
钦州港区	66	86	90
灵山县	66	86	90
浦北县	66	86	90
合计	66	86	90

注：纳入考核的主要江河水库水功能区名录通过制定考核实施细则或者年度考核工作方案另行规定

2.3　考核内容

考核内容包括各计算分区 2015 年度实行最严格水资源管理制度目标完成情况、制度建设和措施落实情况两部分。

1. 目标完成情况

目标完成情况主要指用水总量控制、用水效率控制、水功能区限制纳污"三条红线"约束指标，具体包括用水总量、万元工业增加值用水量下降幅度、农田灌溉水有效利用系数、主要江河水库水功能区水质达标率、河流交界断面水质水量达标率共 5 项指标。各项指标的定义及计算、评分方法见制定的《实施细则》①。各项指标统计采集要求如下。

1）用水总量

用水总量数据由各计算分区水利部门依据水利部《用水总量统计方案（试行）》（办资源〔2014〕57 号）、水利厅《广西壮族自治区用水总量统计方案》（桂水资源〔2015〕11 号）及有关规程进行统计汇总。

2）万元工业增加值用水量下降幅度

万元工业增加值数据由各计算分区政府组织相关部门提供，相应用水量由水利部提供。

3）农田灌溉水有效利用系数

农田灌溉水有效利用系数由各计算分区组织相关部门和相关技术支撑单位依据《全国灌溉用水有效利用系数测算分析技术指南》（农水灌函〔2008〕1 号）、《全国农田灌溉水有效利用系数测算分析技术指导细则》（办农水〔2013〕248 号）及《关于印发广西 2015 年农田灌溉水有效利用系数测算分析工作方案的通知》（水办农水〔2015〕10 号）进行测算。

4）主要江河水库水功能区水质达标率

主要江河水库水功能区水质达标率数据由各市水利、水文部门依据《广西壮族自治区

---

① 《广西壮族自治区实行最严格水资源管理制度考核工作实施细则》（桂水资源函〔2014〕163 号）

主要江河水库水功能区水质达标率评价技术方案和近期达标评价名录》(桂水资源〔2014〕30号)进行评价和分析统计。

5) 河流交界断面水质水量达标率

河流交界断面水质水量达标率由水文部门依据《广西壮族自治区跨设区市界河流交接断面水质水量考核办法》(桂水资源函〔2012〕66号)进行监测评价并提供结果。

2. 制度建设和措施落实情况

主要内容包括用水总量控制、用水效率控制、水功能区限制纳污、水资源管理责任和考核等4个方面的制度建设及相应措施落实情况。

2.4 小 结

本章主要对"三条红线"的内涵及内容进行了介绍,并阐述了"三条红线"与水资源配置的关系。对"三条红线"约束下钦州市各计算分区的指标进行分解,及说明了最严格的水资源管理制度下的考核内容。

第3章　钦州市水资源开发利用情况

3.1　钦州市概况

3.1.1　地理位置

钦州市地处广西壮族自治区南部,位于北纬 21°35′~22°41′,东经 107°27′~109°5′。北与南宁市、贵港市接壤,东与北海市和玉林市相连,南临钦州湾,西与防城港市毗邻。南部是茅尾海以及北部湾。

3.1.2　地形地貌

钦州市全境地势北高南低,由南向北倾斜。钦州市主要属丘陵地貌,地貌类型由北向南依次为山地、丘陵、台地、滨海平原,并呈有规律的分布。

钦州市大陆海岸线总长 562.64 km;岛屿 303 座,岛屿海岸线长 285.26 km,海湾总面积 908.33 km³,其中滩涂面积 171.89 km³,浅海面积 736.57 km³。

3.1.3　气候特征

钦州市属南亚热带季风性湿润气候,具有亚热带向热带过度性质的海洋性季风气候特点,气候温暖,降水充沛,日照长。冬季短而温和,夏季长而闷热,年平均气温 22.3~22.5 ℃。1 月平均气温 13.6 ℃,极端最低气温 -1.8 ℃(1955 年 1 月 12 日)。7 月平均气温 28.4 ℃,极端最高气温 37.9 ℃(2005 年 7 月 19 日)。钦州市年均陆面蒸发量为 870.0 mm,以七月份最大,二月份最小,干旱指数为 0.52。

3.1.4　河流水系

钦州市境内河流密布,流域面积 50 km² 以上的河流 71 条(不计南流江),其中流域面积大于 500 km² 的河流有 10 条,大于 200 km² 的河流有 15 条。这些河流分别属于桂南沿海诸河和西江水系,属桂南沿海诸河的主要河流有钦江、大风江、茅岭江等,属西江水系的有武思江、沙坪河、罗凤河等。

3.1.5　社会经济

本节以 2014 年为现状年,2020 年、2030 年为规划水平年。

钦州市国土面积为 10 895 km²,计算分区划分为钦南区、钦北区、钦州港区、灵山县、浦北县。2014 年年末全市户籍总人口 402 万人,比上年增加 2.09 万人。其中,城镇人口 58.86 万人,占总人口 14.6%;乡村人口 345.24 万人,占总人口 85.4%。2015 年全市常住人口 320.93 万人,其中城镇人口 118.84 万人,城镇化率 37.03%;人口出生率 15.21‰,人口死亡率 6.02‰,人口自然增长率 9.19‰。

2014 年钦州市全市生产总值(GDP)944.42 亿元,比上年增长 8.4%,人均生产总值为 2.79 万元。三次产业增加值的结构比例为 21.7∶40.4∶37.9。其中,第一产业增加值 205.18 亿元,工业增加值为 278.17 亿元;第二产业增加值 381.75 亿元;第三产业增加值 357.49 亿元。钦州市 2009～2015 年地区生产总值见表 3-1。

表 3-1　钦州市生产总值统计数据

年份	2009	2010	2011	2012	2013	2014	2015
地区生产总值/亿元	396.18	520.67	646.65	691.32	753.74	845.96	944.42

钦州市总耕地面积 319.98 万亩[①],有效灌溉面积 124.65 万亩,旱涝保收面积 100.68 万亩。沿海有可供开发的浅海滩涂面积 76 600 hm²,其中,可垦殖面积约为 20 700 hm²。2015 年钦州市全年粮食种植面积 221 611 hm²,粮食产量 113.56 万 t。

钦州市用水量近年来增长迅速。2015 年全市总用水量为 15.04 亿 m³。统计 2003～2015 年的《钦州市水资源公报》,钦州市总用水量变化趋势如图 3-1 所示。

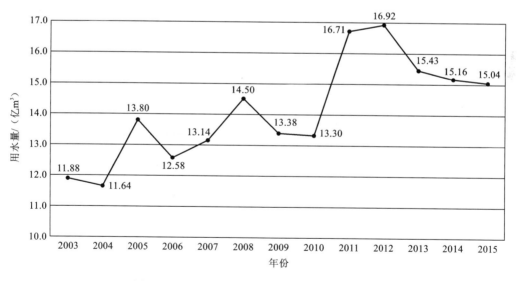

图 3-1　钦州市 2003～2015 年总用水量变化趋势

---

① 1 亩＝666.666 m²。

3.2 经济社会资料分析

3.2.1 人口与耕地

1. 人口

2014 年钦州市户籍人口 402 万人,常住人口 318.06 万人。非农业人口 47.49 万人,占总人口比重 11.81%,城市发展水平还比较低。按 2014 年人口统计数据计算,平均人口密度为 291.93 人/km²。2014 年钦州市各计算分区常住人口统计见表 3-2,各计算分区常住人口比重见图 3-2,各计算分区人口密度比较见图 3-3。

表 3-2 2014 年钦州市常住人口统计表

计算分区	面积/km²	人口/万人	人口密度/(人/km²)	非农业人口/万人	农业人口/万人
钦南区	2 217	53.36	240.69	11.80	41.56
钦北区	2 442	69.20	283.37	12.52	56.68
钦州港区	152	1.84	121.05	1.84	0.00
灵山县	3 558	118.60	333.33	12.79	105.81
浦北县	2 526	75.06	297.15	8.54	66.52
合计	10 895	318.06	1 275.59	47.49	270.57

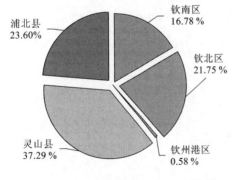

图 3-2 2014 年钦州市常住人口组成图

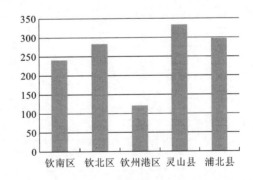

图 3-3 2014 年钦州市各计算分区人口密度比较图

2. 耕地

2014 年钦州市耕地总面积 319.98 万亩,全市农田有效灌溉面积 137.43 万亩,实际灌溉面积 103.66 万亩,其中水田 98.97 万亩,水利灌溉程度较高。

2014 年钦州市各计算分区中灵山县的水田面积最大,为 42.15 万亩。详细的耕地面积状况见表 3-3,林牧渔用水面积见表 3-4。

表 3-3　2014 年钦州市各计算分区耕地面积汇总表

计算分区	耕地面积/万亩	灌溉面积/万亩				
		有效灌溉面积	实际灌溉面积			
			水田	旱地	菜地	合计
钦南区	70.21	25.65	18.78	0.26	0.00	19.04
钦北区	70.15	32.73	21.96	1.51	0.00	23.47
钦州港区	0.03	0.00	0.00	0.00	0.00	0.00
灵山县	120.79	47.80	42.15	2.92	0.00	45.07
浦北县	58.80	31.25	16.08	0.00	0.00	16.08
合计	319.98	137.43	98.97	4.69	0.00	103.66

表 3-4　2014 年钦州市各计算分区林牧渔用水面积汇总表

计算分区	林牧渔用水面积/万亩			合计
	林果地灌溉	草场灌溉	鱼塘补水	
钦南区	0.58	0.00	1.50	2.08
钦北区	0.65	0.00	0.00	0.65
钦州港区	0.00	0.00	0.00	0.00
灵山县	1.61	0.05	0.60	2.26
浦北县	0.60	1.10	0.50	2.20
合计	3.44	1.15	2.60	7.19

3.2.2　主要经济指标

2014 年钦州市实现国内生产总值 854.94 亿元,人均 GDP 26 879.83 元/人。GDP 最低为浦北县 144.30 亿元,最高为钦州港区 199.37 亿元。2014 年钦州市各计算分区 GDP 的一产、二产增加值统计结果见表 3-5,各计算分区 GDP 比重如图 3-4 所示,各行业增加值比重如图 3-5 所示。

表 3-5　2014 年钦州市各计算分区 GDP 统计表

计算分区	GDP/亿元	人均 GDP/(元/人)	一产增加值/亿元	二产增加值/亿元	三产增加值/亿元
钦南区	191.79	37 351.84	55.93	47.99	87.88
钦北区	156.33	26 973.29	43.40	73.37	39.57
钦州港区	199.37	730 168.48	1.07	96.02	102.29
灵山县	163.15	14 781.07	57.94	52.33	52.89
浦北县	144.30	20 916.79	35.61	69.24	39.45
合计	854.94	830 191.47	193.95	338.94	322.08

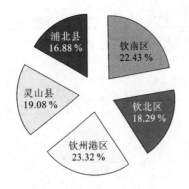

图 3-4　2014 年钦州市各计算分区 GDP 比重图

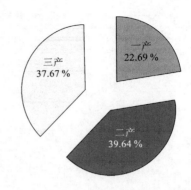

图 3-5　2014 年钦州市各行业增加值比重图

1. 工业

2014 年,钦州市社会经济快速发展,工业生产持续增加。2014 年末,各计算分区实现工业增加值为 250.57 亿元。钦州市各计算分区工业增加值及比例见表 3-6,钦州市各计算分区工业增加值比重如图 3-6 所示。

表 3-6　2014 年钦州市各计算分区实现工业增加值统计表

计算分区	钦南区	钦北区	钦州港区	灵山县	浦北县	合计
工业增加值/亿元	28.67	46.19	95.48	33.12	47.11	250.57
比例/%	11.44	18.43	38.11	13.22	18.80	100.00

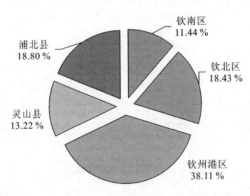

图 3-6　2014 年钦州市各计算分区工业增加值比重图

2. 农业及畜牧业

2014 年钦州市实现农业总产值 19.95 亿元。钦州市粮食总产量为 113.05 万 t,亩产粮食 356.49 kg/亩,人均粮食 358.69 kg/人。灵山县粮食产量最高,为 41.20 万 t;钦州市各计算分区粮食产量统计结果见表 3-7。

表 3-7　2014 年各计算分区粮食产量统计表

计算分区	粮食总产量/万 t
钦南区	17.76
钦北区	28.90
钦州港区	0.03
灵山县	41.20
浦北县	25.16
合计	113.05

2014 年全市共有牲畜 180.72 万头,其中大牲畜 21.84 万头,小牲畜 158.88 万头。灵山县的牲畜最多,共有 68.43 万头;钦州港区最少,为 0.58 万头。2014 年钦州市各计算分区牲畜数量见表 3-8。

表 3-8　2014 年钦州市各计算分区牲畜数量汇总表

计算分区	牲畜/万头		
	大牲畜	小牲畜	合计
钦南区	2.42	20.52	22.94
钦北区	6.02	33.80	39.82
钦州港区	0.04	0.54	0.58
灵山县	11.67	56.76	68.43
浦北县	1.69	47.26	48.95
合计	21.84	158.88	180.72

3.3　水资源开发利用现状分析

钦州市的水资源开发利用由地表水、地下水两个子系统组成。地表水供水系统主要由河道、水库、给排水管道、灌溉渠系构成;地下水供水系统主要有自来水公司的地下水源地,除此之外,还包括各灌区的机电井和单位分散零星开采的自备井。钦州市现有水资源供水工程分为蓄水工程、引水工程、提水工程、地下水工程及其他工程等。

3.3.1　蓄水工程

蓄水工程根据国家指定的统一标准可划分为:总库容为 1.0 亿 m³ 上的大型水库;总库容为 1 000 万～1 亿 m³ 的中型水库;总库容为 100 万～1 000 万 m³ 的小(1)型水库;总库容为 10 万～100 万 m³ 的小(2)型水库;应急库容在 1 万～10 万 m³ 的塘坝。

钦州市有大型水库一座,总库容为 16 900 万 m³;中型水库 9 座,总库容为 18 883 万 m³;

小型水库 382 座,总库容为 44 220 万 m³;塘坝 2 072 座,总库容为 3 296 万 m³。全市蓄水工程总库容为 83 298 万 m³,其中大型水库供水能力为 6 323 万 m³/a,中型水库供水能力为 11 890 万 m³/a,小型水库供水能力为 30 942 万 m³/a,塘坝总灌溉面积为 118 729.00 m³,见表 3-9。

表 3-9　2011 年钦州市蓄水工程汇总表

计算分区	工程规模	数量/座	总库容/万 m³	兴利库容/万 m³	现状供水能力/万 m³	设计供水能力/万 m³
钦南区	大型	0	0.00	0.00	0.00	0.00
	中型	5	9 522.84	8 653.20	7 229.17	9 600.00
	小型	104	14 224.00	5 758.89	5 475.79	8 988.00
	塘坝	183	1 039.54	—	—	—
	合计	292	24 786.38	14 412.09	12 704.96	18 588.00
钦北区	大型	0	0.00	0.00	0.00	0.00
	中型	3	7 740.00	6 475.00	3 522.52	5 105.00
	小型	87	9 357.04	5 791.76	7 631.82	11 034.00
	塘坝	195	443.00			
	合计	285	17 540.04	12 266.76	11 154.34	16 139.00
钦州港区	大型	—	—	—	—	—
	中型	—	—	—	—	—
	小型	—	—	—	—	—
	塘坝	—	—	—	—	—
	合计	—	—	—	—	—
灵山县	大型	1	16 900.00	7 900.00	6 322.70	12 950.00
	中型	1	1 620.00	880.00	1 138.21	2 244.00
	小型	149	16 628.14	10 562.28	10 115.42	15 393.66
	塘坝	1 448	1 286.99	—	—	—
	合计	1 599	36 435.13	19 342.28	17 576.33	30 587.66
浦北县	大型	0	0.00	0.00	0.00	0.00
	中型	0	0.00	0.00	0.00	0.00
	小型	42	4 010.36	2 454.28	7 719.30	8 943.32
	塘坝	246	526.36	—	—	—
	合计	288	4 536.72	2 454.28	7 719.30	8 943.32

3.3.2　引水工程

引水工程按取水能力划分:大型工程取水能力大于 30 m³/s;中型工程取水能力在 10~

30 m³/s;小型工程取水能力小于 30 m³/s。钦州市引水工程主要包括:大型引水工程 19 座,总过闸流量为 51 474 m³/s;中型引水工程 13 座,总过闸流量为 5 609 m³/s;小型引水工程 153 座,总过闸流量为 1 890 m³/s,见表 3-10。

表 3-10 2011 年钦州市引水工程汇总表

计算分区	大型		中型		小(1)型		小(2)型	
	数量/座	过闸流量/(m³/s)	数量/座	过闸流量/(m³/s)	数量/座	过闸流量/(m³/s)	数量/座	过闸流量/(m³/s)
钦南区	2	7 800	6	1 620.03	15	491.66	61	560.96
钦北区	2	4 885	1	867.00	—	0.00	8	76.72
钦州港区	—		—		—		—	
灵山县	12	31 831	2	817.00	1	22.60	68	737.84
浦北县	3	6 958	4	2 305.00	—	—	—	—
合计	19	51 474	13	5 609.03	16	514.26	137	1 375.52

3.3.3 提水工程

提水工程是指利用扬水泵从河道、湖泊等地表水体提水且有明确的供水服务对象的工程,包括自来水厂、工矿企业自备水源工程、农业灌溉站以及分散的小型泵站等。钦州市没有大、中型提水工程,有小型提水工程 9 座,总装机流量 7.093 2 m³/s,见表 3-11。

表 3-11 2011 年钦州市提水工程汇总表

计算分区	合计			小(1)型			小(2)型		
	数量/座	装机流量/(m³/s)	装机功率/kW	数量/座	装机流量/(m³/s)	装机功率/kW	数量/座	装机流量/(m³/s)	装机功率/kW
钦南区	3	5.711 2	2 454	3	5.711 2	2 454	—		
钦北区	2	0.428 0	369	1	0.278 0	315	1	0.150 0	54
钦州港区	—			—			—		
灵山县	4	0.954 0	312	1	0.553 8	147	3	0.400 2	165
浦北县	—			—			—		
合计	9	7.093 2	3 135	5	6.543 0	2 916	4	0.550 2	219

3.3.4 地下水工程

地下水源供水工程是指通过人工或机泵从浅层地下水或深层地下水中汲取水量的水晶工程,包括集中于分散的供水工程,供应的对象为城乡生活用水、工矿企业的工业用水及井灌农业用水。

目前钦州市工业及生活供水设施部分为地下水作为水源,市区供水设施以混合井开采承压水为主,开采较集中且量大;农村主要利用民井开采浅层水,分散开采且开采量较小。全市地下水取水井共 220 442 眼,现状年取水量为 8 946.86 万 m³,其中,机电井共 82 647 眼,现状年取水量为 4 785.40 万 m³;人力井共 137 795 眼,现状年取水量为 4 161.46 万 m³。钦州市地下水供水基础设施的统计结果见表 3-12。

表 3-12　2011 年钦州市地下水供水基础设施汇总表

计算分区	地下水取水井		机电井		人力井	
	数量/眼	现状年取水量/万 m³	数量/眼	现状年取水量/万 m³	数量/眼	现状年取水量/万 m³
钦南区	24 492	822.30	12 424	538.46	12 068	283.84
钦北区	16 218	357.63	6 962	170.41	9 256	187.22
钦州港区	—	—	—	—	—	—
灵山县	135 134	5 147.83	47 403	2 875.81	87 731	2 272.02
浦北县	44 598	2 619.10	15 858	1 200.72	28 740	1 418.38
合计	220 442	8 946.86	82 647	4 785.40	137 795	4 161.46

3.3.5　其他水源工程

其他水源工程是指污水处理再利用工程、给水工程和海水淡化等供水工程。全市有集雨工程 330 座,年利用量为 29 030 m³,海水直接利用量 3.9 亿 m³。

3.4　用水量调查统计

用水量指分配给用户的包括输水损失在内的毛用水量。按用户特性可分为生活用水、工业用水、城镇公共用水、农业用水和生态环境用水 5 大类,按计算分区分别进行统计,结果见表 3-13。

表 3-13　钦州市各计算分区用水量统计表　　　　　(单位:万 m³)

计算分区	生活用水量	生产用水量				生态需水量	合计
		农业	工业	建筑业	第三产业		
钦南区	3 056	27 508	2 096	198	2 184	215	35 257
钦北区	3 756	18 875	3 433	66	892	0	27 021
钦州港区	121	8	6 028	83	314	32	6 586
灵山县	6 411	51 386	2 662	149	1 052	80	61 739
浦北县	4 115	12 348	3 467	105	875	70	20 980
合计	17 459	110 125	17 686	601	5 317	397	151 584

3.4.1　生活用水量

生活用水量包括城镇生活用水量与农村生活用水量两部分。2014 年钦州市各计算分区生活用水的比重:灵山县人口相对较多,所占比重最高,占全市生活总用水量的36.72%;钦州港区所占比重最小,为 0.69% 左右。各计算分区的生活用水量及比重见表 3-14、图 3-7。

表 3-14　2014 年钦州市各计算分区生活用水量汇总表

计算分区	城镇生活用水量		农村生活用水量		合计	
	用水量/万 m³	比重/%	用水量/万 m³	比重/%	用水量/万 m³	比重/%
钦南区	1 437.5	8.24	1 618.8	9.27	3 056.3	17.51
钦北区	1 572.9	9.01	2 182.8	12.50	3 755.7	21.51
钦州港区	120.9	0.69	0.0	0.00	120.9	0.69
灵山县	2 694.2	15.43	3 716.3	21.29	6 410.5	36.72
浦北县	1 698.6	9.73	2 416.5	13.84	4 115.1	23.57
合计	7 524.1	43.10	9 934.4	56.90	17 458.5	100.00

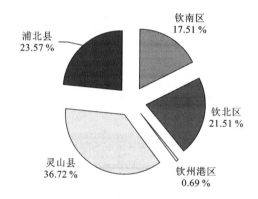

图-7　2014 年钦州市各计算分区生活用水量比重图

3.4.2　工业用水量

工业用水是指工况企业在生产过程中用于制造、加工、冷却、空调、净化及企业内的辅助生活用水,不包括企业内部的重复利用水量。一个城市用水的多少,既与工业的发展速度、工业结构、生产管理水平、节约用水程度有关,又与当地水资源条件、供水条件等相关。

2014 年钦州市工业用水量为 17 686 万 m³,主要的用户及用水量,钦州港区最多,工业用水量达 6 028 万 m³,占全市的 34.09%;钦南区最少,仅为 2 096 万 m³,占全市工业用水总量的 11.85%。各计算分区的工业用水量见表 3-15,用水量比重见图 3-8。

表 3-15　2014 年钦州市各计算分区工业用水量汇总表

计算分区	火(核)电		一般工业		合计		其中地下水	
	用水量/万 m³	比重/%	用水量/万 m³	比重/%	用水量/万 m³	比重/%	用水量/万 m³	比重/%
钦南区	—	—	2 096	11.85	2 096	11.85	127.0	0.72
钦北区	—	—	3 433	19.41	3 433	19.41	38.2	0.22
钦州港区	579.44	3.28	5 449	30.81	6 028	34.09	0.0	0.00
灵山县	—	—	2 662	15.05	2 662	15.05	135.0	0.76
浦北县	—	—	3 467	19.60	3 467	19.60	150.0	0.85
合计	579.44	3.28	17 107	96.72	17 686	100.00	450.2	2.55

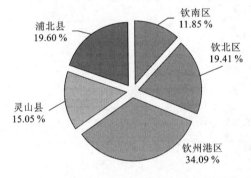

图3-8　2014 年钦州市各计算分区工业用水量比重图

3.4.3　农业用水量

2014 年钦州市农业用水量为 110 124.5 亿 m³,占全市总用水量的 72.6%。其中农田灌溉用水量为 103 418.0 万 m³,林牧渔用水量为 6 706.5 万 m³。钦州港区用水量最少,仅为 8.1 万 m³,占全市农业用水总量的 0.01%;灵山县农业用水量最多,为 51 385.5 万 m³,占全市农业用水总量的 46.66%。从钦州市的农业用水量可以看出,钦州市是个农业相当发达的地区。各计算分区农业用水状况见表 3-16,用水量比重见图 3-9。

表 3-16　2014 年钦州市各计算分区农业用水量汇总表

计算分区	农田灌溉		林牧渔生态		合计	
	用水量/万 m³	比重/%	用水量/万 m³	比重/%	用水量/万 m³	比重/%
钦南区	25 820.0	23.45	1 688.2	1.53	27 508.2	24.98
钦北区	17 877.0	16.23	997.7	0.91	18 874.7	17.14
钦州港区	0.0	0.00	8.1	0.01	8.1	0.01
灵山县	48 947.0	44.45	2 438.5	2.21	51 385.5	46.66
浦北县	10 774.0	9.78	1 574.0	1.43	12 348.0	11.21
合计	103 418.0	93.91	6 706.5	6.09	110 124.5	100.00

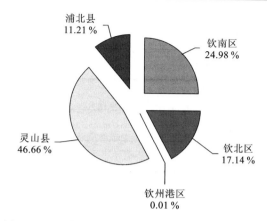

图3-9　2014 年钦州市各计算分区农业用水量比重图

3.4.4　城镇公共用水量

城镇公共用水量主要包括建筑用水量和服务业用水量两部分。2014 年钦州市城镇公共用水总量为 5 787.5 万 m³,其中建筑业用水量为 470.5 万 m³,服务业用水量为 5 317 万 m³,各计算分区农业用水状况见表 3-17,用水量比重见图 3-10。

表 3-17　2014 年钦州市各计算分区生态环境用水量汇总表

计算分区	建筑业		服务业		合计		其中地下水	
	用水量/万 m³	比重/%	用水量/万 m³	比重/%	用水量/万 m³	比重/%	用水量/万 m³	比重/%
钦南区	197.6	3.41	2 184	37.74	2 381.6	41.15	—	—
钦北区	65.6	1.13	892	15.41	957.6	16.54	—	—
钦州港区	82.7	1.43	314	5.43	396.7	6.86	—	—
灵山县	19.3	0.33	1 052	18.18	1 071.3	18.51	—	—
浦北县	105.3	1.82	875	15.12	980.3	16.94	—	—
合计	470.5	8.12	5317	91.88	5 787.5	100.00	—	—

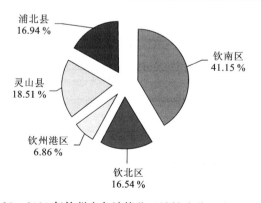

图 3-10　2014 年钦州市各计算分区城镇公共用水量比重图

3.4.5　生态环境用水量

生态环境用水量主要包括城镇环境(公共绿化)用水量和农村生态用水量两个部分。2014 年钦州市生态环境用水总量为 397.0 万 m³;城镇环境(公共绿化)用水量为 347.0 万 m³;农村生态用水量为 50.0 万 m³。各计算分区农业用水状况见表 3-18、图 3-11。

表 3-18　2014 年钦州市生态环境用水量汇总表

计算分区	城镇环境		农村生态		合计		其中地下水	
	用水量/万 m³	比重/%	用水量/万 m³	比重/%	用水量/万 m³	比重/%	用水量/万 m³	比重/%
钦南区	165.0	41.56	50.0	12.59	215.0	54.16	—	—
钦北区	0.0	0.00	—	—	0.0	0.00	—	—
钦州港区	32.0	8.06	—	—	32.0	8.06	—	—
灵山县	80.0	20.15	—	—	80.0	20.15	—	—
浦北县	70.0	17.63	—	—	70.0	17.63	—	—
合计	347.0	87.41	50.0	12.59	397.0	100.00		

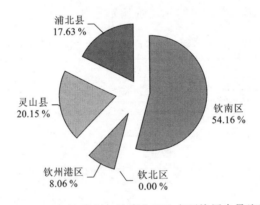

图 3-11　2014 年钦州市各计算分区生态环境用水量比重图

3.5　用水消耗量调查统计

用水消耗量(简称耗水量)是指毛用水量在输水、用水工程中,通过蒸腾蒸发、土壤吸收、产品带走、居民及牲畜引用等多种途径消耗掉而不能回归地表水体或地下含水层的水量。灌溉耗水量是灌溉耗水毛用水量与回归水量之差,工业和生活耗水量为取水量与废污水排放量之差。

城镇生活用水量和工业用水量相对集中,消耗水量相对较少,大部分水量以废污水集中排放形式排入河道。农村住宅分散,在山区和平原经济欠发达地区一般没有系统的供排水设施,居民生活与牲畜用水量的绝大部分甚至全部被消耗。

2014 年钦州市耗水总量为 60 099.5 万 m³,平均耗水率为 36.87%。其中,生活耗水量 7 962.1万 m³,占耗水总量的 14.03%,平均耗水率为 45.50%;工业耗水量 5 723.2 万 m³,占耗水总量的 10.09%,平均耗水率为 19.64%;农业耗水量 45 586.7 万 m³,占耗水总量的 80.34%,平均耗水率为 42.10%。各计算分区耗水情况见表 3-19、图 3-12。

表 3-19　2014 年钦州市耗水量汇总表　(耗水量单位:万 m³;耗水率单位:%)

计算分区	生活		工业		农业		公共及生态		合计	
	耗水量	耗水率	耗水量	耗水率	耗水量	耗水率	耗水量	耗水率	耗水量	耗水率
钦南区	1 339.7	43.83	455.8	20.00	10 809.8	40.88	323.1	89.10	12 928.4	40.22
钦北区	1 733.4	46.15	392.0	20.00	8 101.0	42.92	52.5	80.00	10 278.9	41.69
钦州港区	24.2	20.00	3 732.0	19.69	6.5	0.00	98.1	85.58	3 860.8	20.12
灵山县	2 954.4	46.09	710.6	18.49	21 655.1	42.05	199.5	86.98	25 519.6	41.17
浦北县	1 910.4	46.43	432.8	20.00	5 014.3	42.54	154.3	87.98	7 511.8	41.18
合计	7 962.1	45.50	5 723.2	19.64	45 586.7	42.10	827.5	85.93	60 099.5	36.87

注:农业耗水量含林渔牧牲畜耗水量

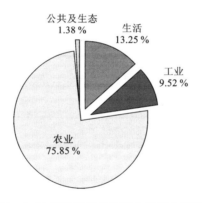

图 3-12　2014 年钦州市各计算分区耗水量比重图

3.5.1　生活耗水量

生活耗水量是指包括输入损失在内的居民家庭和公共用水消耗的量,分别按城镇生活耗水量、农村生活耗水量和公共生态耗水量进行统计。

城镇生活供水相对集中,排水设施比较完善,用水消耗相对较小,耗水率较低;农村生活排水设施简单,多数农村生活基本无完善的排水设施,用水消耗普遍较高;山区农村用水消耗接近用水量,耗水率高。生活耗水率不仅与居民生活习性、供水设施、排水设施有关,很大程度上与当地社会经济水平以及节水水平有关。耗水率总体分布呈现东部沿江、沿海地区相对较低,西部山区较高;经济发达地区较低,经济相对欠发达地区较高。

2014 年,钦州市城镇生活耗水量 1 504.8 万 m³,平均耗水率为 20%,占生活耗水总量的 18.90%;农村生活耗水量 6 457.3 万 m³,平均耗水率为 65%,占生活耗水总量的

81.10%。各计算分区的生活耗水量状况见表 3-20。

表 3-20　2014 年钦州市生活耗水量汇总表

计算分区	城镇生活			农村生活			合计 /万 m³	占比/%
	耗水量/万 m³	耗水率/%	占比/%	耗水量/万 m³	耗水率/%	占比/%		
钦南区	287.5	20	3.61	1 052.2	65	13.22	1 339.7	16.83
钦北区	314.6	20	3.95	1 418.8	65	17.82	1 733.4	21.77
钦州港区	24.2	20	0.30	0.0	65	0.00	24.2	0.30
灵山县	538.8	20	6.77	2 415.6	65	30.34	2 954.4	37.11
浦北县	339.7	20	4.27	1 570.7	65	19.73	1 910.4	23.99
合计	1 504.8	20	18.90	6 457.3	65	81.10	7 962.1	100.00

3.5.2　工业耗水量

工业耗水量是指包括输水损失和生产过程中的蒸发损失量、产品带走的水量、厂区生活耗水量等。

工业耗水量受工业行业、产品结构、产品产量、生产工艺、生产设备、节水水平、用水管理水平及水资源条件等诸多因素的影响。不同地区由于工业行业结构的差异,工业耗水量有较大的差异。

2014 年,钦州市工业耗水总量为 5 723.0 万 m³,平均耗水率 19.60%。其中,火电耗水量 116 万 m³,耗水率 10%;一般工业耗水量 5 607.0 万 m³,平均耗水率 20%。各计算分区的工业耗水状况见表 3-21。

表 3-21　2014 年钦州市工业耗水量汇总表

计算分区	火电/万 m³	耗水率/%	一般工业/万 m³	耗水率/%	合计/万 m³	占比/%
钦南区	0	10	455.8	20	455.8	7.96
钦北区	0	10	392.0	20	392.0	6.85
钦州港区	58	10	3 674.0	20	3 732.0	65.21
灵山县	58	10	652.6	20	710.6	12.42
浦北县	0	10	432.8	20	432.8	7.56
合计	116	10	5 607.0	20	5 723.0	100.00

3.5.3　农业耗水量

2014 年钦州市农田灌溉耗水量为 42 293.0 万 m³,占农业耗水总量的 92.77%,平均耗水率为 40.63%;林牧渔耗水量为 3 296.5 万 m³,占农业耗水总量的 7.23%,平均耗水率为 73.00%。各计算分区农业耗水量详见表 3-22。

表 3-22　2014 年钦州市农业耗水量汇总表

计算分区	农田灌溉			林牧渔畜			合计 /万 m³	占比 /%
	耗水量 /万 m³	耗水率 /%	占比 /%	耗水量 /万 m³	耗水率 /%	占比 /%		
钦南区	10 364.4	40.14	22.73	445.4	71.46	0.98	10 809.8	23.71
钦北区	7 362.4	41.18	16.15	738.6	74.03	1.62	8 101.0	17.77
钦州港区	0.0	0.00	0.00	6.5	80.00	0.01	6.5	0.01
灵山县	20 204.5	40.82	43.84	1 450.6	72.62	3.18	21 655.1	47.50
浦北县	4 358.9	40.00	9.45	655.4	73.72	1.44	5 014.3	11.00
合计	42 293.0	40.63	92.77	3 296.5	73.00	7.23	45 589.5	100.00

1. 农田灌溉耗水量

农田灌溉耗水量是指农田作物蒸腾、棵间蒸发、渠系水面蒸发和浸润损失等,受气候、土质、肥料和灌溉技术等诸多因素的制约。农田灌溉耗水量分别按水田、水浇地以及菜地灌溉耗水量进行统计。

2014 年,钦州市水田灌溉耗水量 40 979.0 万 m³,平均耗水率为 40%,占农田灌溉耗水量的 96.89%,是农业的耗水大户;水浇地耗水量为 1 314.0 万 m³,平均耗水率为 80%,占农田灌溉耗水量的 3.11%;无菜地耗水量。各计算分区农田灌溉耗水量详见表 3-23。

表 3-23　2014 年钦州市农田灌溉耗水量汇总表

计算分区	水田		水浇地		菜地		合计	
	耗水量 /万 m³	耗水率 /%	耗水量 /万 m³	耗水率 /%	耗水量 /万 m³	耗水率 /%	耗水量 /万 m³	占比 /%
钦南区	10 291.6	40	72.8	80	0	0	10 364.4	24.51
钦北区	6 939.2	40	423.2	80	0	0	7 362.4	17.41
钦州港区	0.0	40	0.0	80	0	0	0.0	0.00
灵山县	19 389.3	40	815.2	80	0	0	20 204.5	47.78
浦北县	4 358.9	40	0.0	80	0	0	4 358.9	10.30
合计	40 979.0	40	1314.0	80	0	0	42 290.2	100.00

2. 林牧渔畜耗水量

林牧渔畜耗水量是指林果地灌溉、草地灌溉、鱼塘补水以及牲畜等消耗的水量。根据收集的资料情况,本节研究的林牧渔畜耗水量仅统计林果地灌溉和牲畜的消耗水量。

2014 年,钦州市林果地灌溉耗水量为 948.0 万 m³,平均耗水率为 60%,占林牧畜总耗水量的 28.76%;牲畜的消耗水量 2 348.5 万 m³,平均耗水率为 80%,占林牧渔畜耗水量的71.24%。各计算分区林牧渔畜耗水量详见表3-24。

表 3-24　2014 年钦州市林牧渔畜耗水量汇总表

计算分区	林果地灌溉		牲畜		合计	
	耗水量 /万 m³	耗水率 /%	耗水量 /万 m³	耗水率 /%	耗水量 /万 m³	占比 /%
钦南区	159.6	60	285.8	80	445.4	13.51
钦北区	178.8	60	559.8	80	738.6	22.41
钦州港区	0.0	60	6.5	80	6.5	0.20
灵山县	442.2	60	1 008.4	80	1 450.6	44.00
浦北县	167.4	60	488.0	80	655.4	19.88
合计	948.0	60	2 348.5	80	3 296.5	100.00

3.5.4　城镇公共耗水量

城镇公共耗水量主要包括建筑耗水量和服务业耗水量两部分。2014年钦州市城镇公共耗水总量为4 734.1万 m³,其中建筑业耗水量为481.0万 m³,服务业耗水量为4 253.0万 m³,各计算分区详细耗水量见表3-25。

表 3-25　2014 年钦州市城镇公共耗水量汇总表

计算分区	建筑业		服务业		合计	
	耗水量 /万 m³	耗水率 /%	耗水量 /万 m³	耗水率 /%	耗水量 /万 m³	占比 /%
钦南区	158.1	80	1 747.2	80	1 905.3	40.25
钦北区	52.5	80	713.6	80	766.1	16.18
钦州港区	66.1	80	251.2	80	317.3	6.70
灵山县	119.5	80	841.6	80	961.1	20.30
浦北县	84.3	80	700.0	80	784.3	16.57
合计	481.0	80	4 253.0	80	4 734.1	100.00

3.5.5　生态环境耗水量

生态环境耗水量主要包括城镇环境(公共绿化)耗水量和农村生态耗水量两个部分。2014年钦州市生态环境耗水总量为397万 m³,其中城镇环境(公共绿化)耗水量为347万 m³,占生态环境耗水总量的87.4%。各计算分区生态环境耗水量见表3-26。

表 3-26　2014 年钦州市生态环境耗水量汇总表

计算分区	城镇环境(公共绿化)		农村生态		合计	
	耗水量/万 m³	耗水率/%	耗水量/万 m³	耗水率/%	耗水量/万 m³	占比/%
钦南区	165	100	50	100	165	54.16
钦北区	0	100	—	—	0	0.00
钦州港区	32	100	—	—	32	8.06
灵山县	80	100	—	—	80	20.15
浦北县	70	100	—	—	70	17.63
合计	347	100	50	100	397	100.00

第4章 钦州市水资源量分析评价

4.1 水资源计算分区

根据《广西水资源综合规划技术大纲》的要求,钦州市水资源一级区属珠江区,水资源二级区属郁江区及粤西桂南沿海诸河区,水资源三级区属左郁江区及桂南沿海诸河区,水资源四级区属郁江干流区、南流江区及其他独流入海诸河区。钦州市水资源分区见表4-1。

表4-1 钦州市水资源分区

一级区	二级区	三级区	四级区	水资源分区代码	计算面积/km²	主要河流名称
珠江	郁江	左郁江	郁江干流	H030220	1 308	武思江,沙坪河,罗凤河等
	粤西桂南沿海诸河	桂南沿海诸河	南流江	H090210	2 536	南流江干流(部分)及支流、绿珠江支流、马江、张黄江、武利江、车板江、洪潮江、文昌河等
			其他独流入海诸河	H090220	6 772	大风江、钦江、茅岭江、大榄江、鹿耳环江、金鼓江和其他独流入海小支流

水资源四级分区中,郁江干流分区在钦州市境内河流主要有武思江、沙坪河、罗凤河等;南流江分区主要有南流江干流(部分)及支流、绿珠江支流、马江、张黄江、武利江等;其他独流入海诸河分区主要有大风江、钦江、茅岭江和其他独流入海小支流等。

4.1.1 数字高程模型的概述及填充

数字高程模型(digital elevation model,DEM)包含诸多流域的信息,从中可以提取包括流域流向、河网、坡度等地貌信息。目前 DEM 在流域上的应用可以分为两大类:①直接应用,即直接将其作为数据库存入;②间接应用,即通过 DEM 提取出所需要的地形信息[1]。本节将 DEM 间接使用,是从"全球变化参量数据库"中下载的精度较高的 90 m 分辨率的 DEM,栅格矩阵为 676×875 行列。

对钦州市 DEM 进行填洼处理,使 DEM 数据包含的地形特征都是由斜坡组成,为流向的判断提供基础依据。填洼处理现在比较流行的两种算法是洼地标定抬升算法和平地起伏算法。

4.1.2 水流方向提取

目前流向判断中使用最多的是最大坡降单流向法(D8),其原理是规定一个网格的水流只能流向它周围的 8 个方向,流向代码如图 4-1 所示,而水流只会沿着网格单元周围最陡(即网格的高程值相差最大)的方向流动。采用 Arcgis 可以提取研究区域流域的流向。

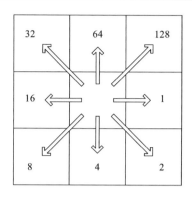

图 4-1　流向代码

4.1.3　流域河网提取

求取数字流域的汇流累积量是河网提取的关键步骤。汇流累积量计算的原理是按照高程的大小对流域内的每个单元网格进行排序,然后按照高程的高低,结合每个栅格的水流方向,求取每个栅格的汇流量,循环计算可得到全流域的汇流累积量。

在计算得到汇流累积量之后,从中可以提取出该流域内的河网网格。理论上,由流向可以直接构建河网,但是如果不加以约束,生成的河网将会异常细碎、凌乱,实际应用意义不大。因此,通常采用汇流量阀值来过滤掉意义不大的小支流。一般根据研究流域的实际情况选取,阀值小,河网密;阀值大,河网稀疏。结合本节要求,采用的阀值是 2 000,利用 Arcgis 的栅格计算器,把流域中所有汇流累积量大于该阀值的栅格点提取出来,同时把剩下的所有小于该阀值的栅格点赋无值,便得到该流域的河网网格。

4.1.4　子流域划分

钦州市内流域地形条件复杂,提取的流域面积为 10 791.4 km²,采用基于子流域的降雨-径流模拟。根据提取的流域河网,利用 Arcgis 中的水文(Hydrology)工具中的河流链接(Stream Link)工具与分水岭(Watershed)工具将流域划分成 19 个子流域[2],各子流域的基本信息见表 4-2。

表 4-2　子流域划分表

四级区	河流名称	河流级别	河流总面积 /km²	钦州市内河流面积 /km²	实际计算面积 /km²	误差率/%
郁江干流	武思江	2	1 133.0	640.0	640.0	0.00
	绿珠江	1	159.1	122.0	122.0	0.00
	罗凤河	2	555.0	378.0	378.0	0.00
	沙坪江	2	527.0	323.0	323.0	0.00
	平南小流域	3	68.6	68.6	68.6	0.00

四级区	河流名称	河流级别	河流总面积 /km²	钦州市内河流面积 /km²	实际计算面积 /km²	误差率/%
南流江	南流江(部分)	0	131.0	71.0	71.0	0.00
	张黄江	1	424.0	424.0	424.0	0.00
	武利江	1	1 221.0	1 221.0	1 221.0	0.00
	马江	1	893.0	497.0	497.0	0.00
	洪潮江	1	453.0	341.0	341.0	0.00
	车板江	1	73.6	51.0	51.0	0.00
	文昌河	1	74.5	74.5	74.5	0.00
独流入海诸河	钦江	0	2 326.0	2 326.0	2 326.0	0.00
	大风江	0	1 900.0	1 880.0	1 880.0	0.00
	茅岭江	0	2 875.0	2 009.0	2 009.0	0.00
	金鼓江	0	133.0	133.0	133.0	0.00
	鹿耳环江	0	61.2	61.2	61.2	0.00
	大榄江	0	77.1	77.1	77.1	0.00
	入海小流域	0	94.0	94.0	94.0	0.00
	合计		13 179.1	10 791.4	10 791.4	0.00

注:钦州市内流域面积来自国家统计局全国水利普查数据

4.2　水文资料基本情况

4.2.1　降雨资料

1. 降雨资料的基本情况

钦州市雨量站网经历了在数量上由少到多的发展过程,逐步形成目前相对稳定的国家基本雨量站网,各河流的雨量站点统计见表 4-3。

表 4-3　钦州市各流域雨量站点分布情况

水资源四级分区	河流名称	分布雨量站点
郁江干流	沙坪河	灵山太平
	武思江	横岭、大江口、兰门、六万山、官垌
南流江	洪潮江	那思
	武利江	武利圩、三合、文利
	张黄江	张黄圩
	小江	福旺圩、西塘、樟家、十字铺、小江水库站
	南流江干流部分	旺盛江水库站

续表

水资源四级分区	河流名称	分布雨量站点
独流入海诸河	大风江	那笪、那篓圩、伯劳、红坎、坡朗坪
	茅岭江	贵台、大寺圩、黄屋屯、小董圩、新棠
	钦江	钦州、平吉、陆屋、旧州圩、烟墩圩、那隆、檀圩、大平圩、太平
	其他入海河流	犀牛角、龙门

雨量站的选取原则：区域分布较均匀，兼顾研究区域内每条河流能够获得控制该区域的雨量控制站以及地形的影响和降雨量梯度变化；资料质量好、完整、系列较长的测站。此次研究选用的雨量站资料统一采用1956～2013年(58年)同步期水文系列作为水资源量评价的基本依据。根据资料情况从37个雨量站点中选取具有代表性的雨量站点32个。

2. 降雨资料的插补延长

所选取的站点资料系列如有缺测和不足的年、月降雨量，根据具体情况尽量插补完善年降雨量。采用的插补方法主要有算术平均法、等值线法、相关法等。通过合理性分析后确定采用的插补值，使各站的雨量资料系列统一为58年。

本节分析选用雨量站点采用算术平均法对选用32个站点中的21个站点进行插补。其中横岭站、兰门站、檀圩站、红坎站4个雨量站点插补年限为26年，六万山站、三合站2个雨量站点插补年限为24年，官垌站插补年限为23年，其他14个需要进行插补雨量站点的插补年限为十年以内。所进行的降雨量资料插补，经面上合理性分析后，具有较高的精度，降雨量插补值与降雨量实测系列相关性良好，可用于其他分析。

从32个雨量站点中选取9个具有代表性的站点绘制多年降雨量序列过程线，9个代表性雨量站点中，位于最南端的犀牛角站、最北端的灵山太平站、最西端的贵台站、最东端的福旺圩站4个站点相对于该区域其他站点而言，序列较完整，插补年限少；其他5个站点分别为茅岭江流域的黄屋屯站、钦江流域的陆屋站、大风江流域的坡朗坪站、武利江流域的武利圩站、小江流域的西塘站，所选定的5个代表性站点均位于钦州市几大流域上。9个雨量站点多年平均降雨量过程线如图4-2所示。

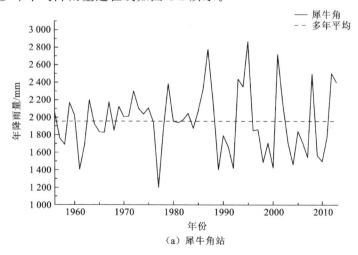

(a) 犀牛角站

图4-2　1956～2013年钦州市代表性雨量站多年平均降雨量过程线

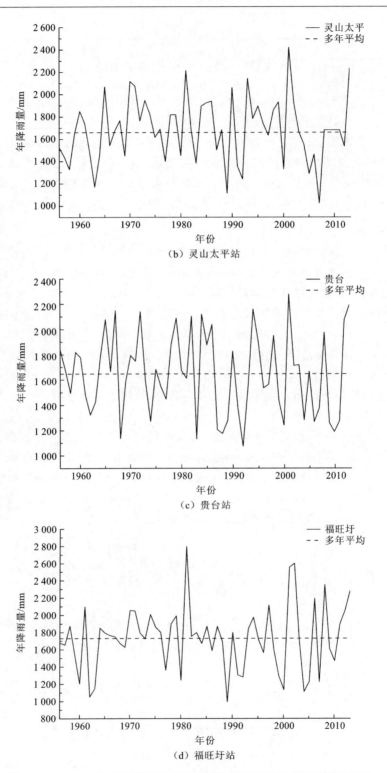

（b）灵山太平站

（c）贵台站

（d）福旺圩站

图 4-2　1956～2013 年钦州市代表性雨量站多年平均降雨量过程线（续）

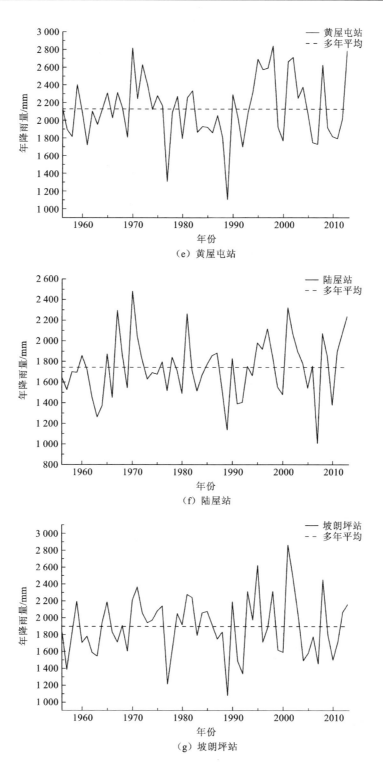

图 4-2　1956～2013 年钦州市代表性雨量站多年平均降雨量过程线(续)

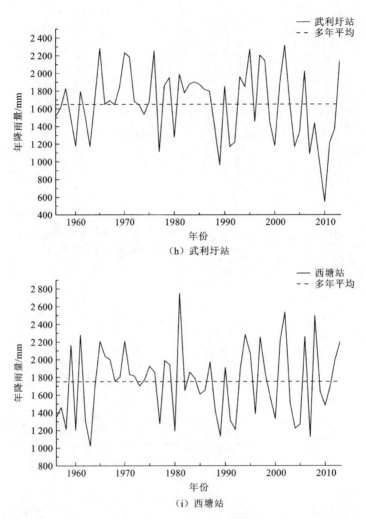

图 4-2　1956～2013 年钦州市代表性雨量站多年平均降雨量过程线（续）

3.年降雨量系列代表性分析

代表性分析站点的选择是在单站点选用、资料复核、插补后的基础上进行。选用站点主要考虑了钦州市水资源四级区上分布的均匀合理性,同时也考虑了钦州市计算分区雨量站点的分布。

根据《全国水资源综合规划技术细则》(2002)提出,为便于比较,要求计算 1956～2000 年、1956～1979 年、1971～2000 年、1980～2000 年这 4 个年段统计系列的特征值。而此次计算序列年限为 1956～2013 年,因此,将所选雨量站点分别按 1956～2013 年统计最大、最小年降雨量,将 1956～2013 年、1956～1979 年、1971～2013 年、1980～2013 年这 4 个不同资料系列长度的平均降雨量作为多年平均降雨量,并用矩法计算 1956～2013 年系列的年降雨量统计参数特征值,然后进行目估适线。各站计算结果见表 4-4。

表 4-4 钦州市选用雨量站年降雨量 （单位：mm）

测站名称	最大		最小		平均年降雨量			
	年降雨量	年降雨量	年降雨量	出现年份	1956～2013 年	1956～1979 年	1971～2013 年	1980～2013 年
坡朗坪	2 868.4	2001	1 076.2	1989	1 898.3	1 863.7	1 925.9	1 922.1
那笪	2 513.0	2013	1 164.6	1965	1 866.9	1 855.9	1 861.1	1 874.7
陆屋	2 476.9	1970	1 008.6	2007	1 742.4	1 726.8	1 751.8	1 753.5
钦州	2 828.7	1995	1 053.1	1989	2 028.3	2 041.2	2 028.1	2 019.2
小董圩	2 565.8	1999	1 100.5	1989	1 724.1	1 705.9	1 746.8	1 737.0
大寺圩	2 493.9	1995	1 318.2	2007	1 812.0	1 809.2	1 811.2	1 814.1
张黄圩	2 405.2	1978	1 018.7	1989	1 722.3	1 771.3	1 730.7	1 687.7
福旺圩	2 796.6	1981	996.8	1989	1 732.6	1 719.6	1 760.9	1 741.8
黄屋屯	2 842.7	1998	1 110.3	1989	2 131.1	2 135.0	2 137.0	2 128.3
犀牛角	2 867.0	1995	1 199.7	1977	1 956.0	1 945.4	1 970.2	1 963.5
西塘	2 746.0	1981	1 021.2	1963	1 750.6	1 742.1	1 763.3	1 756.7
旧州圩	2 314.2	2001	1 060.0	1958	1 725.0	1 684.5	1 758.6	1 753.7
平吉	2 709.0	1970	1 055.4	1989	1 839.5	1 861.2	1 823.3	1 824.2
贵台	2 276.8	2001	1 076.1	1992	1 647.0	1 684.0	1 639.6	1 620.9
太平	2 452.7	1971	874.5	2009	1 670.7	1 718.4	1 666.6	1 637.0
武利圩	2 316.3	2002	9 59.1	1989	1 680.9	1 711.1	1 681.9	1 659.6
十字铺	2 261.0	2013	815.3	1989	1 509.2	1 550.0	1 518.1	1 480.5
樟家	2 356.8	1981	1 080.8	2000	1 592.8	1 573.9	1 601.6	1 606.2
那思	2 487.6	2001	1 258.2	1989	1 817.5	1 785.0	1 840.0	1 840.5
红坎	2 427.5	2001	1 138.6	1989	1 788.4	1 755.7	1 814.0	1 811.5
那篓圩	2 607.8	1998	1 167.7	1989	1 877.4	1 886.4	1 894.7	1 871.1
那隆	2 322.4	2002	925.1	2007	1 660.5	1 663.1	1 665.0	1 658.7
三合	2 690.4	2002	1 006.7	1989	1 719.5	1 718.2	1 723.9	1 720.5
檀圩	2 514.4	2002	874.4	1989	1 604.1	1 569.2	1 633.7	1 628.8
烟墩圩	2 516.7	1981	850.4	1960	1 582.9	1 556.4	1 624.5	1 601.6
官垌	2 711.7	2002	1 080.5	1958	1 743.7	1 731.5	1 772.4	1 752.3
六万山	2 654.6	1981	910.8	1960	1 710.7	1 666.4	1 761.1	1 742.0
横岭	2 476.7	1981	836.9	1960	1 581.1	1 529.0	1 631.5	1 617.8
兰门	2 497.6	1981	843.9	1960	1 578.8	1 541.8	1 624.3	1 604.9
伯劳	2 369.6	2002	911.4	1989	1 706.8	1 741.3	1 687.4	1 682.5
新棠	2 274.9	2001	914.6	1983	1 376.4	1 406.1	1 381.3	1 355.5
灵山太平	2 418.9	2001	1 025.2	2007	1 685.6	1 674.4	1 709.8	1 693.5

4. 降雨量评价计算分析方法

降雨量评价分析方法步骤如下：

（1）以收集、整理、分析、利用已有资料为主，辅以必要的补充观测和试验工作。在分析评价中，对采用的基本资料进行合理、可靠、一致性检查分析；

（2）降雨量的丰、平、偏枯、枯水年、特枯年的选定频率为 20%、50%、75%、90%、95%。评价时段采用水文年，根据《全国水资源综合规划技术大纲》、《珠江委综合规划大纲》进行评价目的和要求选取。有关资料数据及统计计算数据的单位和有效数字，统一按国家规范要求执行；

（3）图表统一按系统软件格式编制；

（4）各雨量站年降雨量的频率计算。

降水量参数均值和 C_v 的计算是绘制参数年等值线图的关键。本次计算参数遵循以下原则：

1）均值的计算：采用算术平均值，适线时不作调整；

2）C_v 值的计算：用矩法计算；

3）C_s/C_v 值：根据《全国水资源综合规划技术大纲》（2002 年）规定，C_s/C_v 值一般可采用 2.0，采用 2.0 确实拟合不好的地区（不是个别站），可以调整 C_s/C_v 值。因此，在此次计算中，C_s/C_v 值一律采用 2.0 进行频率计算；

4）适线要求：经验频率采用数学期望公式 $P=m/(n+1)\times100\%$ 计算，频率曲线采用 P-III 型；适线时应照顾大部分点据。主要按平、枯水段的点据趋势定线，对系列中特大值、特小值不作处理。

本次评价中的 P-III 型频率曲线的绘制和 C_v 值的获取直接选用武汉大学版水文频率曲线适线软件完成，如图 4-3 所示。资料系列为连续系列，按实有系列长度进行计算，系列年数为有资料年数，结果见表 4-5。

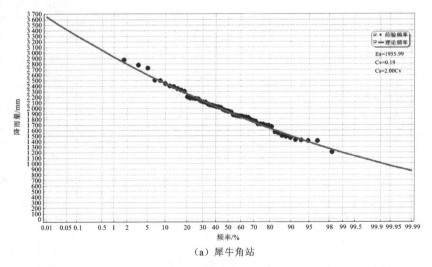

（a）犀牛角站

图 4-3 钦州市代表性雨量站年平均降雨量 P-III 型频率曲线

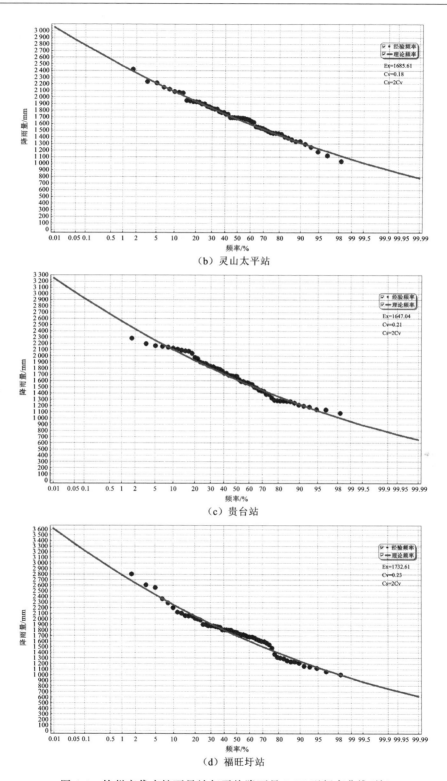

（b）灵山太平站

（c）贵台站

（d）福旺圩站

图 4-3   钦州市代表性雨量站年平均降雨量 P-III 型频率曲线（续）

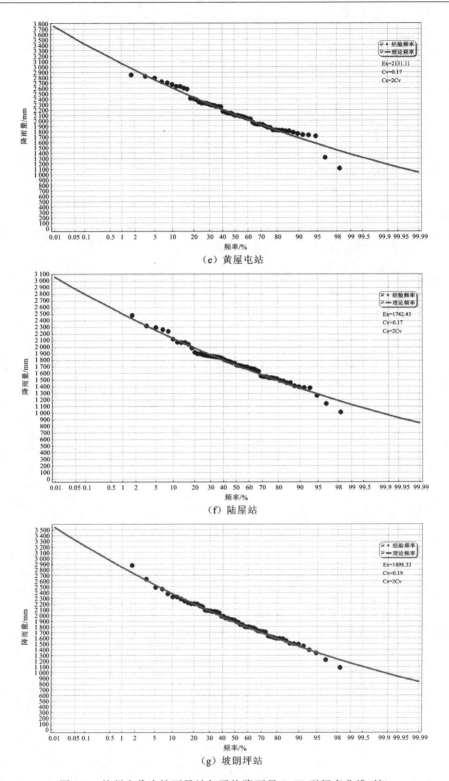

（e）黄屋屯站

（f）陆屋站

（g）坡朗坪站

图 4-3　钦州市代表性雨量站年平均降雨量 P-III 型频率曲线（续）

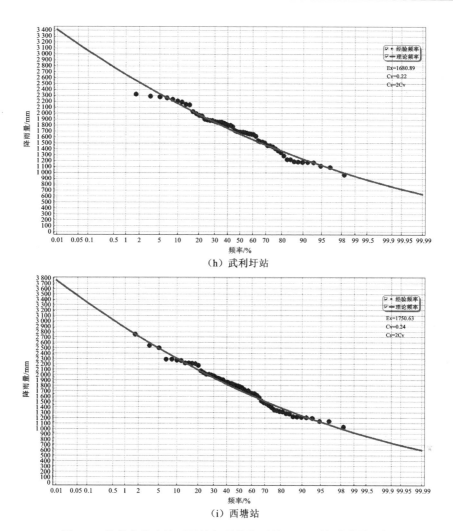

（h）武利圩站

（i）西塘站

图 4-3　钦州市代表性雨量站年平均降雨量 P-III 型频率曲线（续）

表 4-5　1956～2013 年选用测站不同频率降雨量表

测站名称	统计参数			不同频率降雨量/mm				
	均值/mm	C_v	C_s/C_v	20%	50%	75%	90%	95%
坡朗坪	1 898.3	0.19	2.0	2 193.3	1 875.5	1 644.2	1 453.2	1 346.5
那笔	1 866.9	0.16	2.0	2 112.5	1 851.0	1 657.7	1 495.8	1 404.2
陆屋	1 742.4	0.17	2.0	1 985.6	1 725.7	1 534.6	1 375.2	1 285.5
钦州	2 028.3	0.18	2.0	2 327.5	2 006.5	1 771.6	1 576.8	1 467.4
小董圩	1 724.1	0.19	2.0	1 992.1	1 703.4	1 493.4	1 319.9	1 222.9
大寺圩	1 812.0	0.18	2.0	2 079.3	1 792.5	1 582.7	1 408.6	1 310.9
张黄圩	1 722.3	0.20	2.0	2 003.5	1 699.4	1 479.2	1 298.2	1 197.5

续表

测站名称	统计参数			不同频率降雨量/mm				
	均值/mm	C_v	C_s/C_v	20%	50%	75%	90%	95%
福旺圩	1 732.6	0.23	2.0	2 056.1	1 702.2	1 449.8	1 245.5	1 133.2
黄屋屯	2 131.1	0.17	2.0	2 428.5	2 110.6	1 876.9	1 682.0	1 572.2
犀牛角	1 956.0	0.19	2.0	2 192.2	1 932.5	1 694.2	1 497.4	1 387.4
西塘	1 750.6	0.24	2.0	2 012.8	1 717.1	1 452.0	1 328.4	1 121.4
旧州圩	1 725.0	0.17	2.0	1 912.7	1 708.4	1 519.2	1 361.5	1 272.6
平吉	1 839.5	0.18	2.0	2 050.7	1 819.7	1 606.7	1 430.0	1 331.0
贵台	1 647.1	0.21	2.0	1 865.3	1 622.9	1 402.5	1 222.2	1 122.3
太平	1 670.7	0.23	2.0	1 911.4	1 641.3	1 398.0	1 201.0	1 092.7
武利圩	1 680.9	0.22	2.0	1 981.6	1 653.9	1 418.9	1 418.9	1 122.3
十字铺	1 509.2	0.22	2.0	1 779.3	1 485.0	1 274.0	1 102.4	1 007.7
樟家	1 592.8	0.22	2.0	1 877.8	1 567.2	1 344.6	1 163.5	1 063.5
那思	1 817.6	0.17	2.0	2 071.2	1 800.1	1 600.7	1 434.5	1 340.9
红坎	1 788.4	0.17	2.0	2 038.0	1 771.2	1 575.1	1 411.5	1 319.4
那篓圩	1 877.4	0.19	2.0	2 169.2	1 854.9	1 626.2	1 437.3	1 331.7
那隆	1 660.5	0.20	2.0	1 931.6	1 638.4	1 426.1	1 251.7	1 154.5
三合	1 719.5	0.22	2.0	1 957.4	1 691.9	1 451.6	1 256.0	1 148.1
檀圩	1 604.2	0.20	2.0	1 807.4	1 582.8	1 377.7	1 209.2	1 115.3
烟墩圩	1 582.9	0.21	2.0	1 792.7	1 559.7	1 347.9	1 174.6	1 078.6
官垌	1 743.7	0.23	2.0	1 994.9	1 713.1	1 459.1	1 253.5	1 140.5
六万山	1 710.7	0.23	2.0	2 030.0	1 680.6	1 431.5	1 229.8	1 118.9
横岭	1 581.1	0.21	2.0	1 851.6	1 557.9	1 346.3	1 173.3	1 073.3
兰门	1 578.8	0.25	2.0	990.3	1 098.8	1 297.8	1 546.0	1 897.8
伯劳	1 706.8	0.22	2.0	2 012.2	1 679.4	1 440.8	1 246.7	1 139.6
新棠	1 376.5	0.18	2.0	1 579.5	1 361.6	1 202.2	1 070.0	995.8
灵山太平	1 685.6	0.18	2.0	1 934.2	1 667.4	1 472.3	1 310.3	1 219.5

5. 分区面降雨量的计算

以选定站点 1956~2013 年降雨量资料,逐年用泰森多边形计算出水资源流域四级区各流域多年面降雨量见表 4-6,然后按各级分区进行统计,得到水资源流域四级区多年平均面降雨量。钦州市各区河流面降雨量计算见表 4-7。

表 4-6　水资源四级流域分区各流域所控制雨量站及权重

流域名称	控制雨量站	雨量站权重	流域名称	控制雨量站	雨量站权重	流域名称	控制雨量站	雨量站权重
钦江	平吉	0.140	大风江	那思	0.075	武利江	武利圩	0.484
	大平圩	0.050		伯劳	0.110		檀圩	0.065
	三合	0.119		那篓圩	0.208		三合	0.296
	烟墩圩	0.089		犀牛角	0.144		张黄圩	0.156
	灵山太平	0.030		红坎	0.069	武思江	兰门	0.378
	那笪	0.035		那笪	0.087		六万山	0.167
	小董圩	0.014		坡朗坪	0.307		横岭	0.095
	陆屋	0.123	茅岭江	贵台	0.250		官垌	0.295
	钦州	0.109		大寺圩	0.196		福旺圩	0.064
	那隆	0.077		新棠	0.145	平南河	烟墩圩	1.000
	檀圩	0.135		黄屋屯	0.200	罗凤江	兰门	1.000
	旧州圩	0.080		小董圩	0.208	南流江	张黄圩	1.000
洪潮江	那思	0.648	小江	福旺圩	0.275	车板江	张黄圩	1.000
	红坎	0.352		西塘	0.320	文昌江	张黄圩	1.000
沙坪河	灵山太平	0.700		樟家	0.243	绿珠江	六万山	1.000
	旧州圩	0.300		十字铺	0.162	金鼓江	犀牛角	1.000
大榄江	黄屋屯	0.586	张黄江	张黄圩	0.526	鹿耳环江	犀牛角	1.000
	钦州	0.414		十字铺	0.474	其他入海河流	犀牛角	1.000

表 4-7　钦州市水资源四级区多年面降雨量特征值

四级区	流域	计算面积 /km²	统计参数			不同频率年降雨量/mm				
			均值/mm	C_v	C_s/C_v	20%	50%	75%	90%	95%
郁江干流	武思江	640.0	1 657.6	0.22	2.0	1 954.2	1 631.0	1 399.3	1 210.8	1 106.7
	罗凤河	378.0	1 578.8	0.25	2.0	990.3	1 098.3	1 297.8	1 546.0	1 897.8
	沙坪江	323.0	1 697.4	0.17	2.0	1 934.3	1 681.1	1 494.9	1 339.7	1 252.3
	平南小流域	68.6	1 582.9	0.21	2.0	1 792.7	1 559.7	1 347.9	1 174.6	1 078.6
南流江	南流江部分	71.0	1 722.3	0.20	2.0	2 003.5	1 699.4	1 479.2	1 298.2	1 197.5
	张黄江	424.0	1 621.3	0.20	2.0	1 886.0	1 599.7	1 392.4	1 222.1	1 127.2
	武利江	1 221.0	1 678.5	0.20	2.0	1 952.6	1 656.2	1 441.6	1 265.2	1 167.0
	小江	497.0	1 668.3	0.21	2.0	1 953.7	1 643.8	1 420.6	1 238.0	1 136.8
	洪潮江	341.0	1 807.5	0.17	2.0	2 059.7	1 790.1	1 591.8	1 426.5	1 333.4
	车板江	51.0	1 722.3	0.20	2.0	2 003.5	1 699.4	1 479.2	1 298.2	1 197.5
	文昌河	74.5	1 722.3	0.20	2.0	2 003.5	1 699.4	1 479.2	1 298.2	1 197.5
	绿珠江	122.0	1 710.7	0.23	2.0	2 030.0	1 680.6	1 431.5	1 229.8	1 118.9

续表

四级区	流域	计算面积 /km²	统计参数			不同频率年降雨量/mm				
			均值/mm	C_v	C_s/C_v	20%	50%	75%	90%	95%
其他独流入海诸河	钦江	2 326.0	1 742.8	0.16	2.0	1 972.1	1 728.0	1 547.5	1 396.4	1 310.9
	大风江	1 880.0	1 862.8	0.16	2.0	2 107.9	1 846.9	1 654.0	1 492.5	1 401.1
	茅岭江	2 009.0	1 752.6	0.16	2.0	1 983.2	1 737.6	1 556.2	1 404.2	1 318.2
	金鼓江	133.0	1 956.0	0.19	2.0	2 192.2	1 932.5	1 694.2	1 497.4	1 387.4
	鹿耳环江	61.2	1 956.0	0.19	2.0	2 192.2	1 932.5	1 694.2	1 497.4	1 387.4
	大榄江	77.1	2 088.6	0.17	2.0	2 380.1	2 068.5	1 839.4	1 648.4	1 540.8
	入海小流域	94.0	1 956.0	0.19	2.0	2 192.2	1 932.5	1 694.2	1 497.4	1 387.4

4.2.2　径流资料

1. 水文站点分布及选用

钦州市范围内河流水文站主要有坡朗坪站、陆屋站、黄屋屯站、西塘站、大江口站 5 个水文站,具有长序列(1956~2013 年)实测径流资料的测站有坡朗坪站、陆屋站;黄屋屯站属于潮汐站,只有 1978~2013 年实测径流资料;西塘站只有 1959~1996 年实测径流数据;大江口站只有 1985~2013 年实测径流资料。根据此次水资源评价的需要,选择坡朗坪站、陆屋站、黄屋屯站以及西塘站作为流域控制站,进行各流域地表水资源总量、地表水资源可利用量计算。由于水文序列存在序列长短不一致的问题,将在后面章节中重点介绍对小江流域西塘站径流量数据进行插补。钦州市水文站基本情况见表 4-8。

表 4-8　钦州市水文站基本情况

序号	站名	河流名称	集水面积 /km²	监测项目					资料年限/年	东经	北纬
				水位	流量	降水	蒸发	泥沙			
1	坡朗坪	大风江	613	√	√	√	√		1956~2013	105°88′	21°58′
2	陆屋	钦江	1 400	√	√	√	√	√	1953~2013	108°57′	22°16′
3	黄屋屯	茅岭江	1 826	√		√			1978~2013	108°32′	21°59′
4	西塘	小江	192	√		√			1959~1996	109°33′	22°17′
5	大江口	武思江	540	√		√			1985~2013	109°41′	22°36′

站点选用原则:选用站点是在全国第一次水资源评价(1959~1979 年)以及广西壮族自治区钦州市水资源综合规划报告(2008 年 8 月)的基础上进行。凡资料质量较好、观测序列较长的水文站均可作为选用站,大江大河的干流、主要一级支流二级支流、独流入海的中小河流出口控制性测站和水资源供需分析所依据测站。

　　结合钦州市的实际情况,此次重点分析地表水资源总量计算为:郁江干流的沙坪河、武思江、平南小流域、罗凤河;南流江内的武利江、张黄江、小江、洪潮江、车板江、文昌江、南流江干流部分;独流入海诸河内的钦江、茅岭江、大风江、金鼓江、鹿耳环江、大榄江等小流域的地表水资源总量及可利用量。选用坡朗坪站、陆屋站、黄屋屯站三个国家级基本水文站作为钦州市独流入海的中小河流出口控制站;选用西塘站作为南流江分区钦州市代表站;选用大江口站作为郁江干流分区钦州市代表站。选用典型水文站多年径流量过程线,如图 4-4 所示。

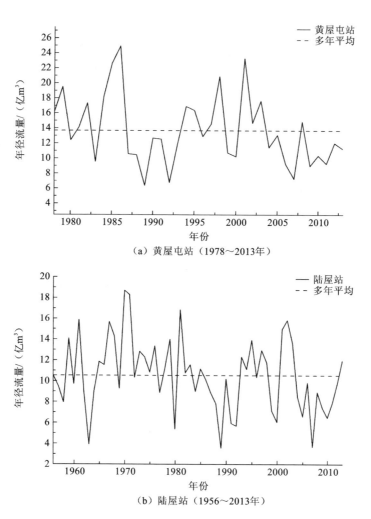

（a）黄屋屯站（1978～2013年）

（b）陆屋站（1956～2013年）

图 4-4　钦州市主要河流水文站点实测年径流量过程线

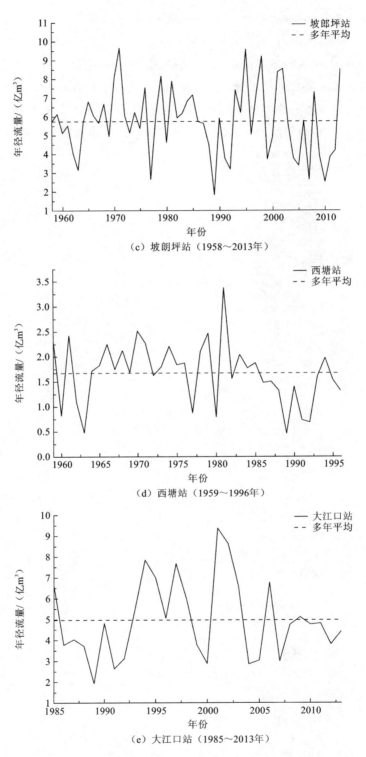

（c）坡朗坪站（1958～2013年）

（d）西塘站（1959～1996年）

（e）大江口站（1985～2013年）

图 4-4　钦州市主要河流水文站点实测年径流量过程线（续）

2. 资料的插补延长

1) 径流资料插补延长方法

插补延展的资料年数均不超过实测年数。

(1) 年径流量的插补延长

① 上、下游站年径流量相关法。

② 相邻流域测站年径流量相关法。不分气候及下垫面条件相似的相邻流域测站用此法。

③ 本站流域年降雨量年径流量相关法。应用于降雨资料系列长而径流资料系列较短的测站。

(2) 月径流量的插补延长

① 利用水位资料插补

对于有水位资料缺流量资料的月份,可以借用相近年份的水位-流量关系推求流量信息,但要注意分析水位流量关系的稳定性及外延精度。

② 资料插补

历年均值法。缺测月份的月平均流量历年变幅不大时,可用流量历年平均值代替。

趋势法。枯季降雨量很少,退水过程比较稳定,可根据前后月平均流量资料的变化趋势插补。

③ 上、下游站月平均流量相关法

主要分为:汛期月径流资料插补法;上、下游站月平均流量相关法;相邻区域水文站月径流量相关法。

④ 月平均面降雨量-月径流量相关法

两者相关点据比较散乱,考虑影响月径流量的前期雨量等因素作为参数,建立多因素相关关系。

面积较大的流域汇流时间长,本月降雨产生的径流量本月不能流出,建立月平均面降雨量与月径流量的相关关系时,要充分考虑两者的对应性。

2) 径流资料插补结果

黄屋屯站实测径流量数据为 1978～2007 年,西塘站实测径流量数据为 1959～1996 年,其中 2008～2013 年数据为水情信息在线分析服务系统中下载月平均径流量数据;黄屋屯站 1956～1977 年缺少的数据通过黄屋屯站控制面积区内面降雨量-径流量相关法插补得到;西塘站 1997～2007 年缺少的数据通过建立西塘站与坡朗坪站年径流量相关性得到。

4.3　研究方法

4.3.1　基准期分析方法

水文序列突变检测方法众多,其中 M-K(Mann-Kendall)法[3]与累积距平法[4]原理简单,M-K 法因不需要样本遵从特定分布,不受异常值的干扰,检测范围宽以及理论基础较强等特点获得广泛应用;累积距平法的核心是判断离散数据对其均值的离散幅度,若累积距平值增大,表明离散数据大于其平均值,反之则小于其平均值[5]。但以上两种方法检测突变点存在检测结果不一致等问题,因此,辅以滑动 T 检验法[6]检测时间序列突变点的显著性。

1. Mann-Kendall 突变检验

Mann-Kendall 常用于检验时间序列突变情况。突变检验统计量计算由 $x_1, x_2, \cdots, x_n$ 构造一秩序列 m_i, m_i 为 $m_1, m_2, \cdots, m_n, m_i$ 为 $x_i > x_j$ $(1 \leqslant j \leqslant i)$ 的样本累积数。

定义变量 d_k

$$d_k = \sum_{i=2}^{k} m_i \quad (2 \leqslant k \leqslant N) \tag{4-1}$$

d_k 平均值以及方差定义如下:

$$E(d_k) = k(k-1)/4 \tag{4-2}$$

$$\mathrm{Var}(d_k) = (k(k-1)(2k+5))/72 \quad (2 \leqslant k \leqslant N) \tag{4-3}$$

在时间序列随即独立假定下,定义 UF_k(统计量):

$$\mathrm{UF}_k = (d_k - E(d_k))/\sqrt{\mathrm{Var}(d_k)} \quad (k = 1, 2, \cdots, n) \tag{4-4}$$

式中:UF_k 为标准正态分布,给定一定显著性水平(α)差正态分布表可得 U_α(临界值)。当 $\mathrm{UF}_k > U_\alpha$ 时,表明序列出现一个显著的增长或减少趋势,所有 UF_k 将组成曲线 U_F。把该方法引用到反序列($x_n, x_{n-1}, \cdots, x_1$)中,得出 UB_k,所有 UB_k 值组成的曲线用 U_B 表示。

在突变检验分析图中,当曲线 U_F 超过信度检验临界线时,即表示变化趋势显著,并且超过临界线的范围确定为出现突变的时间区域。若曲线 U_F 和 U_B 出现交点,并且交点位于信度检验临界线之间,那么交点对应的时刻就是突变开始的时间。

2. 累积距平法

累积异常通常用于确定水文和气象因素的变化,如降雨量、蒸发量、径流量以及气温序列。该方法的核心是判断离散数据对其均值的离散幅度,若累积距平值增大,表明离散数据大于其平均值,反之则小于其平均值[4]。对于离散序列 x_i,水文和气象数据点 x_i 的累积异常(S_t)可以表示为

$$S_t = \sum_{i=1}^{t} (x_i - \overline{x}) \quad t = 1, 2, \cdots, n \tag{4-5}$$

$$\overline{x} = \frac{1}{n} \sum_{i=1}^{n} x_i \tag{4-6}$$

式中:$\overline{x}$ 为离散点序列 x_i 的均值;n 为离散点的个数[7]。

3. 滑动 T 检验法

因为 Mann-Kendall 和累积距平法检测突变点存在检测结果不一致等问题,因此,辅以滑动 T 检验法检测时间序列突变点的显著性。滑动 T 检验法是用来检验两随机样本平均值的显著性差异[8-9]。为此,把已连续的随机变量 x 分成两个子样本集 x_1 和 x_2,将 μ_i、S_i^2、n_i 分别表示 x_i 的平均值、方差和样本长度 $i = (1, 2)$,其中 n_i 需要人为定义长度。

原假设 $H_0: \mu_1 - \mu_2 = 0$ 定义统计量为

$$t_0 = \frac{\overline{x_1} - \overline{x_2}}{S_P \left(\frac{1}{n_1} + \frac{1}{n_2} \right)^{1/2}} \qquad (4\text{-}7)$$

其中 S_P^2 是联合样本方差

$$S_P^2 = \frac{(n_1-1)S_1^2 + (n_2-1)S_2^2}{n_1 + n_2 - 2} \qquad (4\text{-}8)$$

σ^2 为 S_P^2 的无偏估计($E[S_P^2] = \sigma^2$),显然 σ^2 服从 $t_0 \sim t(n_1 + n_2 - 2)$ 分布,给出信度 α,得到临界值 t_a,计算 t_0 后在 H_0 下比较 t_0 与 t_a,当 $|t_0| \geqslant t_a$ 时,否定原假设 H_0,即说明其存在显著性差异;当 $|t_0| < t_a$ 时,则接受原假设 H_0。需要注意的是,n_i 选择带有主观性,应结合具体的需要选择 n_i,并不断变动 n_i,以增加检查结果的可靠性[10]。

4.3.2　径流还原方法

在生产中,对径流进行还原的方法中,应用较多地有分项调查法、蒸发差值法、降雨径流模式法、水文模拟法等。

1. 分项调查法

分项调查法就是逐项还原断面以上未实测到的水量,加上断面实测径流,还原为断面天然径流量。分项调查法以流域的水量平衡为基础,充分利用实测与调查资料,具有较高的精度和良好的使用效果,但是对调查资料的准确程度有一定的依赖性。它实际上还原了水利工程增加或损耗水量对径流的影响,而未还原下垫面状态改变对径流的影响,是当年下垫面上的一种天然年径流。

1) 逐项还原所采用的水量平衡方程式

$$W_{天然} = W_{实测} + W_{灌溉} + W_{工业及生活} \pm W_{库蓄} + W_{库蒸} \pm W_{引水} \pm W_{分洪} + W_{库渗} + W_{梯拦}$$
$$(4\text{-}9)$$

式中:$W_{天然}$ 为还原后的天然水量;$W_{实测}$ 为水文站实测水量;$W_{灌溉}$ 为灌溉耗水量;$W_{工业及其生活}$ 为工业及生活耗水量;$W_{库蓄}$ 为计算时段始末水库蓄水变量(增加为正,减少为负);$W_{库蒸}$ 为库水面蒸发量和相应陆地蒸发量的差值;$W_{引水}$ 为跨流域引水增加或减少的测站控制量;$W_{分洪}$ 为河道分洪水量(分出为正,分入为负);$W_{库渗}$ 为水库渗漏水量(水量一般不大,对下游站而言仍可回到断面上,可以不计);$W_{梯拦}$ 为水平梯田拦蓄地面径流量。以上指一般的还原项,不同地区可能会有所不同,可根据本地区实际情况增减,单位均为亿 m^3。

2) 农业用水估算

农业用水估算,主要是估算历年灌溉耗水量,可根据搜集到的资料情况,采用不同的计算方法。

情况一:有实灌面积、灌溉毛定额及灌区回归系数等调查资料时,按下列计算灌溉耗水量:

$$W_{灌溉} = (1 - \beta)mF \qquad (4\text{-}10)$$

式中:$W_{灌溉}$ 为灌溉耗水量(亿 m^3);β 为灌区(包括渠系和田间)回归系数;m 为灌溉毛定额;F 为实灌面积(km^2);

情况二:有灌区年引水总量及回归系数资料时,按下列式计算:

$$W_{灌溉} = (1-\beta)W_{总} \qquad (4-11)$$

式中:$W_{总}$ 为渠道引水总量(亿 m^3);其余符号同上。

情况三:灌区回归系数资料缺乏时,可以用净灌溉用水量作为近似灌溉耗水量,即未考虑田间回归系数和渠系蒸发损失,两者能抵消一部分。净灌溉用水量的计算方法如下。

有实灌面积及净灌水定额时:

$$W'_{灌溉} = m_1 f_1 + m_2 f_2 + m_3 f_3 + m_4 f_4 \qquad (4-12)$$

式中:$W'_{灌溉}$ 为年灌溉净用水量(m^3);m_1、m_2、m_3、m_4 为不同季节净灌水定额($m^3/$ 亩次),根据调查和试验资料确定;f_1、f_2、f_3、f_4 为不同季节的实灌面积(亩次)。

有实灌面积及净灌定额时:

$$W'_{灌溉} = nmF = MF \qquad (4-13)$$

式中:n 为灌水次数;m 为净灌定额($m^3/$ 亩次);M 为净灌溉定额($m^3/$ 亩次);F 为实际灌溉面积。

丰、平、枯年份的灌水次数有所不同,可根据灌区调查资料进行确定。若灌区作物种类较多,且灌溉制度差别较大,则可按作物组成比例求出综合灌溉定额。当渠道引水口在测站断面以上,所灌溉面积在断面以下时,则还原水量应为渠道饮水量。当渠道无实测资料时,可用估算的灌区毛灌溉用水量作为还原水量,毛灌溉用水量等于净灌溉用水量除以渠系有效利用系数。当渠道有引水、退水实测资料时,不能简单地用渠道引水量减渠道退水量作为灌溉净用水量来进行还原计算,要先分析灌区是否有灌溉水直接回归河道。

3) 工业耗水估算

工矿企业用水比较稳定,如果生产规模不变,则年内和年际之间变化不大。因此,只要调查到工矿企业的引水流量和排水流量,就可算出每年和各季的耗水量。如能了解到工矿企业的年产量、产值,则可求出单产的耗水量或万元产值的耗水量。根据大中型城市不同行业各类工业的典型调查资料及历年工业的产量或产值统计数据,估算水文站以上工业耗水量。

4) 城市生活用水量估算

城市生活用水量估算可通过大中型城市典型调查资料求得不同地区、不同城市、不同年代每人每天的耗水量,根据历年人口统计数据估算生活耗水量。工业和城市生活用水,应把地表水、地下水分开统计,只需要还原地表水量。

5) 跨流域引水

引出水量应全部作为还原水量。引入水量,一般都用于灌溉,应从本流域扣除回归水量。

6) 河道分洪决口水量

河道分洪决口水量还原,可通过上、下游站和分洪口门的流量,分洪区的水位资料、水位容积曲线以及洪水调查资料等,按水量平衡方法,进行还原估算。

2. 蒸发差值法

蒸发差值法适用于时段较长情况下的还原计算,还原时可略去流域蓄水量变化,还原人类活动前后流域蒸发的变化量,使用时要注意流域平均雨量计算的可靠性、蒸发资料的代表性和蒸发公式的地区适用性。

流域蒸发差值法遵循水量平衡原理[11],地表水资源量 R 的变化与降雨量 P、流域下垫面变化前的流域蒸发量 $E_{前}$、土壤蓄水量 W 紧密相关,W 又可表示为气温 T 与 P 的函数如式(4-14)。

$$R = P - E_{前} - W = f(P, E_{前}, T) \tag{4-14}$$

式中:$E_{前}$ 可表示为

$$E_{前} = [(A - A_1)E_{陆} + \alpha A_1 E_{水}] / A \tag{4-15}$$

式中:A 为设计流域总面积(km^2);A_1 为人类活动前流域内的水库、湖、塘等水面面积(km^2);α 为水面蒸发折算系数;$E_{水}$ 为蒸发皿实测水面蒸发量(mm);$E_{陆}$ 为陆面蒸发量。

研究区域属南方滨海区,因此陆面蒸发量参考凯江公式[12]:

$$E_{陆} = (\alpha T + \beta)\theta / L \tag{4-16}$$

$$\theta = \theta_0 [0.65 - 0.35(n - s)] \tag{4-17}$$

式中:θ 为太阳总辐射(cal/cm^2);T 为日平均气温(℃);L 为蒸发潜热常量(590 cal/g);α 和 β 为系数和常数;θ_0 为碧空无云时的太阳总辐射(cal/cm^2);n 为月平均云量;s 为月平均日照量。

3. 降雨径流模式法

降雨径流模式法是根据一个断面以上未受人类活动影响(或影响较小)的降雨量、径流资料建立降雨-径流关系,通过建立的降雨-径流关系和估算年份的降雨资料计算天然年径流量的一种方法,又称降雨-径流相关法。它实际上是将天然年径流"还原"到某时段(建立相关关系所用数据年份的下垫面状况)下垫面条件下的一种天然年径流。降雨-径流相关法简便明了,对下垫面比较一致的流域,具有较好的使用效果,但其外延部分的精度不易控制。在使用这种方法时,必须尽可能地设法提高相关关系的精度。用于还原的降雨径流模式,一是多元回归分析法(即基于降雨径流模式的双累积法),二是参数分析法(即产流模式法)。在径流还原应用中,应用较为广泛地是属于多元回归分析法中的双积累曲线(double mass curve,DMC)模型。

DMC 模型是目前用于水文气象要素一致性或长期演变趋势分析中最简单、最直观、最广泛的方法。它最早由美国学者 Merriam 在 1937 年用于分析美国萨斯奎哈纳河(Susquehanna)流域降雨资料的一致性[13],Langbein 对其做了理论解释,自 1948 年以来一直被美国地质调查局(United States Geological Survey,USGS)所使用[14],甚至应用于污水分析中,国内外学者对其做了大量的研究[15-20]。

DMC 模型是检验两个参数间关系一致性及其变化的常用方法。所谓双累积曲线就是在直角坐标系中绘制的同期内一个变量的连续累积值与另一个变量连续累积值的关系线,它可用于水文气象要素一致性的检验、缺值的插补或资料校正,以及水文气象要素的趋势性变化及其强度的分析。Kohler[21]、Searcy 和 Hardison[22] 分析了双累积曲线的理论基础。Searcy 和 Hardison[22] 认为:"双积累曲线是基于一个事实所绘出的,在相同时段内只要给定的数据成正比,那么一个变量的累积值与另一个变量的累积值在直角坐标系上可以表示为一条直线,其斜率为两要素对应点的比例常数。如果双积累曲线的斜率发生突变(Break)则意味着两个变量之间的比例常数发生了改变或者其对应的累积值的比可能根本就不是常数。若接受两个变量累积值之间直线斜率已发生改变,那么斜率发生突变点所对应的年份就是两个变量累积关系出现突变的时间。"并指出:"只有在下列情况下才能够通过双积累曲线方法得到准确和有用的结果,第一,比较分析的要素具有高度的相关性;第二,所分析的要素具有正比关系;第三,作为参考变量(或基准变量)观测数据在整个观测期内都具有可比性。"Benson[23] 认为:"根据双累积曲线基本理论假设,虽然在具体某一时间点上流量等会有误差但累积值则是精确的。"

设有两个变量 X(参考变量或基准变量)及 Y(被检验变量),在 N 年的观测期内,有观测值 X_i 及 Y_i,其中 $i = 1,2,3,\cdots,N$。首先对变量 X 及变量 Y 按年序列计算各自的累积值,得到新的逐年累积序列 X'_i 及 Y'_i,其中 $i = 1,2,3,\cdots,N$,即:

$$X'_i = \sum_{i=1}^{N} X_i \tag{4-18}$$

$$Y'_i = \sum_{i=1}^{N} Y_i \tag{4-19}$$

然后,在直角坐标系中绘制两个变量所对应点累积值的关系曲线。绘制的曲线图一般以被检验的变量为纵坐标(即 Y 轴)、参考变量或基准变量为横坐标(即 X 轴)。在降雨量资料检查及校正中,绘制的双累积曲线一般取纵坐标为拟校正记录的某雨量站的累积雨量(即被检验变量),横坐标为周围临近的多个雨量站的面平均雨量累积值(即参考或基准变量)。观察图,如果被检验或校正变量没有发生系统偏差,那么累积曲线为一条直线,如果发生偏离,如图 4-5 中的线可能会上偏(上偏表示增加)或下偏(下偏表示减小)。

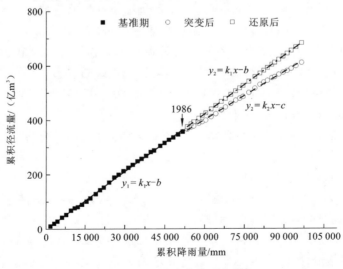

图 4-5　双累积曲线示意图

从图 4-5 中可找到曲线发生生明显突变点的年份,该年份便为径流发生突变的时间点,将时间序列分为 N_1、N_2,采用最小二乘法求出 N_1 时间段内降雨-径流累积曲线斜率 K_1,而 N_2 时间段内径流累积量为

$$Y''_i = K \sum_{i=1}^{N} X_i + b \qquad (4-20)$$

N_2 时间段内的还原水量则为 $Y''_i - Y'_i$。

4. 水文模拟法

水文模拟法的模型结构是产流结构,理论依据是产流理论。在我国湿润地区可以采用新安江模型。因此,有较强的物理和理论基础。水文模拟方法是以日或时为时段的径流过程,还能较其他还原方法提供更多的信息资料,如年径流总量、多年平均径流量、月径流量等。随着计算机的普及应用,工作量小是该方法的突出优点。模型的关键在于参数的选择,参数的正确与否决定了由此推求的径流系列的可靠程度。

4.3.3　分区地表水资源量计算方法

地表水资源量是指河流、湖泊、冰川等地表水体中由当地降水形成的、可以逐年更新的动态水量,用天然河川径流量表示。

以大江大河一级支流控制站和中等流域河流控制站作为骨干站点,计算各水资源三级区 1956~2013 年的天然年径流量序列,再利用中小流域径流站或水文比拟法将水资源三级区天然年径流量序列划分到水资源四级区。水资源分区天然年径流量序列的计算针对不同情况采用不同的计算方法。

(1) 水资源分区内有水文控制站,当径流站控制区降水量与未控制区降水量相差不大时,可根据控制站分析计算结果,按面积比折算为该分区的年径流量序列;当径流站控制区降水量与未控制区降水量相差较大时,按面积比和降水量的权重折算为该分区的年径流量。即:

$$W_{ab} = W_a \left(1 + \frac{(P_b \times F_b)}{(P_a \times F_a)}\right) \qquad (4-21)$$

式中:W_{ab} 为某水资源分区多年平均径流量(亿 m³);W_a 为控制站以上的同一年径流量(亿 m³);F_a 和 F_b 分别为控制站以上的面积、控制站以下未控区的面积(km²);P_a 和 P_b 分别为控制站以上多年平均面降雨量、控制站以下未控区多年平均面降雨量(mm)。

(2) 水资源分区内没有水文控制站时,借用自然地理特征相似地区测站的降水-径流关系,由降水系列推求年径流量序列。

(3) 水资源分区内没有水文控制站且降水序列较短时,则直接借用自然地理特征相似地区测站的天然年径流序列,用水文比拟法推求分区年径流量序列。

1. 水资源量特征值及不同保证年水资源量计算方法

钦州市水资源特征值及不同保证年水资源量计算,按《广西水资源综合规划水资源调查评价》为规范,以钦州市 1956~2013 年地表水资源量序列为基础资料,计算其算术平均值,以此作为频率适线参数 E_x;而 C_v 值则先用矩法估算,经频率适线后确定采用值;C_s/C_v 值一律采用 2.0。

在适线过程中,经验频率采用数学期望公式 $P = m/(n+1) \times 100\%$ 计算,频率曲线采用皮尔逊 III 型;适线时应照顾大部分点据,主要按平、枯水段的点据趋势定线,对序列中特大、特小值不作处理。

4.3.4　地下水资源量计算方法

根据《全国水资源综合规划技术大纲》和流域《珠委水资源综合规划大纲》、《珠委水资源综合规划技术细则》要求,南方片区只进行地下水资源量计算,不要求计算开采量。按照《广西水资源综合规划水资源调查评价》的划分,钦州市所属各流域水资源区为山丘区的非岩溶地区。山丘区地下水资源量(即河川基流)采用的计算方法为直线斜割法,用该方法可计算出本区地下水资源量。

1. 河川基流量计算方法

河川基流量(又称地下径流量)是指河川径流量中由地下水渗透补给河水的部分,即河道对地下水的排泄量,在非汛期,基流是河川径流量主要组成部分[24]。天然条件下,河川基流量稳定,具有维持河川径流、维护河流形态及表生生态植被良性发展等多种功能,对维持生态系统健康有着重要的作用[25]。基流量通过分割径流量的方法计算。

1) 水文代表站的选用

水文代表站选用原则如图 4-6 所示,本次规划需要进行基流分割的水文站有:陆屋站、黄屋屯站、坡朗坪站、大江口站,这 4 个站的地表水和地下水流域重合。

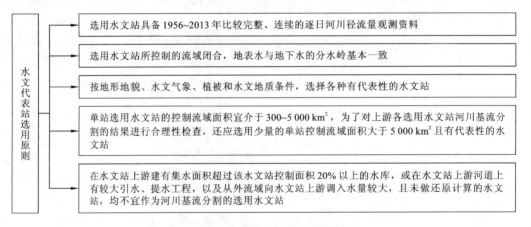

图 4-6　水文代表站点选用原则

2) 单站 1956 ～ 2013 年期间年河川基流量的分割

根据选用水文站实测逐日河川径流资料,包括丰、平、枯三种代表性年份,点绘河川径流过程线,采用直线斜割法分割单站不少于 10 年的年实测河川径流量中的河川基流量。

3) 河川基流量还原水量的定量方法

根据本次地表水资源量评价中 1986 ～ 2013 年逐年河川径流还原水量在年内的分配时间段,利用分割的实测河川基流量成果,分别确定相应时间段分割的河川基流量占实测河川径流量的比率(即各时间段基流比);然后,以各时间段的基流比乘以相应时间段的河川径流还原水量,乘积值即为该时间段的河川基流还原水量;最后,将年内各时间段的河川基流还原水量相加,即为该年的河川基流还原水量。河川基流还原后的河川基流量,为相应选用水文站还原后的河川径流量。

4) 单站 1956 ~ 2013 年河川基流量序列的计算

根据单站不少于 10 年基流量分割成果,建立该站河川径流量(R)与河川基流量(R_g)的关系曲线(R 及 R_g 均采用还原后的水量),即 $R \sim R_g$ 关系曲线;再根据该站未进行年河川基流量分割年份的河川径流量,从 $R \sim R_g$ 关系曲线中分别查算各年的河川基流量。

5) 计算分区 1956 ~ 2013 年河川基流量序列的计算

计算分区内,可能有一个或几个选用水文站控制的区域,还可能有未被选用水文站所控制的区域。因此,按下列程序计算分区 1956 ~ 2013 年河川基流量序列。

首先,在计算分区内,计算各选用水文站控制区域 1956 ~ 2013 年逐年的河川基流模数,计算公式:

$$M_{0\text{基}i}^{j} = \frac{R_{g\text{站}i}^{j}}{f_{\text{站}i}} \tag{4-22}$$

式中:$M_{0\text{基}i}^{j}$ 为选用水文站 i 在 j 年的河川基流模数(万 m^3/km^2);$R_{g\text{站}i}^{j}$ 为选用水文站 i 在 j 年的河川基流量(万 m^3);$f_{\text{站}i}$ 为选用水文站 i 的控制区域面积(km^2)。

$$R_{gj} = \sum M_{0\text{基}i}^{j} \times F_i \tag{4-23}$$

式中:R_{gj} 为计算分区 j 年的河川基流量(万 m^3);$M_{0\text{基}i}^{j}$ 为计算分区选用水文站 i 控制区域在 j 年的河川基流模数或未被选用水文站 i 所控制的区域在 j 年的河川基流模数(万 m^3/km^2);F_i 为计算分区内选用水文站 i 控制区域的面积或未被选用水文站 i 所控制的区域的面积(km^2)。

6) 河川基流模数

广西壮族自治区河川基流模数在 5 ~ 50 万 m^3/km^2。钦州市地处沿海地区,属于广西壮族自治区河川基流模数的高值区,区域内植被良好,多年平均降雨量 1600 ~ 2 200 mm,单站最大年降雨量达到 2 800 mm 以上,蒸发量变化不大。地表径流模数在 18 ~ 140 万 m^3/km^2,河川基流量模数在 10 ~ 50 万 m^3/km^2。

2. 山丘区地下水资源量计算

统一按广西壮自治区山丘区地下水资源量计算方法进行计算:

$$Q_{i\text{基}q}^{j} = f_i \times M_{0\text{基}i}^{j} \tag{4-24}$$

式中:$Q_{i\text{基}q}^{j}$ 为均衡计算区 i 在 j 年的河川基流量(亿 m^3);f_i 为均衡计算区面积(km^2);$M_{0\text{基}i}^{j}$ 为均衡计算区 i 在 j 年的河川基流量(万 m^3/km^2)。

钦州市山丘区河川基流量即为各均衡计算区河川基流量之和。

4.4 水资源总量分析

4.4.1 各流域基准期分析

对钦州市内有水文控制站流域径流量序列采用累积距平法及 M-K 法进行突变点检

测,主要以钦江流域为例进行详细分析。

由图 4-7(a)可知,UF 与 UB 曲线相交于 1986 年、1993 年、1994 年、1996 年、1997 年、2001 年、2003 年,累积距平曲线在 1964 年、1986 年、1992 年、2003 年为极值点,在以上时间节点处径流量极可能发生突变,但 M-K 法所检测出突变点均在 $\alpha=0.05$ 的 ±1.96 显著性水平内,累积距平法显著性无法判断,因此,需辅以滑动 T 检验法对其进一步显著性水平检验。由滑动 T 检验法结果可知,仅有 1986 年与 2003 年 t 值分别为 2.47 和 2.55,均超过 95% 显著性水平,表明 1986 年、2003 年为陆屋站径流量序列突变年份;对于其他节点并未超过 95% 显著性水平,仅为转折点。采用滑动 T 检验法对图 4-7(b)、(c)以及(d)中降雨量、蒸发量、气温序列可能的突变节点进行显著性分析,降雨量序列在整个时间域内并未出现显著突变点;蒸发量、气温序列均仅有一个突变点超过 95% 显著性水平,分别为 1973 年和 1996 年。

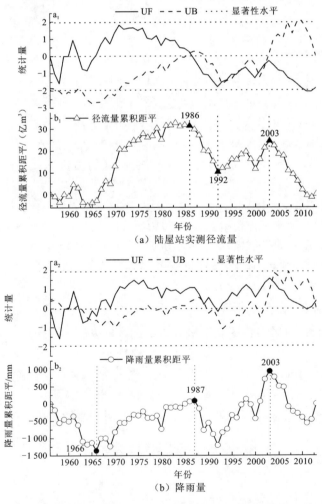

图 4-7　时间序列 M-K 法及累积距平法突变点检测

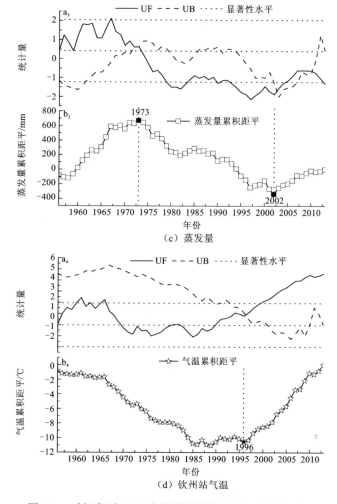

图 4-7　时间序列 M-K 法及累积距平法突变点检测（续）

陆屋站以上控制流域降雨量、蒸发量序列以及黄屋屯站、坡朗坪站、西塘站实测径流量序列突变点显著性检验见表 4-9，不再赘述。

表 4-9　控制站点以上流域突变点滑动 T 检验法结果

陆屋站	降雨量	年份	1959	1962	1964	1966	1987	1989	1992	2002	2003
		t	−0.84	−0.89	1.50	−1.97	0.08	−0.73	−1.19	0.85	1.18
	径流量	年份	1964	1986	1992	1993	1994	1996	1997	2001	2003
		t	−0.54	2.47**	0.80	0.85	1.01	1.32	1.56	1.51	2.55**
	蒸发量	年份	1969	1973	2002	—	—	—	—	—	—
		t	2.15	3.27**	−1.82	—	—	—	—	—	—
黄屋屯站	径流量	年份	1986	1998	1999	2000	2002	2003	—	—	—
		t	3.62**	2.36	2.14	1.88	2.66	3.02**	—	—	—

续表

坡朗坪站	径流量	年份	1958	1960	1964	1986	1992	2003	—	—	—
		t	0.14	0.05	−0.87	2.04 **	−0.16	2.30 **			
西塘站	径流量	年份	1957	1964	1986	1988	1992	1993	1999	2003	—
		t	−0.27	−0.90	2.17 **	0.94	−0.46	−0.51	0.98	1.84	

注:** 为显著突变点

　　经分析,黄屋屯站、坡朗坪站、西塘站、大江口站径流量均于1986年发生显著突变,而降雨量序列均不存在明显突变点,因此,将1956～1986年假定为DMC模型径流还原基准期,对1987～2013年序列进行径流还原并计算钦州市地表水资源总量。

4.4.2　地表水资源总量分析

　　4个水文站实测径流量序列采用DMC模型和蒸发量差值法进行径流还原,DMC模型法结合径流量序列突变点结果进行还原计算,结果如图4-8所示,陆屋站、坡朗坪站、黄屋屯站、西塘站径流量还原结果分别为11.771亿 m³、6.143亿 m³、16.575亿 m³、1.878亿 m³。

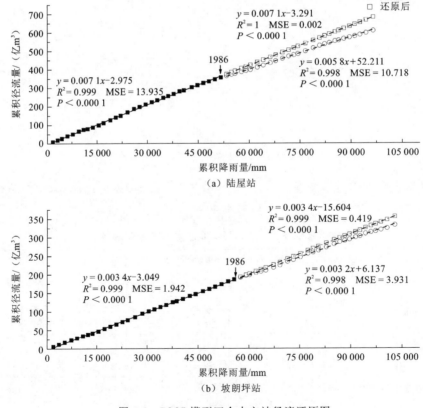

图 4-8　DMC模型四个水文站径流还原图

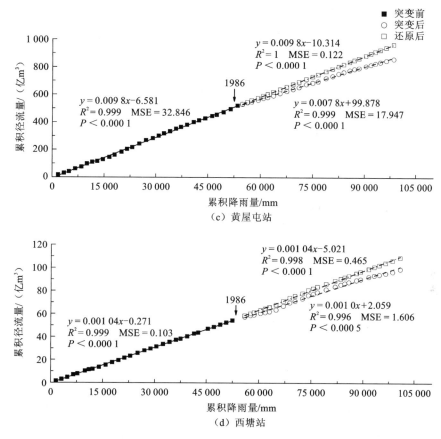

图 4-8　DMC 模型 4 个水文站径流还原图(续)

蒸发量差值法对陆屋站、坡朗坪站、黄屋屯站、西塘站径流还原结果分别为12.667亿 m³、6.646 亿 m³、16.795 亿 m³、1.995 亿 m³,两种不同径流还原方法,结果偏差控制在较小范围内,见表 4-10。表明 DMC 模型及蒸发量差值法计算的结果均较为合理。

表 4-10　5 个水文站 DMC 模型、蒸发差值法径流还原结果

流域	站点	实测径流量 /(亿 m³)	还原径流量/(亿 m³)		偏差/%
			DMC 模型法	蒸发差值法	
钦江	陆屋站	10.524	11.771	12.667	7.1
大风江	坡朗坪站	5.752	6.143	6.646	7.6
茅岭江	黄屋屯站	14.780	16.575	16.795	1.3
小江	西塘站	1.706	1.878	1.995	5.9

对钦州市内 19 条河流中有控制水文站流域采用式(4-21)对流域地表水资源量进行推求,对于无控制站流域则借用自然特征相似地区测站的降水-径流关系,由降雨推求年径流序列,结果见表 4-11,并计算不同保证率下的地表水资源量,其中 C_s/C_v 均采用 2.0

进行计算。根据《广西钦州市水资源综合规划报告(2008 年)》所采用《广西壮族自治区地表水资源(1984 年)》中实测-天然径流相关性简化方法,所得地表水资源量为 104.41 亿 m³,由于该计算中基准期设定为 1956~1980 年,且广西壮族自治区境内部分测站的实测-天然径流相关性难以代表钦州市境内实际情况,早期人类活动使径流还原结果偏差进一步增大,致使所得地表水资源量总体偏小;而蒸发量差值法严格遵循水量平衡原理,对整个序列均进行还原计算,从而消除了早期人类活动对径流所产生的影响,使地表水资源量更接近于天然情况。综上,这表明两种径流还原方法在钦州市内不仅能够很好地应用,而且计算简单、所需资料较少、结果与天然情况较为接近,在南方滨海地区的水资源总量计算中值得推广。

表 4-11　钦州市各水资源分区地表水资源量

四级区	河流		市内面积 /km²	地表水资源量/(亿 m³)			不同保证率水资源总量/(亿 m³)				
	名称	级别		双累积曲线法	蒸发差值法	偏差/%	20%	50%	75%	90%	95%
郁江干流	武思江	2	640.0	6.332	6.615	4.3	8.03	6.09	4.78	3.78	3.25
	罗凤河	2	378.0	3.546	3.568	0.6	4.56	3.40	2.63	2.04	1.74
	沙坪江	2	323.0	2.758	3.020	8.7	3.30	2.71	2.29	1.96	1.77
	平南河	3	68.6	0.542	0.597	9.2	0.66	0.53	0.44	0.36	0.32
南流江	南流江	0	71.0	0.657	0.682	3.8	0.84	0.63	0.50	0.39	0.34
	张黄江	1	424.0	3.686	3.728	1.1	4.58	3.58	2.90	2.36	2.03
	武利江	1	1 221.0	10.858	11.099	2.2	13.86	10.56	8.60	7.07	6.25
	小江	1	497.0	4.432	4.689	5.5	5.53	4.29	3.44	2.79	2.44
	洪潮江	1	341.0	3.427	3.516	2.5	4.07	3.37	2.87	2.47	2.24
	车板江	1	51.0	0.490	0.494	0.9	0.61	0.48	0.38	0.31	0.28
	文昌河	1	74.5	0.694	0.760	8.7	0.87	0.67	0.53	0.42	0.36
	绿珠江	1	122.0	1.244	1.319	5.7	1.57	1.19	0.94	0.74	0.64
独流入海河流	钦江	0	2 326.0	20.482	22.001	6.9	24.46	20.09	16.99	14.49	13.12
	大风江	0	1 880.0	19.498	21.065	7.4	23.29	19.13	16.17	13.79	12.49
	茅岭江	0	2 009.0	24.389	24.729	1.4	27.76	24.00	20.59	17.82	16.28
	金鼓江	0	133.0	1.248	1.315	5.1	1.47	1.23	1.06	0.91	0.83
	鹿耳环江	0	61.2	0.662	0.680	2.7	0.78	0.65	0.56	0.86	0.44
	大榄江	0	77.1	0.608	0.612	0.5	0.73	0.60	0.51	0.43	0.39
	其他	0	94.0	1.020	1.045	2.4	1.20	1.00	0.86	0.75	0.68
	合计		10 791.4	106.573	111.534	4.4	128.17	104.20	87.04	73.74	65.89

由表 4-11 可知,钦州市地表水资源量主要集中于独流入海诸河分区,尤其以钦江、大风江、茅岭江三条主要入海河流为主,地表水资源总量为 64.369 亿 m³,占钦州市地表水资源总量的 59.4%。

4.4.3　地下水资源总量分析

钦州市多年平均地下水资源计算结果见表 4-12。

表 4-12　钦州市地下水资源量计算结果表

计算分区		河川基流量 /(亿 m³)	河川基流 模数 /(万 m³/km²)	降水入渗 补给量 /(万 m³/km²)	降水入渗补 给量模数 /(亿 m³)	地下水资 源量 /(亿 m³)	地下水资源 量模数 /(万 m³/km²)	地下水资源量与地 表水资源间重复 计算量/(亿 m³)
水资源四级分区	郁江干流	1.68	12.80	1.68	12.80	1.68	12.80	1.68
	南流江	6.31	24.90	6.31	24.90	6.31	24.90	6.31
	钦江	5.96	24.90	5.96	24.90	5.96	24.90	5.96
	大风江	4.28	24.90	4.28	24.90	4.28	24.90	4.28
	茅岭江	5.14	24.90	5.14	24.90	5.14	24.90	5.14
	其他独流 入海河流	1.51	24.90	1.51	24.90	1.51	24.90	1.51
合计		24.89	23.45	24.89	23.45	24.89	23.45	24.89

注:此表引用于《广西钦州市水资源综合规划(2008)》

钦州市计算面积 10 791.4 km²,其中郁江干流区为 1 409.6 km²,占 13.2%,全为山丘区,多年平均河川基流量为 1.68 亿 m³,重复计算量为 1.68 亿 m³,地下水资源量模数 12.80 万 m³/km²。

桂南沿海诸河区(南流江、钦江、大风江、茅岭江及其他独流入海诸河)计算面积为 9 381.8 km²,占钦州市总计算面积的 86.9%。多年平均河川基流量为 23.21 亿 m³,桂南诸河区多年平均降水入渗补给量为 23.21 亿 m³,多年平均地下水资源为 23.21 亿 m³,地下水资源量与地表水资源之间的重复计算量为 23.21 亿 m³,地下水资源量模数为 24.90 万 m³/km²。

4.5　小　结

本章通过对钦州市水资源量分析评价,得到如下结论。

(1)为确定钦州市主要流域径流序列基准期,采用 M-K 法、累积距平法并辅以滑动 T 检验法检测各时间序列突变点。钦江、茅岭江、大风江径流量序列在 1986 年、2003 年存在两个突变点显著,小江、武思江流域为 1986 年;各流域降雨量序列无明显突变点,陆屋站蒸发量序列在 1973 年突变显著,蒸发量序列在此基础上在 2003 年增加一个突变点。相对于上述突变点而言,其他可能的突变点的突变特征不显著,仅在特定年份发生转折或处于丰枯变化节点上,可视为转折点。

(2)采用 DMC 模型及蒸发差值两种简化方法进行径流还原,径流还原结果误差控制在 9.2% 以内,钦州市地表水资源量处于 106.573 亿～111.533 亿 m³,相对误差仅为 4.4%。DMC 模型及蒸发差值法在钦州市内不仅能够很好地应用,而且计算简单,所需资料较少,计算结果与天然情况较为接近,在南方滨海地区水资源总量计算中值得推广。

　　(3)钦州市郁江区多年平均基流量为 1.68 亿 m³,重复计算量为 1.68 亿 m³,地下水资源量模数 12.80 万 m³/km²;桂南诸河区多年平均基流量为 23.21 亿 m³,多年平均地下水资源为 23.21 亿 m³,地下水资源量与地表水资源之间的重复计算量为 23.21 亿 m³,地下水资源量模数为 24.90 万 m³/km²。

参 考 文 献

[1] 贾衡. 基于 GIS 的 TOPMODEL 模型在径流模拟中的应用[D]. 长沙:长沙理工大学,2012.

[2] 陈立华,王焰,关浩鹏. 气候因子对地表水资源量变化影响的定量分析[J]. 中国农村水利水电,2018(3):1-7.

[3] 陈立华,王焰,易凯,等. 钦州市降雨及入海河流径流演变规律与趋势分析[J]. 水文,2016,36(6):89-96.

[4] RAN L S,WANG S J,FAN X L. Channel change at Toudaoguai station and its responses to the operation of upstream reservoirs in the upper Yellow River[J]. Journal of Geographical Sciences,2010,20(2):231-247.

[5] 王随继,闫云霞,颜明,等. 皇甫川流域降水和人类活动对径流量变化的贡献率分析-累积量斜率变化率比较方法的提出及应用[J]. 地理学报,2012,67(3):388-397.

[6] 余予,孟晓艳,张欣. 1980-2011 年北京城区能见度变化趋势及突变分析[J]. 环境科学研究,2013,26(2):129-136.

[7] WANG S J,YAN M,YAN Y X,et al. Contributions of climate change and human activities to the change in runoff increment in different sections of the Yellow River[J]. Quaternary International,2012,282(60):66-77.

[8] AFIFI A A,AZEN S P. Statistical analysis-a computer oriented approach[J]. Journal of the American Statistical Association,1972,69(345):429-435.

[9] FU C B,DIAZ H F,DONG D F,et al. Changes in atmospheric circulation over Northern Hemisphere Oceans associated with the rapid warming of the 1920s[J]. International Journal of Climatology,1999,19(6):581-606.

[10] 符淙斌,王强. 气候突变的定义和检测方法[J]. 大气科学,1992,16(4):482-493.

[11] 李林,汪青春,张国胜,等. 黄河上游气候变化对地表水的影响[J]. 地理学报,2004,59(5):716-722.

[12] 金栋梁,杨世才. 用普通气象资料计算土壤蒸发量的方法(及凯江蒸发公式)[J]. 人民长江,1981(4):47-52.

[13] MERRIAM C F. A comprehensive study of the rainfall on the susquehanna valley[J]. Eos Transaction American Geophysical Union,1937,18(2):471-476.

[14] SEARCY J K,HARDISON C H. Double-mass Curves[M]. U. S. Geological Survey Water Suply Paper. 1541-B,1960.

[15] CLUIS D A. Visual techniques for the detection of water quality trends:Double-mass curves and cusum functions[J]. Environmental Monitoring and Assessment,1983,3(2):173-184.

[16] ALBERT J M. Hydraulic Analysis and Double Mass Curves of the Middle Rio Grande From Cochiti to San Marcial,New Mexico[D]. Colorado:Colorado State University,2004.

[17] 周建康,黄红虎,唐运忆,等.城市化对南京市区域降水量变化的影响[J].长江科学院院报,2003, 20(4):44-46.

[18] 吕孙云,朱志龙,徐德龙.区域水资源量还原计算简化方法探讨[J].人民长江,2008,39(17):32-36.

[19] 周明衍.晋西入黄河流产沙规律和流域治理效果[J].水文,1982(S1):21-25.

[20] 穆兴明,张秀琴,高鹏,等.双累积曲线方法理论及在水文气象领域应用中应注意的问题[J].水文, 2010,30(4):48-51.

[21] KOHLER M A. On the use of double-mass analysis for testing the consistency of meteorological records and for making required adjustment[J]. Bulletin of the American Meteorological Society, 1949,5(30):188-189.

[22] SEARCY J K,HARDISON C H. Double-Mass Curves[M]. U. S. Geological Survey Water Supply Paper. 1541-B,1960.

[23] BENSON M A. Spurious correlations in hydraulics and hydrology[J]. Transportation Research Record,1965,91(HY4):35-52.

[23] 雷泳南,张晓萍,张建军,等.窟野河流域河川基流量变化趋势及其驱动因素[J].生态学报,2013, 33(5):1559-1568.

[25] 王雁林,王文科,钱云平,等.黄河河川基流量演化规律及其驱动因子探讨[J].自然资源学报,2008(3): 479-486.

第 5 章　钦州市地表水资源可利用量

5.1　地表水资源可利用量概念

在国内,关于水资源可利用量的概念,最早始于"八五"国家科技攻关计划和其他国际合作项目中,首次提出了水资源可利用量的概念[1]。之后,国内专家、学者对水资源可利用量进行了大量的研究,并对水资源可利用量给出了具有建设性意义的定义[2]。1999 年雷志栋等[3]在研究新疆维吾尔族自治区叶尔羌河流域时给出的可利用量概念,是指在经济合理、技术可行和生态环境允许的前提下,通过各种措施所能控制引用的不重复的一次性水量,该概念对河道内外生态环境的归属问题没有做详细的说明。2001 年郭周亭[4]在对黄河流域常年研究的基础上,对水资源可利用量的内涵进行了详细的说明,他认为水资源可利用量是天然水资源量中能够通过水利工程措施最大可能地提供给工农业生产、城乡居民生活、生态环境等部门符合水质要求的水量,该概念是唯一从水量和水质两个角度对可利用量进行定义的。2002 年夏军、朱一中[5]认为流域可利用水资源量是指在经济合理、技术可行和生态环境容许的前提下,通过技术措施可以利用的、不重复的一次性水资源量。在概念上,需要扣除维系生态环境最小的需水量,以保证生态环境容许的前提条件;从定义看,他将河道内生态环境需水量从水资源量中分离出来,他认为可利用水资源量计算基础是当地自产水资源量和外流域调水量之和。同年,王建生[6]分析比较了水资源可利用量、开发利用潜力和水资源承载能力的含义与相互关系,指出水资源可利用量是指在经济合理、技术可行、满足河道内生态环境用水量,并顾及下游用水量的前提下,通过各种工程措施可能控制利用的一次性最大水量(不包括回归水的重复利用)。2002 年郑连生[7]认为河道外生态环境用水量是水资源可利用量的组成部分,因此,计算生态环境用水量应按一定保证率分别按河道内和河道外计算,并提出不同水平年的生态环境用水量;2004 年贾绍凤等[8]认为水资源可利用量是在满足一定生态保护标准下的生态需水量的前提下,在一定的经济技术水平条件下,有水权保证的、在总水资源量中可以被当地净消耗于生产生活的那部分水资源量。2007 年陈显维[9]对前面学者所提出来的水资源可利用量进行归纳和总结,指出这些定义具有六点共性:①都提出是在可预见的时期内,即与一定的经济社会因素有关;②都提到了生态环境需水量对水资源可利用量的限制;③都指出水资源可利用量需依靠经济合理、技术可行的工程措施;④都强调水资源可利用量是指一次性供给的最大水量,不包括回归水重复利用量;⑤强调了水资源可利用量不包括汛期难以控制利用的那部分水量;⑥除贾绍凤外,基本上没有涉及到水权概念。2010 年胡彩虹等[10]将水资源可利用量定义为:在可预见期内,统筹考虑区域内生活、生产和生态环境用水,在协调区域内外用水的基础上,在其管理权限内,通过经济合理、技术可行的措施可供本区域一次性利用的最大水量(不包括本区域回归水重复利用量)。而在研究区域内,在一定水功能区域内考虑了符合水质要求的水资源（即满足社会经济发展功能和生态环境功能）可利用量认为是区域有效水资源可利用量。

此外，国外也有一些学者探讨了水资源可利用量的概念，例如 Upali Amarasinghe[11] 认为"地表水资源潜在的可利用量是指通过各种物理和经济途径可被首次使用和下游再次重复使用的那部分水资源，这里包含了回归水的利用。"国际水管理研究所认为水资源可利用量为水资源总量减去环境需水量。美国德克萨斯州提出了基于优先水权的水资源可利用量模型（water availability modeling，WAM）。墨西哥则基于水量与水质综合的评价方法提出了满足不同水用途的水质条件下，水资源的可利用性评价指数（Al 指数）[12-13]。

国内外关于水资源可利用量概念研究中具有代表性的几个论述中的要素，包括社会与经济条件、生态需水、工程措施、洪水、水权和回归水等。刘翠善[14] 指出国内与国外水资源可利用量定义的区别主要表现在三点：①国内不考虑回归水的利用，更注重自然的水资源量，国外则往往考虑了回归水的利用，对可利用量和可供水量的区别不明显，只在具体计算方法中体现其含义；②国内一般不考虑无法控制的洪水，而国外在无法控制的洪水方面也没有具体说明；③国外在水权方面考虑比较全面，尤其是美国，各种用水类型都用水权进行管理，并按水权批准的先后，确定水权的优先秩序，进行水资源可利用量的评价与配置，国内只有贾绍凤等[8] 提出的概念考虑了水权要素。

综上所述，水资源可利用量可定义为：在一定预见期内，能够满足一定生态保护标准下的最小生态需水的前提下，在协调本区域内外调水的基础上，有水权保障的，通过经济合理、技术可行、对环境影响较小的各种措施所能控制的可供本区域一次性利用的最大水量（不包括本区域回归水的重复利用）。

而对于钦州市，汛期 4～9 月降雨量占全年降雨量 80％以上，河道内水量较大，并有洪水下泄至下游，汛期的河道内生态环境及生产需水量能够得到满足，从而河道内生态需水量仅需考虑非汛期（1～3 月以及 10～12 月）生态环境及生产需水量。

钦州市地表水资源量可划分为三部分：一是由于技术手段和经济因素等原因尚难以被利用的部分汛期洪水；二是为维系河流生态环境系统功能而应保持在河道内的最小河道内生态环境用水量；三是可供人类经济社会活动使用的河道外一次性最大水量（即地表水资源可利用量）。

5.2　地表水资源可利用量的主要特征

1. 独立完整性

流域和水系是具有水力联系的独立的地理单元，地表水资源量是按流域和水系独立计算的，水资源可利用量也要按流域和水系进行分析。在同一流域和水系内，上下游和干支流之间水资源的开发利用互相影响、互相联系，计算地表水可利用量应以流域和水系为单元，以保持成果的完整性。

2. 受制约性

地表水资源可利用量的确定是以水资源可持续开发利用为前提条件，可利用量要考虑水资源的合理开发。所谓合理开发是指要保证水资源在自然界的水文循环中能够继续得到再生和补充,不至于显著地影响到生态环境。水资源可利用量的大小受生态环境用水量的制约,在生态环境脆弱的地区,这种影响尤为突出。将水资源的开发利用程度控制在适度的范围之内,使其对经济社会的发展起促进和保障作用,又不至于破坏生态环境;无节制、超地表水可利用量的开发利用,虽然可以促进经济社会一时的发展,但是会给生态环境带来难以避免的破坏,甚至会带来灾难性的后果。

3. 相对极限性

可利用量是最大可利用的水资源量。在水资源紧缺地区,最大可利用水资源量出现在供水的零增长阶段,水资源的开发达到极限;在水资源较丰沛地区,最大可利用水资源量出现在人口达到零增长或国民经济发展对水资源的需求实现零增长的时期。不同地区实现上述供水零增长或需水零增长的时间不一致,可利用量出现时间不同步,但要求是各地区最大的,表明其具有相对极限的特性。

4. 模糊性

地表水可利用量有时间概念,一般代表中远期的,不表示某一具体水平年的数量。可利用量需要通过各种工程设施控制利用水资源,但不需要通过各项工程计算可利用量,不需要有具体明确的工程方案。可利用量需要考虑未来发展对水资源的需求,对于如西南诸河等水资源量丰沛的地区,不仅要从经济、技术和生态环境的角度考虑水资源开发利用的潜力,还要考虑未来的用户需求,没有落实用户需求或超出最大的需求都不能作为可利用量考虑。

5. 动态性

可利用量的动态性表现在地表水资源可利用量是变化的。随着技术水平的提高和经济实力的增强,人类开发利用水资源的手段和措施会不断增多和更新,在水资源条件较优越的地区,开发利用的潜力将会逐步提高。同时,未来不同时期生态环境对水资源开发利用的要求和制约作用也不尽相同,地表水资源的可利用量在不同时期将会有所变化。

5.3　地表水资源可利用量主要影响因素

要进行水资源可利用量的评价,必须明确影响地表水资源可利用量的主要因素。

1. 自然条件

从水文循环原理可以知道,对径流主要的影响因素包括降雨量和蒸发量,影响到地表水资源的自然条件主要是水文气象条件和下垫面条件。水文气象条件指由地理位置造成的气候条件,如气温、日照等;下垫面条件包括地形地貌、植被覆盖状况、土地利用状况、土壤性质、包气带和含水层岩性特征、地下水状况、地质构造等。这些条件直接通过影响地表产汇流而影响到地表水资源可利用量。

2. 对水资源开发利用水平

水资源作为一种天然资源,对其开发利用量的大小与技术水平有很大的关系。随着技术水平的提高,对于较难取用的水资源,可以通过筑坝、建堤等人为工程措施加以利用,即资金和技术是水资源开发利用的重要条件。随着科学技术的进步和创新,各种水资源开发利用措施的技术经济性质也会发生变化。显然,经济社会及科学技术发展水平对地表水资源可利用量的定量也是至关重要的。

3. 对地表水资源的开发利用模式

对水资源的开发,目前正在从工程水利向资源水利进行转变,在这种开发思路的指导下,水资源开发需要整体考虑经济社会与生态环境之间的相互关系。如此可能会对实际的地表水资源可利用量的确定产生影响。

4. 环境保护的对水资源开发利用的要求

由于地表水资源在可以满足人类取用要求的同时,也是生态系统赖以生存的必要条件。开发水资源所造成的生态环境的破坏和物种的减少,会从其他方面影响到人们对水资源开发效益的认识,这种环保意识越强,影响越大。由于地表水资源的可利用量受生态环境保护的约束,因此,为维护生态环境不再恶化或为逐渐改善生态环境状况都需要保证生态用水,在水资源紧缺和生态环境脆弱的地区应优先考虑生态环境的用水要求。由此可见,生态环境状况也是确定地表水资源可利用量的重要约束条件。

5. 社会属性在水资源开发过程中表现出的强度

水资源可利用量具有社会属性,所谓的社会属性,是指水资源可利用量随着人类开发利用地表水资源的手段和措施会不断增多,以及河道内用水量需求以及生态环境对地表水资源开发利用的要求也会不断发生变化,而不是一成不变的。另外,流域内污染物排放情况、河道的淤积情况、相邻的下游区域对水资源水质和水量的要求以及人类对河道水量和水质等有景观方面的要求等都会影响地表水资源的可利用量。

5.4　计算前提条件与原则

5.4.1　计算前提条件

通过对地表水资源可利用量影响因素的分析,结合目前地表水资源可利用量的计算方法,总结出以下几个计算水资源可利用量的前提条件。

(1)考虑地表水资源的合理开发。所谓合理开发是指不但要保证地表水资源在自然界的水文循环中能够继续得到再生和补充,同时也不能显著地影响到生态环境。生态环境用水量的确定是确定地表水资源可利用量的必要前提,在生态环境脆弱的地区,这种必要性尤为突出。只有在满足生态环境需水的前提下进行水资源开发,才能既对经济社会的发展起促进和保障作用,又能保证这种作用的长久持续稳定。如果对水资源进行超过可利用量的开发利用,尽管可以获得片刻的经济社会发展,但最终会带来灾难性的后果。

(2)根据地表水资源可利用量的定义,必须考虑地表水资源可利用量是一次性的,因为水资源可利用量是指人类经济社会可以从自然界中取用的水量,回归水、废污水等二次性水源的水量都可以看作是在经济系统内部的水文小循环,所以不应该将其计入可利用水量当中。

(3) 地表水资源可利用量是最大可利用水量,必须小于河道天然径流量。所谓最大可利用水量是指根据水资源条件、工程和非工程措施以及生态环境条件,可被一次性合理开发利用的最大水量。然而,由于河川径流的年内和年际变化都很大,难以建设足够大的调蓄工程将河川径流量全部调蓄起来。因此,实际上不可能把河川径流量都通过工程措施全部利用。此外,还需考虑河道内用水量需求以及国际界河的国际分水协议等。所以,地表水资源可利用量应小于河川径流量。

5.4.2　计算原则

1. 水资源可持续利用原则

水资源可利用量是以水资源可持续开发利用为前提,水资源的开发利用要对经济社会的发展起促进和保障作用,且又不对生态环境造成破坏。水资源可利用量在分析水资源合理开发利用的最大限度和潜力时,将水资源的开发利用控制在合理的范围内,充分利用当地水资源和合理配置水资源,保障水资源的可持续利用。

2. 统筹兼顾及优先保证最小生态环境需水的原则

水资源开发利用遵循高效、公平和可持续利用的原则,统筹协调生活、生产和生态等各项用水。同时为了保持人与自然的和谐相处,保护生态环境,促进经济社会的可持续发展,必须维持生态环境最基本的需水量要求。因此,在统筹河道内与河道外各项用水量中,应优先保证河道内最小生态环境需水量要求。

3. 以流域水系为系统的原则

地表水资源的分布以流域水系为特征。流域内的水资源具有水力联系,它们之间相互影响、相互作用,形成一个完整的水资源系统。水资源量是按流域和水系独立计算的,同样,水资源可利用量也应按流域和水系进行分析,以保持计算成果的一致性、准确性和完整性。

4. 因地制宜的原则

由于受地理条件和经济发展的制约,各地水资源条件、生态环境状况和经济社会发展程度不同,各地水资源开发利用的模式也不同。因此,不同类型、不同流域水系的可利用量分析的重点与计算的方法也应有所不同。根据资料条件和具体情况,选择相适宜的计算方法,确定可利用量。

5.5　计 算 方 法

目前国内地表水资源可利用量分析方法主要有可利用系数法、"最大可能"利用水量计算法、直接法、扣损法等。可利用系数法原理简单,但未考虑地区差异性和特殊性,难以得出较准确的系数范围,计算结果过于粗糙;"最大可能"利用水量计算法[15]操作简便,但确定枯水频率时人为因素影响大且当地产水量不能完全确定;直接法一般用于南方水资源较丰沛地区及沿海独流入海河流地区,但该法主要考虑现状工程情况,难以为地表水资源的科学开发提供合理限度,实际应用并不广泛;扣损法原理清晰、操作简便,不仅是第二次全国水资源综合规划的水资源调查评价选用方法,而且在西北[8,16]、西南[17]、东北[18-19]、华中[10,20-21]、华东[22]等区域也得到了较好地应用。

5.5.1　正算法

"正算法"是根据工程最大供水能力或最大用水需求,以用水消耗系数(耗水率)折算出相应的可供河道外一次性利用的水量,适用于南方丰水地区。独流入海诸河由于建设控制工程的难度较大,水资源的利用主要受制于供水工程的建设及其供水能力的大小,可通过对现有工程和规划工程供水能力的分析,以及地表水资源开发利用条件、程度和潜力的综合分析与比较。一般采用正算法计算地表水资源可利用量可用式(5-1)或式(5-2)表示,其中式(5-1)一般用于大江大河上游或支流水资源开发利用难度较大的山区以及独流入海河流,式(5-2)一般用于大江大河下游地区,如图 5-1 所示。

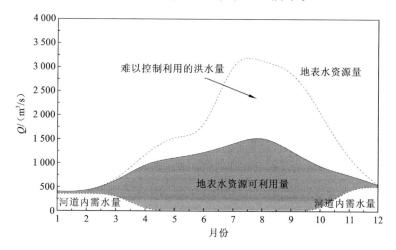

图 5-1　南方河流地表水资源可利用量计算示意图

"正算法"计算公式:

$$W_a = \mu \times W_{ms} \tag{5-1}$$

或

$$W_a = \mu \times W_{mr} \tag{5-2}$$

式中:W_a 为地表水资源可利用量;W_{ms} 为现有和规划水利工程最大供水能力;W_{mr} 为最大用水需求;μ 为用水消耗系数(简称耗水率,是指一条河流自上而下所有反复在河里取水的用水户不能排入河里的总消耗量与总供水量或总用水量的比值)。

最大供水能力是指现状地表水拦蓄工程的最大供水能力,地表水拦蓄工程包括大型水库、中型水库、小(1)型水库、小(2)型水库、拦河闸、塘坝等。大、中、小型水库采用兴利库容,拦河闸、塘坝采用拦蓄能力分别作为相应工程的最大供水能力。

最大用户需求水量是指在可预见期内能够满足社会正常生产、生活用水量的上限值。

5.5.2　扣算法

可利用量是在不造成水量持续减少、水质及水环境恶化等不良后果的前提下,考虑技术上的可能性和经济上的合理性,人们通过工程措施可利用的水资源量。随着科学技术的进步及经济实力的增强,人们开发利用水资源的手段和措施会不断改进或更新,可利用量也将发生变化,所以只能根据可能预计到的某个水平年的技术经济条件下进行估算。

地表水资源可利用量的计算,目前尚无概念明确、易于操作的计算方法。国内外对地表水资源可利用量的概念尚不统一,相应的计算方法也就多种多样。在地表水资源可利用量定义的基础上,可见地表水资源量中包括地表水可利用量、难于控制利用的洪水量以及保持河道内生态环境不受破坏所需要的最小水量三部分。

根据水利部水利水电规划设计总院《地表水资源可利用量计算补充技术细则》中地表水资源可利用量计算方法中的描述,地表水资源可利用量的计算方法可分为两大类:①"倒算法",又称扣损法,即用地表水资源量扣除不应该被利用水量和难以被控制利用水量,不应该被利用的水量是指为维护生态系统的良性运行而不允许利用的水量,即必须满足的自然系统生态环境用水量。难以被利用的水量是指因各种自然、社会、经济技术因素和条件的限制而无法被利用的水量。主要包括:超出工程最大调蓄能力和供水能力的洪水量等;在可预见时期内受工程经济技术性影响难以被利用的水量;在可预见的时期内超出最大用水需求的水量;开采价值不大的地下水量[23]。适用于北方水资源紧缺地区,多年平均地表水资源可利用量为多年平均地表水资源量减去多年平均河道内最小生态环境需水量和汛期下泄洪水量[24]。若应用于南方尤其是滨海城市流域地表水资源可利用量计算中,则需要对上述方法进行适当改进,地表水资源可利用量 W_a 可表示为从 W 中扣除汛期难义利用水量 W_{uaf}、非汛期须保证的最小河道内生态需水量 W_{re}、入海河流挡潮闸以下咸水量 W_s 以及跨流域调入、调出水量 W_d,如式(5-3)所示,计算中需要考虑计算项目如图 5-2 所示,图 5-3 为北方河流地表水资源可利用量计算示意图。

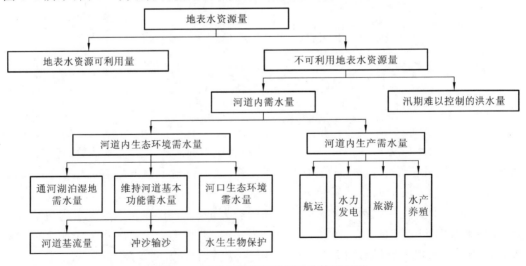

图 5-2　地表水资源可利用量计算项目图

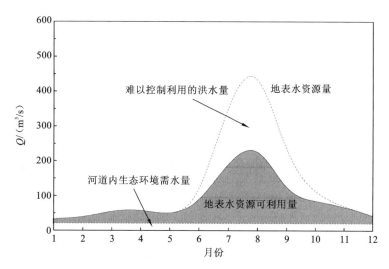

图 5-3　北方河流地表水资源可利用量计算示意图

"扣算法"计算公式：

$$W_{\mathrm{a}} = W - W_{\mathrm{re}} - W_{\mathrm{uaf}} - W_{\mathrm{s}} \pm W_{\mathrm{d}} \tag{5-3}$$

1. 河道内需水量分析

河道内需水量包括河道内生态环境需水量和河道内生产需水量。由于河道内需水量具有不消耗水量,可满足多项功能用水重复利用的特点,因此,应在河道内各项需水量中,选择最大的量作为河道内需水量。

河道内生态环境需水量主要有：①维持河道基本功能的需水量(包括防止河道断流、保持水体合理的自净能力、河道冲沙输沙以及维持河湖水生生物生存的水量等)；②通过湖泊湿地需水量(包括湖泊、沼泽地以及必要的地下水补给等)；③河口生态环境需水量(包括冲淤保港、防潮压咸及河口生物保护等)[23]。

河道内生产需水量主要包括航运、水力发电、旅游、水产养殖等部门用水[25-26]。河道内生产用水一般不消耗水量,但要在河道中预留一定水量配额。但是由于钦州市域内河流均属于中小型河流,不具备航运能力,且水力发电、旅游、水产养殖等部门用水均可以再次利用,从而在本次计算中对河道内生产需水量不予计算,将主要考虑维持生态需水量和保护河道水质的环境用水量。

河道内生态需水量通常是指河流为了维持某一特定生态系统的基本生态功能,河道应保持的流量。河道内生态流量一般指维持水生和岸栖生物生存的最小需水量[27]。国内关于河道内生态需水量的计算方法研究起步比较晚,目前还没形成完整的计算方法系统,但从国外的多年研究成果来看,可以将河道内生态需水量分为水文指标法、水力学法、整体分析法和栖息地法等 4 大类[28]。

1）水文指标法

水文指标法(也称历史流量法)(hydrological index methods)是生态需水量评价中最简单的、需要数据最少的方法,它依据历史水文数据确定需水量。最常用的方法有Tennant 法、水生物基流法、可变范围法、7Q10 法、德克萨斯(Texas)法、流量持续时间曲线分析法、年最小流量法和水力变化指标法(IHA)等。

　　Tennant 法也叫蒙大拿(Montana)法[29]，是非现场测定类型的标准设定方法。此方法是以预先确定的年平均流量百分数作为河流推荐流量，应用较为普遍。Tennant 法在分析美国 11 条河流的断面数据后，发现河宽、水速和深度在流量小于年平均流量的 10% 时，增加幅度较大；当流量大于年平均流量 10% 时，这些水力参数的增长幅度下降，于是提出将年平均流量的 10% 作为河流生态需水量的底限。Tennant 法设有 8 个等级，推荐的基流流量以占多年平均流量的百分比作为标准，已经在美国 16 个州例行使用[30]，见表 5-1，如以天然流量的 10% 为标准确定的生态流量，表示可以维持河道生物栖息地生存，30% 表示能维持适宜的栖息地生态系统(加拿大临近大西洋的各省采用 25% 的比例)，60%～100% 表示原始天然河流的生态系统[29]。根据鱼类等的生长条件，分两个时段(4～9 月，10～3 月)设定不同标准。

表 5-1　Tennant 法推荐生态流量等级

流量的叙述性描述	推荐 4～9 月生态流量为平均流量百分比/%	推荐 10～3 月生态流量为平均流量的百分比/%
最大	200	200
最佳范围	60～100	60～100
极好	60	40
非常好	50	30
好	40	20
中	30	10
差	10	10
极差	0～10	0～10

　　使用 Tennant 法应注意，Tennant 法是建立在干旱半干旱地区永久性河流基础上，判别栖息地环境优劣的推荐基流标准在平均流量的 10%～200% 范围内设定，并且基于美国的 11 条河流所得出的结论，不一定适合其他河流。这种方法未考虑河流的几何形态对流量的影响，未考虑流量变化大的河流及季节性河流，在实际应用时，使用该方法应根据本地区的情况对基流标准进行适当改进，该方法计算结果的精度还与对栖息地重要性认知程度有关。

　　Tennant 法主要优点是使用简单，操作方便，是生态需水量计算的常用方法之一。一旦建立了流量与水生生态系统之间的关系，需要的数据就相对少，也不需要进行大量的野外工作，可以在生态资料缺乏的地区使用。但由于对河流的实际情况作了简化处理，没有直接考虑生物的需求和生物间的相互影响，只能在优先度不高的河段使用，或者作为检验其他计算方法的一种粗略方法[31]。

　　特征流量法是参考 7Q10 法[32]并结合我国的实际情况而设定的一种方法。7Q10 法在 20 世纪 70 年代传入我国，在许多大型水利工程建设的环境影响评价中得到应用。由于该方法要求较高，鉴于我国的经济发展水平相对落后，南北方水资源情况差别较大，因此，对它进行了修改，规定采用河流最近 10 年最小月平均流量或 90% 保证率最小月平均流量作为河道基流量。河流最近 10 年最小月平均流量法是水利部在制定相关政策法规中认可并推荐使用的计算河流基流流量的方法之一。

该方法的计算过程为:在各河段水文历史资料中,找出各年月平均流量的最小月份,取其最小月平均流量进行频率计算,其计算结果 90% 保证率的流量值即为河道内生态需水量。

逐月最小生态径流计算法[28,33],是将全年系列流量资料分为 12 个月份,然后提取每月系列流量资料进行分析,取其最小流量值作为该月的最小生态径流量,全年 12 个月的最小生态流量即为河流全年的最小生态径流过程,其计算公式为

$$W_b = \frac{1}{n} \sum_{i=1}^{n} Q_{i\min} \tag{5-4}$$

式中:W_b 为河流基本生态需水量,$\mathrm{m^3/s}$;$Q_{i\min}$ 为第 i 年实测最小月平均流量,$\mathrm{m^3/s}$;n 为统计年数。

逐月频率计算法[28,34]是根据历史流量资料,将一年划分三个时期:丰水期、平水期和枯水期,并根据每个时期拟定保证率(枯水期 90%、平水期 70%、丰水期 50%),然后分别计算一年内各个时期不同保证率下的径流量,最后计算出全年各个时期的生态径流量即为河流适宜生态径流过程。

可变范围法(range of variability approach,RVA)是最常用的水文指标法,其目的是提供河流系统与流量相关的生态综合统计特征,识别水文变化在维护生态系统中的重要作用。RVA 主要用于确定保护天然生态系统和生物多样性的河道天然流量的目标流量[35]。RVA 描述的流量过程线的可变范围是指天然生态系统可以承受的变化范围,并可提供影响环境变化的流量分级指标。RVA 可以反映取水和其他人为改变径流量的影响情况,表示维持湿地、漫滩和其他生态系统价值和作用的水文系统。在 RVA 流量过程线中,当其流量为最大与最小流量差值的 1/4 时[36],该数值为所求的生态需水流量。RVA 法至少需要有 20 年的流量数据资料。如果数据不足,就要延长观测,或利用水文模拟模型进行模拟。RVA 法的应用在河流管理与现代水生生态理论之间构筑了一条通道。

水生物基流法(aquatic base flow method,ABF)属标准设定法,由美国鱼类和野生动物保护部门在研究了 48 条流域面积在 50 平方英里①以上,有 25 年以上观测资料,且没有修建对环境影响较大的大坝或调水工程的河流后创立的方法[37]。它设定某一特定时段月平均流量最小值的月份,其流量满足鱼类生存条件。该方法一年分 3 个时段考虑,夏季主要考虑满足最低流量,设定流量为一年中 3 个时段最低的,以 8 月份的月平均流量表示;秋季和冬季时段,要考虑水生物的产卵和孵化,设定的流量为中等流量,以 2 月份的月平均流量表示;春季也主要考虑水生物的产卵和孵化,所需流量在 3 个时段中为最大,以 4 月份或 5 月份的月平均流量表示。这种方法的优点是考虑了流量的季节变化,对小河流比较适合。其缺点是对于较大河流,由于受人为影响因素大,要获得还原后的径流量,需要有长期的河流取水统计资料;另外,对某些月份,河流的径流量达不到设定流量的要求,此法不适合季节性河流。

---

① 1 平方英里 = 2 589 988.11 $\mathrm{m^2}$。

2）水力学法

在计算河道生态流量的方法中,部分方法都直接或间接属于形态学观点的范畴。基于河道水力参数来确定河道生态流量的计算方法,都在某种程度上考虑了河道的特性,即水力学方法。其中,以湿周法、R₂CROSS 法最具有代表性。

湿周法[38]是依据现场测量的河道湿周和流量资料,绘制相应的关系曲线,依据关系图中的变化点,给出河流推荐流量。在对多条河流的研究之后发现,多年平均流量的10%所占有的湿周为最大湿周的50%,多年平均流量的30%接近于最大湿周。该方法考虑了湿周这一水力参数和流量之间的关系,但没有完全从河道形态特性来考虑河道生态流量,对变化点的成因也没有进行深入的剖析。

R₂Cross 法[39]是由科罗拉多水利委员会针对高海拔的冷水河流为保护浅滩栖息地冷水鱼类(如鲑鱼、鳟鱼等)而开发的,属中等标准设定法。该法选择特定的浅滩-水生无脊椎动物和一些鱼类繁殖的重要栖息地,确定其临界流量,假定临界流量如果能满足该处生物的生存,则河流其他地方的流量也能满足其他栖息地的要求。利用曼宁公式,计算特定浅滩处的河道最小流量代表整个河流的最小流量。河道流量由河道的平均水深、湿周率和平均流速确定。这种方法仅提出了维持浅滩的夏季最小生态流量,没有考虑年内其他时段的天然径流过程。R₂Cross 法只要求进行一些野外现场观测,不一定要有观测站的观测数据,因此,没有设立观测站的河流也可用此法,但必须选择合适的研究断面。

3）整体分析法

整体分析法(building block method,BBM)是由南非水务及林业部与有关科研机构一起开发的,在南部非洲已得到广泛应用。在 BBM 中,依据生态环境现状把河道内生态环境状况分为 6 级:①生态环境未变化;②生态环境变化很小;③生态环境适度改变;④生态环境有较大的改变;⑤天然栖息地广泛丧失;⑥生态环境处于危险境地。根据生态环境状态的前 4 级设定 4 种未来生态管理类型[40]。

BBM 把河道内的流量划分为 4 部分,即最小流量、栖息地能维持的洪水流量、河道可维持的洪水流量和生物产卵期回游需要的流量,要求分别确定这 4 部分的月分配流量、生态环境状况级别和生态管理类型。

BBM 的主要目的是求算上述 4 部分的年均天然径流量的百分率。在依据生态环境状况分级和生态管理分类的基础上,分别为 4 种生态管理类型建立维持最小流量的百分率与可变性指数(变差系数/基流指数,C_v/BFI)之间的关系曲线。变差系数指标准偏差与平均值的比值,基流指数指总流量占基流量的比值。

BBM 的优点:对大、小生态流量均考虑了月流量的变化;分部分的最小流量可初步作为河道内的生态需水量。其主要缺点:由于该方法是针对南部非洲的环境开发的,针对性强,且计算过程比较繁琐,其他地方采用此方法应根据当地实际情况对该方法进行适当改进。

4）栖息地法

栖息地法(也称生境法)是生态需水估算最复杂和最灵活的方法。该方法对自然生态系统状态不需要预先假设,但需要考虑自然栖息地河道流量的变化,并与特定物种栖息地参数选择相结合,确定某一流量下的栖息地的可利用范围。可利用的栖息地面积与河道流量的关系是曲线关系,从曲线上可以求得对特定数量物种最适宜的河道流量。其结果可用作推荐的生态流量的参考值。栖息地法最常用的是河道内流量增量法(instream flow incremental methodology,IFIM)。

IFIM 是评估水资源开发和管理活动对水生及岸栖生态系统影响的概念模型,20 世纪 70 年代由美国鱼类和野生动物保护部门开发,用于解决水资源管理和影响生态系统最小需水量问题。IFIM 是解析方法和计算机模拟相结合的产物,可以针对特定问题和情形采用不同的方法。该方法的目的是建立鱼类和野生动物参数与河道流量的相关关系[27]。

IFIM 基于假定生物有机体在流动的河水中其分布受水力条件的控制。由 IFIM 产生的决策变量是栖息地的总面积,该面积随特定物种的生长阶段或特定的行为(如产卵)而变化,是流量的函数。IFIM 通常与自然栖息地仿真系统模型(physical habitat simulation,PHABSIM)(现在多采用 MESOHABSIM(meso habitat simulation))模型进行耦合,用于建立栖息地与流量的关系和预测环境参数的变化。PHABSIM 可以预测流量变化对鱼类、无脊椎动物和大型水生植物的影响,预测自然栖息地变化并可量化其生态价值。应用 PHABSIM 需要进行有关河流水力和形态方面的详细勘查以及掌握重要物种选择栖息地的知识。

IFIM 的主要优点:如果挑选合适人选使用 IFIM,该法可体现各方的利益;该法考虑了选定的指示物种各生长阶段对流量的要求;利用还原的径流数据可以单独估算天然需水量。其缺点:IFIM 技术主要适用于中小型栖息地,很少利用 IFIM 技术评价整个流域的生态环境需水量;方法针对性强,在某一个地方获得的参数不能直接应用到另一个地方;需要有水文学、河流形态学、水质、水生物和陆地生态学等方面的专家一起研究,才能用好 IFIM 技术,同时要进行大量的野外现场调查工作;应用 IFIM 技术需要耗费大量时间且研究费用较高[28]。

目前我国生态需水量的计算方法多采用水文指标法,原因主要是我国境内大部分地区有一定长度的水文资料,测站覆盖较全面。对比现阶段国内的野外检测水平,水力学法需要现场检测与测量资料,需要持续性投入大量时间、人力和资金技术资源,使其能适用于中国大部分地区生态需水量的计算。由于生态统计资料更缺乏,栖息地法与整体分析法也难以在中国推广应用[41]。

综上,水文指标法可以作为流域尺度上有效的研究方法,只是一般水文指标法都需建立自己的评价指标,应用时需要对各种方法的标准作出相应调整,以适合钦州市各流域的实际情况。本节拟采用生态需水量计算方法为 Tennant 法、特征流量法、逐月最小生态径流计算法以及逐月适宜频率径流计算法,应用上述方法计算钦州市各流域河道内基流量,且用 Tennant 法评价特征流量法、逐月最小生态径流计算法、逐月适宜频率径流计算法的计算结果。

2. 汛期难以控制利用水量分析

将流域控制站汛期的天然径流量减去流域调蓄和耗用的最大水量,剩余的水量即为控制站汛期难于控制利用下泄洪水量。汛期难于控制利用下泄洪水量的计算方法如下。

1) 确定汛期时段

各地进入汛期的时间不同,工程的调蓄能力和用户在不同时段的需水量要求不同,因而在进行汛期难于控制利用下泄洪水量计算时所选择的汛期时段也不一样。一般来说，北方地区，汛期时段集中，7~8 月是汛期洪水出现最多最大的时期，8~9 月是水库等工程调蓄水量最多的时期，而 5~6 月是用水量（特别是农业灌溉用水量）的高峰期。北方地区汛期时段选择 7~9 月为宜。南方地区，汛期出现的时间较长，钦州市汛期一般在 4~9 月，且又分成两个或多个相对集中的高峰期。南方地区中小型工程、引提水工程的供水能力所占比例大，同时用水时段也不像北方那样集中。南方地区汛期时段宜分段选取，一般 4~6 月为其中一个汛期时段，7~9 月为另一个汛期时段，分别分析确定各汛期时段的难于控制利用洪水量。

2）计算汛期最大的调蓄和耗用水量

对于现状水资源开发利用程度较高、在可预期的时期内没有新控制性调蓄工程的流域水系，可以根据近 10 年来实际用水消耗量（由天然径流量与实测径流量之差计算）中选择最大值，作为汛期最大用水消耗量。

对于现状水资源开发利用程度较高，但尚有新控制性调蓄工程的流域水系，可在对新建工程供水能力和作用的分析基础上，对根据上述原则统计的近 10 年实际出现的最大用水消耗量，进行适当地调整，作为汛期最大用水消耗量。

对于水资源现状开发利用程度较低、潜力较大的地区，可根据未来规划水平年供水预测或需水预测的成果，扣除重复利用的部分，折算成用水消耗量。对于流域水系内具有调蓄能力较强的控制性骨干工程，分段进行计算，控制工程以上主要考虑上游的用水消耗量、向外流域调出的水量以及水库的调蓄水量；控制工程以下主要考虑下游区间的用水消耗量。全水系汛期最大调蓄及用水消耗量为上述各项相加之和。

对于钦州市各流域汛期难以利用水量计算而言，考虑到各流域计算条件不尽相同，将各流域分为两种类型进行计算：一是具有流域控制站点的流域，将流域分为控制站点以上及控制站点以下，采用不同方法进行计算；二是流域无控制站点的流域，采用水文比拟法的形式进行计算。

因水文站点分布不均，式（5-3）中汛期难以利用水量 W_{uaf} 需视流域情况而定：

$$W_{uaf} = \begin{cases} \dfrac{1}{n}\sum(W_{ni}-W_{mcf}) & ① 控制站以上流域 \\ W_f - W_{cf} - W_r & ② 未控区或无控制站流域 \end{cases} \quad (5\text{-}5)$$

$$W_{mcf} = \max_{i=1}^{10}\{W_{ni}-W_{mi}\} \quad (5\text{-}6)$$

式中：W_{ni} 与 W_{mi} 分别为各年汛期天然、实测径流量；W_{mcf} 为最大耗用水量（近 10 年汛期天然与实测径流量差值序列的最大值）；W_f 为汛期水量；W_{cf} 为汛期耗水量；W_r 为考虑安全下水利工程汛期末最大蓄水量。单位均为亿 m³。

式（5-5）中 W_{cf} 为实测值，若无实测资料则可采用面积比拟法：

$$W_{cf} = \sum_{i=1}^{n}\frac{A_i}{F_i}\times W_{cfi} \quad i=1,2,\cdots,n \quad (5\text{-}7)$$

式中：A_i 为流域在各计算分区内面积（km²）；F_i 为计算分区面积（km²）；W_{cfi} 为计算分区内耗水量（m³）。

5.6　地表水资源可利用量计算成果

5.6.1　正算法

钦州市属湿润区,以中小入海河流为主,直接法为首选方法。本节主要从现有或规划水库/塘坝(蓄水工程)、水闸(引水工程)、泵站(提水工程)三方面考虑各工程最大供水能力即设计供水量。境内各类水库共 393 座(总兴利库容为 4.85 亿 m³),其中大(2)型洪潮江、小江水库水权归北海所有,另有大(2)型黄仙湾、中型岗山水库正处于规划建设。大型青年水闸(兴利库容 0.233 亿 m³),设计引水流量 1.192 m³/s。在建调水工程有郁江调水工程(郁江干流→钦江,年调水量 6.307 亿 m³;钦江→大风江,年调水量 2.523 亿 m³)和大风江调水工程(大风江→金窝水库,4.005 亿 m³)。钦州市各现有水利工程最大蓄水、引水、提水能力见表 5-2。

表 5-2　钦州市各现有水利工程最大蓄水、引水、提水能力表

计算分区			钦南区	钦北区	钦州港区	灵山县	浦北县	合计
蓄水工程	水库 大型	数量/座	—	—	—	1	—	1
		设计供水量/(亿 m³)	—	—	—	1.295	—	1.295
		兴利库容/(亿 m³)	—	—	—	0.790	—	0.790
	中型	数量/座	5	3	1	1		10
		设计供水量/(亿 m³)	0.960	0.511	0.450	0.224		2.145
		兴利库容/(亿 m³)	0.865	0.648	0.537	0.088		2.138
	小型	数量/座	94	87	10	149	42	382
		设计供水量/(亿 m³)	0.899	1.103	0.137	1.537	0.894	4.570
		兴利库容/(亿 m³)	0.576	0.579	0.108	1.056	0.245	2.564
	塘坝/窖池	数量/座	164	195	25	1 448	246	2 078
		总容积/(亿 m³)	0.100	0.044	0.004	0.129	0.053	0.330
引水工程	水闸	数量/座	62	271	11	2350	402	3096
		设计引水量/(亿 m³)	1.207	0.793	0.16	1.371	0.668	4.199
提水工程	泵站	数量/座	3	2	—	4	—	9
		设计引水量/(亿 m³)	1.801	0.135		0.301		2.237

采用式(5-1)计算各流域 W_a,以钦江为例进行详细描述。根据表 5-2 可知,钦江蓄水工程中,大(2)型水库一座(设计供水量 1.295 亿 m³)、中型水库 4 座(0.401 亿 m³)、小型水库 120 座(1.487 亿 m³),除此之外塘坝设计供水量较小(0.087 亿 m³)。引水工程中以青年水闸为骨干型工程,设计引水流量 1.192 m³/s,结合其他水闸,总设计引水 0.500 亿 m³。提水工程设计提水 0.359 亿 m³。用水消耗系数 μ 则根据 2015 年各计算分区用水消耗系数,钦南区、钦北区、钦州港区及灵山县、浦北县 μ 分别为 40.57%、40.55%、72.86%、41.49%、38.34%。经计算,三条主要入海河流 W_a 见表 5-3。

表 5-3　钦州市主要入海河流地表水资源可利用量

| 流域 | 蓄水工程/(亿 m³) | | | | 引水工程/(亿 m³) | 提水工程/(亿 m³) | 合计/(亿 m³) | 地表水资源可利用率/% |
| | 水库 | | | 塘坝 | | | | |
	大型	中型	小型		水闸	泵站		
钦江	0.537	0.162	0.610	0.036	0.500	0.181	2.026	9.2
大风江	0.000	0.130	0.251	0.032	0.591	0.361	1.365	6.5
茅岭江	0.521	0.241	0.366	0.025	0.305	0.072	1.529	6.2

从表 5-3 中可知,钦江、大风江、茅岭江 W_a 分别为 2.026 亿 m³、1.365 亿 m³、1.529 亿 m³,钦江地表水资源可利用率$(W_a×100\%)/W)$仅 9.2%,其他两条河流均未超过 7%。钦州市 W_a 仅为 6.704 亿 m³,可利用率为 6.01%。进而结合钦州市2010~2015 年用水量,分别为 12.845 亿 m³、15.856 亿 m³、17.044 亿 m³、14.787 亿 m³、14.506 亿 m³、14.440 亿 m³,发现实际用水量远超 W_a,因此,该结果并不合理。究其原因,滨海城市中独流入海流域源短流急,水资源开发利用难度大,现有或规划骨干型水利工程普遍偏少,使全市各类水库总兴利库容仅为 4.85 亿 m³,各类水利工程设计供水量为 16.463 亿 m³,汛期降雨量占全年降水量80%以上,汛期不可控制水量直接外排入海,而直接法仅与水利工程相关,导致结果误差较大。为获取较为合理的 W_a,采用第二次全国水资源综合规划中所提倡的扣损法。

5.6.2　扣损法

1. 河道内需水量计算成果

对茅岭江、钦江、大风江、小江 4 条主要河流控制站实测月平均流量资料采用 Tennant 法、特征流量法、逐月最小生态径流计算法和逐月频率计算法进行河道内生态需水量计算,并以 Tennant 法对其他方法进行评价,结果见表 5-4,Tennant 法计算结果见表 5-5。

采用特征流量法可知,钦江河道内生态需水量为 1.378 亿 m³(占地表水资源量为 6.3%),Tennant 评价为极差。采用最小生态流量法(图 5-4)可知,河道内生态需水量为 3.394 亿 m³(15.4%),4~9 月 Tennant 评价为差或更佳。逐月频率法(图 5-5)根据钦江径流年内丰-枯变化,分别拟定不同保证率:汛期(4~9 月)为 50%;平水期(10~11 月、3 月)为 75%;枯水期(12 月、1~2 月)为 90%,不难发现汛期生态流量占比月流量份额大,且枯水期评价较差,全年生态需水量 17.441 亿 m³ 的要求也难以达到。因此,需要对逐月频率法中不同时期的保证率进行适当改进,汛期为 75%,平水期为 80%,枯水期为 85%。改进逐月频率法河道内生态流量如图 5-6 所示,全年评价均在中以上,河道内生态需水量为 11.243 亿 m³。

表 5-4　有控制站流域河道生态需水量计算结果及评价汇总表

测站名称	月份	1	2	3	4	5	6	7	8	9	10	11	12
黄屋屯站	Q90法	3.4	3.4	3.4	3.4	3.4	3.4	3.4	3.4	3.4	3.4	3.4	3.4
	评价	极差	极差	极差	极差	极差	极差	极差	极差	极差	极差	极差	极差
	适宜生态流量	4.95	4.9	8.8	14.51	24.85	57.24	67.61	73.02	39.79	13.15	9.78	6.65
	评价	极差	极差	中	差	好	最佳	最佳	最佳	最佳	好	中	中
	最小生态流量	2.19	1.78	4.26	3.07	5.05	18.2	26.6	16.2	13.8	5.59	7.27	5.4
	评价	极差	极差	极差	极差	极差	中	非常好	中	中	中	中	中
陆屋站	Q90法	1.82	1.82	1.82	1.82	1.82	1.82	1.82	1.82	1.82	1.82	1.82	1.82
	评价	极差	极差	极差	极差	极差	极差	极差	极差	极差	极差	极差	极差
	适宜生态流量	4.67	3.34	6.63	18.63	29.04	53.77	68.32	60.93	35.89	10.09	5.8	3.11
	评价	中	极差	中	好	最佳	最佳	最佳	最佳	最佳	好	中	极差
	最小生态流量	0.98	1.17	0.58	2.28	3.37	6.3	11.2	20.4	7.6	2.88	1.31	1.89
	评价	极差	极差	极差	极差	极差	差	中	非常好	差	极差	极差	极差
坡朗坪站	Q90法	0.8	0.8	0.8	0.8	0.8	0.8	0.8	0.8	0.8	0.8	0.8	0.8
	评价	极差	极差	极差	极差	极差	极差	极差	极差	极差	极差	极差	极差
	适宜生态流量	1.33	1.1	1.78	6.62	9.78	26.88	43.01	41.12	21.28	4.86	2.53	1.39
	评价	极差	极差	极差	中	好	最佳	最大	最大	最佳	好	中	中
	最小生态流量	0.61	0.71	0.76	0.73	1.32	1.84	7.49	11.6	5.3	2.22	1.06	0.75
	评价	极差	极差	极差	极差	极差	极差	中	非常好	差	中	极差	极差
西塘站	Q90法	0.41	0.41	0.41	0.41	0.41	0.41	0.41	0.41	0.41	0.41	0.41	0.41
	评价	极差	极差	极差	极差	极差	极差	极差	极差	极差	极差	极差	极差
	适宜生态流量	1.22	0.86	0.57	3.38	4.42	7.93	5.01	9.96	6.51	2.56	2.47	1.31
	评价	好	中	极差	非常好	最佳	最佳	最佳	最佳	最佳	好	好	好
	最小生态流量	0.63	0.63	0.16	0.57	0.93	1.19	2.17	1.76	0.9	0.39	0.63	0.55
	评价	中	中	极差	极差	差	差	中	中	差	极差	中	中

续表

测站名称	月份	1	2	3	4	5	6	7	8	9	10	11	12
大江口站	Q90 法	3.11	3.11	3.11	3.11	3.11	3.11	3.11	3.11	3.11	3.11	3.11	3.11
	评价	中	中	中	差	差	差	差	差	差	中	中	中
	适宜生态流量	3.76	3.91	2.96	6.92	11.56	20.08	23.35	25.83	17.07	6.33	6.41	3.61
	评价	好	好	中	好	最佳	最佳	最佳	最佳	最佳	极好	极好	好
	最小生态流量	3.69	3.09	3.04	2.88	4.94	6.25	10.5	6.1	5.71	3.72	4.29	3.08
	评价	好	中	中	差	中	中	最佳	中	中	好	好	中

注：受表格大小所限，表格中所涉及到的"最佳"均为"最佳范围"

表 5-5　有控制站流域 Tennant 计算结果汇总表

流量值及相应栖息地的定性描述	推荐的基流平均流量/(m³/s)									
	一般用水期(10~3 月)					鱼类产卵育幼期(4~9 月)				
流域	茅岭江	钦江	大风江	小江	武思江	茅岭江	钦江	大风江	小江	武思江
最大	105.90	74.95	40.20	11.85	31.57	105.90	74.95	40.20	11.85	31.57
最佳范围	31.77~52.95	22.49~74.95	12.06~20.10	3.55~11.85	9.47~15.79	31.77~52.95	22.49~74.95	12.06~20.10	3.55~11.85	9.47~15.79
极好	21.18	14.99	8.04	2.37	6.31	21.18	14.99	12.06	3.55	9.47
非常好	15.88	11.24	6.03	1.78	4.74	15.88	11.24	10.05	2.96	7.89
好	10.59	7.50	4.02	1.18	3.16	10.59	7.50	8.04	2.37	6.31
中	5.29	3.75	2.01	0.59	1.58	5.29	3.75	6.03	1.78	4.74
差	5.29	3.75	2.01	0.59	1.58	5.29	3.75	3.75	0.59	1.58
极差	0~5.26	0~3.75	0~2.01	0~0.59	0~1.58	0~5.29	0~3.75	0~2.01	0~0.59	0~1.58

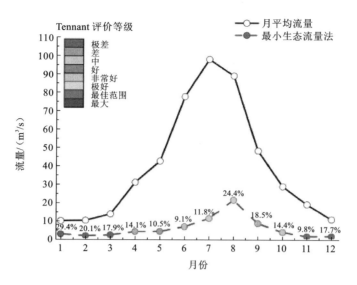

图 5-4　基本生态流量(后附彩图)

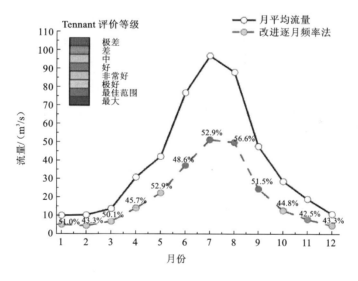

图 5-5　适宜生态流量(后附彩图)

综上,特征流量极小(评价极差),可能导致河道生态环境严重破坏,尤其是 4～9 月鱼类产卵育幼期;逐月频率法所得河道生态流量因现实中难以满足其流量要求,应属于河道理想生态流量;改进逐月频率法逐月 Tennant 法评价较好,能够满足河道全年各项需求,但其占比地表水资源量仍超过 50%,应称其为适宜生态流量;最小生态流量法基本能够满足 4～9 月鱼类产卵育幼期的要求,所占比重在 20～30% 的合理范围,因此,以最小生态流量作为各流域河道内生态流量。

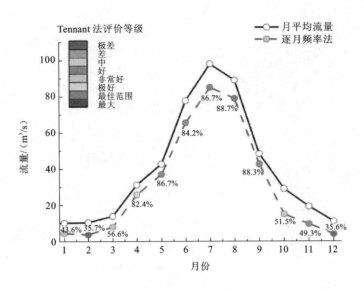

图 5-6　理想生态流量(后附彩图)

2. 汛期难以控制利用的洪水量计算成果

钦州市河流主要属于独流入海诸河的中小河流,汛期主要集中在 4～9 月,将钦州市内河流分为两类,采用不同方法进行计算。控制站以上多年汛期下泄水量,而控制站以下区域则为区间汛期水量减去区间耗用水量及汛期水利工程蓄水量剩下的便为区间汛期不可利用水量,控制站以上及以下泄洪水量相加则为流域汛期不可利用洪水量;无控制站流域则参照临近流域汛期水量,采用降雨面积比拟法求出相应流域汛期水量,相应流域汛期水量减去流域汛期耗用水量及汛期蓄水量则为不可利用洪水量。

此次钦州市各流域汛期不可利用水量估算中需水量数据采用钦州市 2030 年三种方案下的需水量预测结果,各计算分区耗水系数采用《2010 年钦州市水资源公报》中所提供数据见表 5-6,根据各区需水量预测结果以及耗水系数可求得各计算分区全年耗用水量。

表 5-6　钦州市各计算分区 2030 年不同发展速度方案下需水量表

计算分区	P=75%来水情况、节水方案/(亿 m³)			耗水系数/%
	低方案	中方案	高方案	
钦南区	3.18	3.27	3.26	41.62
钦北区	4.01	4.14	4.15	40.68
钦州港区	2.90	3.11	3.35	61.56
灵山县	6.33	6.43	6.29	42.35
浦北县	3.33	3.46	3.52	38.91
合计	19.75	20.41	20.57	43.97

此次计算每条河流汛期耗用水量,根据每条河流面积所占全市面积比例进行全年耗用水量分配,由于钦州市汛期为 4～9 月,按 183 天计算,汛期需水量为全年需水量的

60%,可求得不同需水量预测方案下各河流汛期耗用水量情况,见表 5-7。

表 5-7　钦州市各流域全年及汛期耗用水量汇总表　　　（单位:亿 m³）

四级区	流域	汛期水量	汛期耗蓄水量	汛期不可利用水量
郁江干流	武思江	3.914	0.287	3.627
	罗凤河	2.118	0.164	1.954
	沙坪河	2.271	0.430	1.841
	平南河	0.447	0.047	0.400
南流江	南流江	0.566	0.064	0.502
	张黄江	3.094	0.203	2.891
	武利江	8.565	0.658	7.907
	小江	3.966	0.810	3.156
	洪潮江	2.696	0.175	2.521
	车板江	0.381	0.019	0.362
	文昌江	0.630	0.100	0.530
	绿珠江	0.805	0.047	0.758
独流入海河流	钦江	16.587	5.871	10.716
	大风江	16.225	4.763	11.462
	茅岭江	16.900	4.863	12.037
	金鼓江	1.004	0.231	0.773
	鹿耳环江	0.519	0.519	0.000
	大榄江	0.464	0.241	0.223
	其他	0.797	0.185	0.612
合计		81.949	19.677	62.272

三条主要入海河流汛期水量占全年水量的百分比分别为 80.8%、83.2%、71.3%,其中难以被控制利用总水量超过 35.249 亿 m³。钦州市汛期水量高达 81.949 亿 m³,难以控制利用水量为 62.272 亿 m³,不能控制利用水量中有 35.823 亿 m³ 直接外排入海,剩余则经河道流入其他区域。综上表明,钦州市河流为典型季节性河流,77.8% 水量集中于汛期 4～9 月,因缺乏骨干型水利工程,使汛期洪水难以有效资源化。

5.6.3　地表水资源可利用总量

综合钦州市各流域河道最小生态水量及汛期难以利用水量,采用式(5-3)可得多年平均钦州市各流域地表水资源可利用量 W_a 如表 5-8 所示。研究区流域属典型季节性河流,汛期难以利用水量完全能够保证河道内最小生态需水量,因此,仅需考虑枯水期生态需水量。

表 5-8　钦州市各流域地表水资源可利用量

（单位：亿 m³）

四级区	流域	地表水资源量	最小生态流量 全年	最小生态流量 非汛期	汛期 水量	汛期 耗蓄水量	汛期 难以利用水量	咸水量	W_a	利用率/%	不同保证率水资源可利用量 20%	50%	75%	90%	95%	调入水量	调出水量	W'_a
郁江干流	武思江	6.70	2.45	0.98	3.91	0.29	3.63	—	2.09	31.17	3.38	1.63	0.35	0.07	0.02	—	—	2.09
	罗凤河	3.65	1.38	0.52	2.12	0.16	1.95	—	1.18	32.28	1.83	1.15	0.68	0.43	0.32	—	—	1.18
	沙坪河	3.02	0.46	0.10	2.27	0.43	1.84	—	1.08	35.83	1.60	1.11	0.59	0.36	0.25	—	—	1.08
	平南河	0.60	0.09	0.02	0.45	0.05	0.40	—	0.18	29.82	0.29	0.17	0.09	0.02	0.00	—	—	0.18
南流江	南流江	0.68	0.12	0.03	0.57	0.06	0.50	—	0.15	21.85	0.21	0.14	0.07	0.03	0.02	—	—	0.15
	张黄江	3.73	0.66	0.19	3.09	0.20	2.89	—	0.65	17.36	1.02	0.61	0.40	0.13	0.07	—	—	0.65
	武利江	11.10	2.12	0.36	8.57	0.66	7.91	—	2.83	25.52	4.05	2.79	1.62	0.61	0.05	—	—	2.83
	小江	4.69	0.79	0.23	3.97	0.81	3.16	—	1.31	27.85	2.52	1.50	0.65	0.31	0.12	—	—	1.31
	洪潮江	3.52	0.67	0.11	2.70	0.18	2.52	—	0.88	25.06	1.27	0.88	0.50	0.19	0.07	—	—	0.88
	车板江	0.49	0.10	0.02	0.38	0.02	0.36	—	0.12	23.48	0.17	0.12	0.07	0.02	0.00	—	—	0.12
	文昌江	0.76	0.12	0.04	0.63	0.10	0.53	—	0.19	25.53	0.25	0.19	0.13	0.07	0.05	—	—	0.19
	绿珠江	1.34	0.48	0.18	0.81	0.05	0.76	—	0.40	30.03	0.63	0.38	0.24	0.14	0.10	—	—	0.40
独流入海河流	钦江	22.00	3.39	0.71	16.59	5.87	10.72	2.06	8.52	38.71	14.99	10.56	7.29	4.35	1.48	6.31	2.52	12.31
	大风江	21.21	3.82	0.65	16.23	4.76	11.47	1.22	7.88	37.15	11.31	8.94	6.90	4.49	2.55	2.52	4.01	6.39
	茅岭江	24.08	5.12	1.27	16.90	4.86	12.04	1.48	9.30	38.60	14.90	11.64	9.02	3.79	2.15	—	0.73	8.57
	金鼓江	1.32	0.25	0.04	1.00	0.23	0.77	0.10	0.40	30.27	0.68	0.48	0.31	0.17	0.10	—	—	0.40
	鹿耳环江	0.68	0.13	0.02	0.52	0.52	0.00	—	0.66	96.76	0.82	0.65	0.50	0.36	0.29	4.01	—	4.67
	大揽江	0.61	0.14	0.03	0.46	0.24	0.22	—	0.36	58.66	0.46	0.37	0.26	0.17	0.12	—	—	0.36
	其他	1.05	0.20	0.03	0.80	0.19	0.61	0.12	0.28	27.18	0.52	0.38	0.26	0.16	0.10	—	—	0.28
合计		111.23	22.49	5.53	81.97	19.68	62.28	4.98	38.46	34.37	60.90	43.69	29.93	15.87	7.86	12.84	7.26	44.04

　　由上表可知,钦州市 W_a(38.46 亿 m³)仅占地表水资源量的 34.6%,若依据适宜或理想河道内生态需水量进行考虑,可利用量将进一步减少。郁江干流分区内流域以河道上游小支流为主,W_a 最少为 4.53 亿 m³。南流江分区主要位于严重缺水的浦北县[31],因骨干型水利工程极为缺乏导致 W_a 仅为 6.53 亿 m³。独流入海河流分区 W_a 最为丰富,为 27.39 亿 m³,但汛期难以利用水量及感潮河段难以利用咸水量分别达到 35.83 亿 m³、4.98 亿 m³。钦州港区作为钦州市重要的新兴区域,仅有鹿耳环江和金鼓江等较小入海河流,其地表水资源可利用量为 1.057 亿 m³,在未来跨越式发展中将可能面临严峻的供需矛盾。

　　钦州市为缓解钦州港区供需水矛盾、解决钦江河道污染等问题,在未来将规划建设郁江调水工程。郁江调水工程郁江→钦江段,规划为钦江流域注入 3.790 亿 m³,在一定程度上能够改善河道生态环境,缓解钦南区用水紧张的局面。大风江→金窝水库段,规划向钦州港区注入 4.010 亿 m³ 水量,满足钦州港区近期 55 万 m³ 的用水量需求,一定程度上缓解近期供需矛盾。

5.7　小　　结

　　本章在概述国内外学者在对地表水资源可利用的概念定义研究的基础上,归纳并定义了地表水资源量的概念,并对地表水资源可利用量的主要特征、影响因素、计算的前提条件以及原则进行详细概述;阐述了国内计算地表水资源可利用量应用最为广泛的两种方法:正算法与扣损法;采用剔除入海河流感潮河段水量及汛期河道内最小生态水量的改进扣损法和直接法综合分析地表水资源可利用量。得到如下结论。

　　(1)采用直接法计算结果仅为 6.704 亿 m³(可利用率为 6.01%),实际用水量远超该值,该结果并不合理。这主要归因于研究区域以中小独流入海河流为主,现有或规划骨干型水利工程偏少,调蓄能力差,而降雨量集中于汛期,致使结果误差偏大,因此,直接法在应用于南方滨海区时应酌情考虑。扣损法计算钦州市地表水资源可利用量为 38.46 亿 m³(可利用率为 34.6%)。根据扣损法结果可知钦州市地表水资源可利用量并不丰富,空间分布差异较大,其中浦北县及钦州港区水资源供需矛盾较为紧张。郁江调水工程在改善钦江流域河道生态环境、缓解钦州港区用水紧张方面起到了积极作用。

　　(2)采用特征流量、逐月最小生态流量、逐月频率以及改进逐月频率 4 种方法计算河道内生态需水量,发现逐月最小生态流量法所得流量应为河道基本生态流量,改进逐月频率所得流量应为河道适宜生态流量,逐月频率所得流量为河道理想生态流量。基本生态流量不仅能够满足河道生态环境要求,且所占地表水资源量在 20%～30% 合理范围内,为河道内生态需水量。钦州市汛期水量高达 81.949 亿 m³,难以被控制利用水量为 62.272 亿 m³,其中 35.823 亿 m³ 由入海河流直接外排入海。

参 考 文 献

[1] 曲炜.西北内陆干旱区水资源可利用量研究[D].南京:河海大学,2005:14-15.

[2] 王俊,郭生练.南水北调中线工程水源区汉江水文水资源分析关键技术研究与应用[M].北京:中国水利水电出版社,2010.

[3] 雷志栋,尚松浩,杨诗秀,等.叶尔羌河平原绿洲水资源可利用量的探讨[J].灌溉排水,1999,18(2):10-13.

[4] 郭周亭.水资源可利用量估算初步分析[J].水文,2001,21(5):23-26.

[5] 夏军,朱一中.水资源安全的度量:水资源承载力的研究与挑战[J].自然资源学报,2002,17(3):262-269.

[6] 王建生.水资源可利用量、开发利用潜力与承载能力[C]∥水资源及水环境承载能力学术研讨会论文集.北京:中国水利水电出版社,2002:33-39.

[7] 郑连生.海河流域生态环境用水研究与规划思路[J].中国水利,2002(3):10-15.

[8] 贾绍凤,周长青,燕华云,等.西北地区水资源可利用量与承载能力估算[J].水科学进展,2004,15(6):801-807.

[9] 陈显维.国内外水资源可利用量概念和计算方法研究现状[J].水利水电快报,2007,28(2):7-10.

[10] 胡彩虹,吴泽宁,高军省,等.区域水资源可利用量研究[J].干旱区地理,2010,33(3):404-410.

[11] UPALI AMARASINGHE. Spatial variation in water supply and demend, draft research report across the River Basins of India [Z]. International Water Management Institute, Colombo, Srilanka,2000.

[12] JIMENEZE-CISNEROS B. Water availability index based on quality and quantity: its application in Mexico[J]. Water Science & Technology,1996,34(12):165-172.

[13] JIMENEZE B E, GARDUO H, DOMINGUEZ R. Water availability Mexico considering quantity, quality and uses[J]. Journal of Water Resources Planning and Management,1997,124(1):1-7.

[14] 刘翠善.地表水资源开发利用程度、限度和潜力分析[D].南京:南京水利科学研究院,2007.

[15] 刘作荣. 区域地表水资源可利用量计算方法的探讨[J].黑龙江水专学报,1995(1):47-49.

[16] 董颖,赵健.水资源可利用量计算方法在陕北地区的应用研究[J].干旱区资源与环境,2013,27(3):104-108.

[17] 李大军.西南岩溶山区典型小流域水资源可利用量研究[D].贵阳:贵州大学,2008.

[18] 付玉娟,何俊仕,慕大鹏,等.辽河流域水资源可利用量分析计算[J].干旱区资源与环境,2011,25(1):107-110.

[19] 郭海华,孙健,申才燮,等.图们江流域地表水资源可利用量估算[J].吉林大学学报(地球科学版),2010,40(增刊):119-121.

[20] 张翔,夏军.气候变化对地表水资源可利用量影响的不确定性分析-以汉江上游为例[J].资源科学,2010,32(2):255-260.

[21] 白林龙.淮河上游地表水资源可利用量计算分析[J].人民长江,2013,44(17):45-48.

[22] 金新芽,张晓文,马俊.地表水资源可利用量计算实用方法研究-以浙江省金华江流域为例[J].水文,2016,36(2):78-81.

[23] 王建生,钟华平,耿雷华,等.水资源可利用量计算[J]水科学进展,2006,17(4):549-553.

[24] 钟华平,王建生,徐澎波,等.地表水资源可利用量计算探讨[C]//中国水利学会青年科技工作委员会.中国水利学会首届青年科技论坛论文集.北京:中国水利水电出版社,2004:38-41.

[25] 王西琴,刘昌明,杨志峰.生态及环境需水量研究进展与前瞻[J].水科学进展,2002,13(4):507-514.

[26] 贾宝全,张志强,张红旗,等.生态环境用水研究现状、问题分析与基本构架探索[J].生态学报,2002,22(10):1734-1740.

[27] LNMBROSO D. Handbook for the Assessment of Catchment Water Demand and Use[M]. Oxon：HR Wallingford,2003:20-41.

[28] 钟华平,刘恒,耿雷华,等.河道内生态需水估算方法及其评述[J].水科学进展,2006,17(3):431-434.

[29] TENNANT D L. Instream flow regimens for fish, wildlife, recreation and related environmental resources[C]//Orsbom J F, Allman C H. Proceedings of Symposium and Specility Conference on Instream Flow Needs Ⅱ. American Fisheries Society. Maryland Bethesda:1976.

[30] REISER D W, WESCHE T A. Estes C1 Status of instream flow legislation and practice in North America[J]. Fisheries,1989,14(2):22-29.

[31] 徐志侠,董增川,周健康,等.生态需水计算的蒙大拿法及其应用[J].水利水电技术,2003,34(11):15-17.

[32] BONER M C, FURIAND L P. Seasonal treatment and variable effluent quality based on Assimilative capacity[J]. Journal Water Pollution Control Filed,1982,54(10):1408-1416.

[33] 贾宝全,张志强,张红旗,等.生态环境用水研究现状、问题分析与基本构架探索[J].生态学报,2002,22(10):1734-1740.

[34] 于龙娟,夏自强,杜晓舜.最小生态径流的内涵及计算方法研究[J].河海大学学报(自然科学版),2004(1):18-22.

[35] RICHTER B D, BAUMGARTNER J V, WIGINGTON R, et al. How much water does a river need?[J]. Freshwater Biology,1997,37:231-249.

[36] Ipswich River Fisheries Restoration Task Group. Ipswich River Fisheries Current Status and Restoration Approach[EB/OL]. http://ceiengineers. com/publications/EE1203. pdf,2002.

[37] CEI Environmental Edge. Water Wars Heat Up[EB/OL]. http://ceiengineers. com/publications/EE1203. pdf,2003.

[38] MOSELY M P. The effect of changing discharge on channel morphology and instream uses and in a braide river, Ohau River, New Zealand[J]. Water Resources Researches,1982(18):800-812.

[39] LAMB B L. Quantifying Instream Flow: Matching Policy and Technology[M]. Instream Flow Protection in the West, Island Press, Covelo, CA,1989:23-291.

[40] HUGHES, MÜNSTER F. A Decision Support System for An Initial "Low Confidence" Estimate of the Quantity Component for the Reserve of Rivers[M]. South Africa：Rhodes University,1999:5-45.

[41] 王佳佳.龙滩水电站防洪发电优化调度研究[D].南宁:广西大学,2015.

第6章 气候因子对地表水资源量变化影响的定量分析

6.1 研究背景

近几十年来,全球气候变化和人类活动加速了全球水文循环[1-7],其带来的水文效应(改变了降雨量和蒸发量的时空模式)受到广泛关注[8-15]。因此,世界上许多流域径流呈现出明显的变化趋势[16-20],对全球水资源安全构成巨大威胁,对发展中城市水资源供需矛盾构成了巨大挑战。中国境内人类活动对径流的影响相比于气候变化更为显著,因为近100年及50年以来中国年降水量无明显趋势变化而径流呈显著下降趋势[21]。

钦州市作为"一带一路"重要节点,面向"中国-东盟",背靠《北部湾城市群发展规划》(2017)中的"双轴"城市,必将迎来跨越式发展。但作为滨海城市,区域内主要为源短流急中小入海河流,汛期降雨量占全年80%以上。全市各类水库共393座,总兴利库容仅为4.85亿 m³[22]。2012年《中国近海海洋调查评价》更是指出近90%的城市存在不同程度的缺水问题。"在区域人口增长、经济发展与水资源短缺间矛盾日益凸显境况下,分析气候变化及人类活动双重影响下水文序列演变规律,剖析在降雨量、蒸发量、气温及其他因子影响下,各因子对径流变化的贡献率大小,是分析水资源潜力,正确评价与配置的前提。

量化气候变化和人类活动对径流变化的影响已成为气候和水文研究的热门话题[20,23]。以前的报告指出,人类活动改变了水循环,并增加了径流损失。研究人员利用多种方法评价主要影响因素对径流变化的贡献率,并揭示出径流变化涉及到气候变化和人类活动的叠加效应,证明人类活动是主导因素[24-25]。气候的影响主要体现在年际变化、多尺度和未来径流的可持续性上[26]。

6.2 研究方法

6.2.1 Mann-Kendall

趋势分析一般分为参数与非参数检验,参数趋势检验比非参数检验更强大,但需要独立且是正态分布的数据;另一方面,非参数趋势检验只需要数据是独立的,可以容忍异常数据的出现[27]。本节结合了最小二乘法和 Mann-kendall 非参数检验法分析时间序列趋势,该方法可以定量地检测出时间序列的变化趋势[28]。

若 x_i 为样本数量 n 的某一气候变量序列,t_i 为 x_i 所对应的时间,则可建立一元线性回归方程[29]:

$$x_i = a + bt_i \tag{6-1}$$

b（线性倾向）可由下式计算

$$b = \left[\sum_{i=1}^{n} x_i t_i - \frac{1}{n} \left(\sum_{i=1}^{n} x_i \right) \left(\sum_{i=1}^{n} t_i \right) \right] \bigg/ \left[\sum_{i=1}^{n} t_i^2 - \left(\sum_{i=1}^{n} t_i \right)^2 \right] \tag{6-2}$$

Mann-Kendall 趋势检验[30-31]是基于时间序列的排列次序来判断序列之间的相关性的方法[32]。Mann-Kendall 法属于非参数检验,因不受样本值、分布类型等影响,而被广泛运用于降水量、径流量、气温和水质等时间序列的趋势变化[26,33]。其检验统计量(S)公式如下:

$$S = \sum_{i=2}^{n} \sum_{j=1}^{i-1} \text{sign}(x_i - x_j) \tag{6-3}$$

式中:sign 为符号函数;当 $x_i - x_j < 0$ 时,$\text{sign}(x_i - x_j) = -1$;$x_i - x_j = 0$ 时,$\text{sign}(x_i - x_j) = 0$;$x_i - x_j > 0$ 时,$\text{sign}(x_i - x_j) = 1$。

序列的 Z（趋势变化） 分别为

$$Z = \begin{cases} (S-1) \bigg/ \sqrt{\dfrac{n(n-1)(2n-1)}{18}}, & S > 0 \\ 0, & S = 0 \\ (S+1) \bigg/ \sqrt{\dfrac{n(n-1)(2n-1)}{18}}, & S < 0 \end{cases} \tag{6-4}$$

式中:Z 为正值时表示增加趋势,负值时表示减少趋势。Z 的绝对值在大于等于 1.28、1.64 及 2.32 时分别表示其趋势变化通过了置信度为 90%、95%、99% 的显著性检验,可标记为 *、**、***。

6.2.2　连续小波

基于 Morlet 函数的连续小波分析[34-35]被广泛用于识别信号的周期性振荡[36-37]。近年来,连续小波分析已应用于水文气象研究的多尺度特征分析,该方法可以清晰地揭示时间序列的变化,并充分反映不同时间尺度下水文气象数据的变化趋势[26]。因此,研究拟采用 Morlet 小波分析钦江多年降雨量、径流量、蒸发量及气温序列,探讨其特定时间尺度演变规律。

小波分析的基本思想是通过一簇小波函数来逼近所求的某一函数[38],故小波函数的正确选择是进行小波分析的关键所在。所选的小波函数必须具有振荡性和迅速衰减到零的特点,及小波函数 $\psi(t) \in L^2(R)$,并且满足:

$$\int_{-\infty}^{+\infty} \psi(t)\mathrm{d}t = 0 \tag{6-5}$$

$$\psi_n(a,b) = \left| a^{-\frac{1}{2}} \right| \left| \int_{-\infty}^{+\infty} x(t)\psi\left(\frac{t-b}{a}\right)\mathrm{d}t \right| \tag{6-6}$$

式中:$\psi(t)$ 是基小波函数;$\psi_n(a,b)$ 为子小波,$a,b \in R, a \neq 0$;a 为尺度因子,可体现周期长度;b 为平移因子,主要反映时间上的平移影响。

小波方差是将所选小波系数的平方值在 b 域上积分,即

$$\text{var}(a) = \int_{-\infty}^{+\infty} \left| \psi_n(a,b) \right|^2 \mathrm{d}b \tag{6-7}$$

小波方差图可以用来确定信号中不同尺度扰动的相对强度和存在的主要时间尺度及主周期。

6.2.3 SCQCR

关于环境变化下各因子对径流影响的贡献率分析,目前在流域尺度上,可定量分析气候变化与其他因子对水文影响的研究方法主要有水文模型法[39-41]和定量评估法。其中定量评估方法主要有气候弹性系数[42-43]、多元逐步回归[44]、敏感性分析法[45]、水量平衡法[46]、降雨-径流双累积曲线法[47-49]等。许多研究人员在如长江流域[50]、黄河流域[51-52]、渭河流域[53]、海河流域[54]以及其他国家的几个典型的流域[55-59]进行广泛研究。尽管这些研究已经定量地评估了气候变化和人类活动对径流变化的综合影响,但研究领域及方法仍存在一些不足之处。例如,水文模型法具有较好的物理基础,但参数敏感性存在一定的不确定性,若对模拟结果不进行验证,极可能使气候变化对径流的贡献值偏高[60];尽管定量评估法所需数据较少,但所需较长数据序列的同时,长序列中噪音会对评估结果造成干扰[43]。因此,水资源研究人员和管理者对水资源变化的主要驱动因素及其对径流变化的贡献仍然很困难[26]。

Wang等[61]于2012年提出累积量斜率变化率比较法(SCRCQ),可有效剔除噪音,较简便地分离出气候变化和其他因子对径流变化的影响比重,在黑河流域中上游[62]、南水北调中线工程[63]、湟水川流域[64]、洞庭湖三口河系[65]、长江荆南三口[66]以及贵州岩溶流域[26]等地区均得到较好地应用。但上述针对SCRCQ的研究,所假定的基准期均为实测径流序列,未对其进行还原计算以消除早期人类活动影响,未充分考虑气温对降雨量与蒸发量的影响,未深入探讨降雨量、蒸发量、气温对径流变化影响的复杂的内在联系,这将导致气候因子贡献比重偏小,结果误差偏大。针对研究中存在的问题,有必要对SCRCQ进行适当改进:基于SCRCQ基础上重新定义基准期,考虑气温对降雨量与蒸发量的影响,结合水量平衡原理探讨各气候因子对径流变化影响的内在联系,并间接获取其他因子贡献率,使SCRCQ分析结果更贴近实际情况。

从累积的坡度变化比中修正了该方法数量,由Wang等[61]提出影响因素对径流变化的影响期,径流变化的影响因素通常包括气候因素、地下水补给和人类活动。

在SCRCQ基础上重新定义基准期,为实测径流序列首个突变点前的还原径流序列,研究期为突变点后实测径流量序列。基准期、研究期累积降雨量-年份线性方程的斜率分别为K_{P_a}(mm/a)、K_{P_b}(mm/a),斜率变化率为S_P;累积蒸散发量-年份线性方程的斜率分别为K_{E_a}(mm/a)、K_{E_b}(mm/a),斜率变化率为S_E;累积径流量-年份线性方程的斜率分别为K_{R_a}(10^8 m³/a)、K_{R_b}(10^8 m³/a),斜率变化率为S_R;累积气温-年份线性方程的斜率分别为K_{T_a}(℃/a)、K_{T_b}(℃/a),斜率变化率为S_T。

$$S_P = (K_{P_b} - K_{P_a})/K_{P_a} \qquad (6-8)$$

$$S_E = (K_{E_b} - K_{E_a})/K_{E_a} \qquad (6-9)$$

$$S_R = (K_{R_b} - K_{R_a})/K_{R_a} \qquad (6-10)$$

$$S_T = (K_{T_b} - K_{T_a})/K_{T_a} \qquad (6-11)$$

根据式(6-8)~式(6-11),可求降雨量、蒸发量、气温对径流变化的贡献率,分别为C_P、C_E、C_T:

$$C_P = 100 \times S_P/S_R \qquad (6-12)$$

$$C_E = 100 \times S_E / S_R \tag{6-13}$$

$$C_T = 100 \times S_T / S_R \tag{6-14}$$

依据所得 C_P、C_E、C_T，可间接获取人类活动对径流变化的贡献率 C_O。根据水量平衡原理式(4-14)，可知 T 为自变量，R 为因变量，T 能够直接引起 R 变化，贡献率为 C_T；不仅如此，T 的改变可引起 P、E 变化，间接影响到 R，贡献率同样为 C_T，但该部分 C_T 对 C_P、C_E 进行了重复计算。因此，C_O 并非定值，而应处于是否考虑 T 影响下的值域即上下限内变化，如式(6-15)所示。

$$C_O \in \left[100 - C_p - C_E - C_T, 100 - C_p - C_E \right] \tag{6-15}$$

6.3　钦州市降雨量演变规律与趋势分析

6.3.1　降雨量计算分析

由于太阳辐射和大气环流等因素的影响，降雨量存在着丰水期、枯水期和平水期交替出现的变化规律，如一个样本不包含丰、平、枯水期的整个过程。按此样本序列求得的特征值必然比总体取得的特征值偏差较大或较小的结果，其资料序列的代表性不够。

利用部分雨量站的长序列降水量资料，进行长、短序列统计参数和计算结果的对比分析，不但能评定本次降雨量成果的可靠程度及 1956～2013 年同步期序列的代表性，还可以间接地评估地表水、地下水和水资源总量的计算成果。

本次评价选用钦州市三个典型雨量站：坡朗坪站、陆屋站和钦州站，主要是依据 1956～2013 年(58 年)、1956～1979 年(24 年)、1971～2013 年(43 年)、1980～2013 年(34 年)4 个统计年限的降水量年均值和频率为 20%、50%、75%、90%、95% 进行比较分析，以最长统计年限(坡朗坪站 41 年、陆屋站 47 年、钦州站 48 年)的均值和频率为准，评价其他各年限的偏差量，若不超过 ±5% 则认为代表性良好。长序列雨量站年降雨量特征值见表 6-1。

表 6-1　长序列雨量站年降雨量特征值对比

雨量站	统计时段/年	年数	统计参数			不同频率年降雨量/mm				
			均值/mm	C_v	C_s/C_v	20%	50%	75%	90%	95%
陆屋站	1956～2013	58	1 742.4	0.17	2.0	1 985.6	1 725.7	1 534.6	1 375.2	1 285.5
	1956～1979	24	1 726.8	0.17	2.0	1 967.8	1 710.2	1 520.8	1 362.9	1 274.0
	1971～2013	43	1 751.8	0.19	2.0	2 024.0	1 730.8	1 517.3	1 341.1	1 242.5
	1980～2013	34	1 753.5	0.21	2.0	2 053.5	1 727.7	1 493.1	1 301.2	1 194.8
坡朗坪	1956～2013	58	1 897.6	0.19	2.0	2 192.5	1 874.8	1 643.6	1 452.7	1 346.0
	1956～1979	24	1 859.6	0.17	2.0	2 119.1	1 841.8	1 637.6	1 467.6	1 371.8
	1971～2013	43	1 926.5	0.22	2.0	2 271.2	1 895.5	1 626.3	1 407.2	1 286.3
	1980～2013	34	1 922.4	0.22	2.0	2 266.3	1 891.5	1 622.8	1 404.2	1 283.5

续表

雨量站	统计时段/年	年数	统计参数			不同频率年降雨量/mm				
			均值/mm	C_v	C_s/C_v	20%	50%	75%	90%	95%
钦州站	1956~2013	58	2 028.3	0.18	2.0	2 327.5	2 006.5	1 771.6	1 576.8	1 467.4
	1956~1979	24	2 041.2	0.16	2.0	2 309.8	2 023.8	1 812.5	1 635.5	1 535.3
	1971~2013	43	2 028.1	0.22	2.0	2 391.0	1 995.5	1 712.1	1 481.4	1 354.1
	1980~2013	34	2 019.2	0.21	2.0	2 364.8	1 989.6	1 719.4	1 498.4	1 375.9

注：C_v 为偏差系数；C_s 为变差系数

6.3.2　降雨量地区分布

从 1956~2013 年降雨量序列 32 个代表性雨量站的资料统计表明,钦州市多年平均降雨量最大的雨量站是黄屋屯站为 2 137.1 mm,多年平均降雨量最小的是新棠站为 1 379.8 mm,变幅为 757.2 mm,多年平均降雨量趋势是由沿海逐渐向内陆递减。各水资源分区平均年降雨量见表 6-2~表 6-4。

表 6-2　钦州市水资源三级区多年平均降雨量

序号	水资源分区	计算面积/km²	降雨量/mm
1	郁江干流	1 404	1 678.755
2	桂南沿海诸河	9 212	1 771.188
	合计	10 616	1 758.963

表 6-3　钦州市水资源四级区多年平均降雨量

序号	水资源分区	计算面积/km²	降雨量/mm
1	郁江干流	1 404	1 678.755
2	南流江	2 739	1 701.501
3	其他独流入海诸河	6 473	1 801.245
	合计	10 616	1 759.311

表 6-4　钦州市水资源计算分区区多年平均降雨量

序号	计算分区	计算面积/km²	降雨量/mm
1	钦北区	2 215	1 738.421
2	钦南区	2 261	1 956.840
3	钦州港区	125	1 965.188
4	灵山县	3 557	1 698.089
5	浦北县	2 520	1 681.480
	合计	10 678	1 760.451

水资源三级区流域平均多年降雨量显示:桂南沿海诸河多年平均降雨量较内陆左郁江的多年平均降雨量大,差值为 92.4 mm。水资源四级区多年平均降雨量由其他独流入海诸河、南流江、郁江干流递减。

计算分区多年平均降雨量最大为临海的钦州港区、钦南区,其次是钦北区、灵山县,再到浦北县,降雨量的分布符合钦州市自然地理分布。

6.3.3 降雨量年内分布

选取具有 1953～2013 年长序列且月雨量资料较齐全的钦州站作为分析降水量年内分配及多年变化的代表站。将钦州站年降雨量序列进行排序,计算经验频率,采用 P-III 分布线型适线,该计算方法同年际变化的年雨量统计参数相同,得到该站年降雨量的单站统计参数 E_x(1956～2013 年平均降雨量)为 2 028.3、C_v 为 0.17、C_s 为 0.34,以统计参数计算钦州站不同频率的年降雨量。在钦州站 1956～2013 年资料序列中选取与相应频率年降雨量相近(相等)的降水年份作为典型年,选取时统筹考虑降雨量分配的具体情况,年降雨量相差控制在 5% 范围内,如相近(相等)降雨量的年份有两年以上的,则选取其月分配对农业需水量和径流调节等较为不利的年份作为典型年,以典型年的降雨月分配过程作为钦州站相应频率的月分配。经资料分析,选定 1959 年、1990 年、2000 年、1999 年、2010 年的降雨量资料分别作为 20%、50%、75%、90%、95% 保证率的典型年,并按同倍比缩放求出在各种保证率下的各月降雨量,见表 6-5。

表 6-5 钦州市代表雨量站典型年及多年平均降雨量月分配

测站名称	所在河流	偏丰年 $P=20\%$	平水年 $P=50\%$	偏枯年 $P=75\%$	枯水年 $P=90\%$	枯水年 $P=95\%$	多年平均
钦州站	钦江	1959 年	1990 年	2000 年	1999 年	2010 年	月降雨量
天然径流量	1 月	13.2	42.7	1.3	54.6	67.1	58.5
	2 月	35.0	229.5	45.6	1.2	7.8	92.1
	3 月	12.5	56.9	70.0	47.0	7.2	118.9
	4 月	75.1	195.9	43.9	128.7	80.5	242.2
	5 月	328.1	290.7	251.6	118.1	197.2	343.9
	6 月	307.7	96.5	68.7	187.0	134.7	274
	7 月	571.9	640.4	523.4	346.2	208.0	202.0
	8 月	373.8	124.7	365.5	349.6	302.1	177.3
	9 月	373.0	115.9	176.6	54.8	132.8	95
	10 月	4.3	48.8	212.6	96.1	167.3	64.8
	11 月	31.7	150.6	6.8	229.9	9.4	43.8
	12 月	78.6	13.5	7.1	28.6	94.2	38.2
	全年	2 304.9	2 006.0	1 773.1	1 642.8	1 408.3	1 750.8
汛期	起止月份	4～9	4～9	4～9	4～9	4～9	4～9
	降雨量/mm	2 304.9	2 006.0	1 773.1	1 642.8	1 469.0	2 028.3

　　钦州站降雨量年内分配不均匀,年降雨量的大部分集中在汛期的 4～9 月。以 1956～2013 年序列资料作分析,汛期(4～9 月)多年平均降雨量占年降雨量的 80%,非汛期仅占 20%。连续四个月最大降雨量出现在 5～8 月份,连续四个月的降雨量达到 1 364.3 mm,占多年平均降雨量的 67.3%。连续三个月最大降雨量出现在 6～8 月,连续三个月最大降雨量达到 1 157.7 mm,占多年平均降雨量的 57.1%。最大月降雨量出现在 1995 年 8 月,月降雨量超过了 1 000 mm,达到了 1 037.4 mm。最小月降雨量出现在 1995 年 12 月,多年平均月降雨量仅 28.2 mm,占年降雨量的 1.39%。

6.3.4　降雨量年迹演变规律

1. 趋势性分析

　　经 M-K 法分析得出,降雨量统计量 $Z=0.268$,$|Z| \leqslant 1.96$,表明降雨量序列上升趋势不显著;利用 R/S 法与最小二乘法相结合得出 Hurst 指数为 $H=0.61$,表明时间序列为持续性序列,其波动比较平缓,时间序列之间不相互独立,成正相关性。两者综合得出钦州市多年平均降雨量序列在未来将持续之前序列呈现缓慢上升的趋势。钦州市多年平均降雨量过程线如图 6-1 所示。

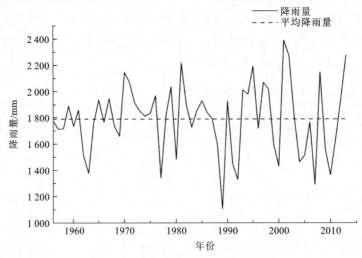

图 6-1　钦州市多年平均降雨量过程线

2. 突变点分析

　　突变性结果如图 6-2 所示,从图中可以看出 UF 曲线在显著性水平线以内,所以上升趋势不明显,与趋势性结果一致。图中 UF、UB 曲线相交于 1961～1963 年、1990 年及 2005 年。1961～1963 年主要是由于在 1961 年左右发生罕见旱灾,广西壮族自治区境内降雨量普通偏低。1990 年发生突变,从图 6-1 中看出在该年前后降雨量普遍低于多年平均降雨量,出现多地区极旱现象。而 2005 年左右发生突变,根据查阅相关文献以及对图 6-2 进行分析可知,2002～2007 年广西壮族自治区降雨量分别为偏丰、偏枯、偏枯、偏枯、平、枯水年份,受大环境气候的影响,钦州市多年连续出现降雨偏少且春冬两季出现旱情严重的现象。降雨量发生突变的主要原因是受大气环流影响,人为因素影响低。

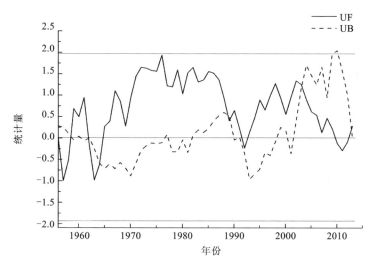

图 6-2　面降雨量 M-K 突变检验结果

　　根据 M-K 及 R/S 法对多年降雨量趋势性、突变点的分析结果,以降雨量序列突变点、当地经济发展为划分依据,将 58 年序列划分三个时间段:1956～1973 年、1974～1989 年、1990～2013 年,分析不同时间段降雨量趋势。

　　根据表 6-6 及图 6-2 所示,1956～1973 年降雨量序列整体呈上升趋势,该时间段内降雨量序列发生了突变,降雨量从下降转变为上升趋势;1974～1989 年降雨量呈下降趋势,该时间段也发生了突变;1990～2013 年降雨量趋势有升有降,整体没有明显趋势性。该结论跟整个时间序列的结论一致:存在相同的突变点、上升趋势也保持相同的结论。

表 6-6　多年降雨量分时段 M-K 分析结果

降雨时间段/年	Z 统计量
1956～1973	1.60
1974～1989	−0.87
1990～2013	−0.02

3. 周期分析

　　利用小波对钦州市 1956～2013 年多年平均降雨量序列进行多时间尺度分析。不同时间尺度下的小波系数实部(如图 6-3 所示)可反映系统在该时间尺度下变化特征:正的小波系数实部对应于偏多期(对应图中白色区域),负的小波系数对应于偏少期(对应图中黑色区域),小波系数为零对应着突变点;小波系数绝对值越大,表明该时间尺度变化越显著。

　　从图 6-3(a)中看出存在 4 个明显的时间尺度变化,这 4 个时间尺度分别为:3～6 年,7～16 年,17～25 年及 26～32 年。其中 3～6 年时间尺度主要在 1977 年后较为明显,且振荡中心为 5 年左右;7～15 年振荡周期在 1980 年之前较弱,在之后存在准三次振荡;16～25 年尺度上出现了丰-枯交替的准三次振荡;26～32 年时间尺度上出现了丰-枯准两次振荡,具体表现为 1963～1974 年、1981～1990 年为偏枯期,1974～1981 年、1990～2000 年为偏丰期,在 2000～2009 年偏枯期后的偏丰期等值线并未闭合,所以 2013 年之后的未来 10 年左右仍处于降雨偏丰期。同时发现 17～25 年以及 26～32 年两个尺度的周期变化在整个分析时段表现的非常稳定,具有全局性。

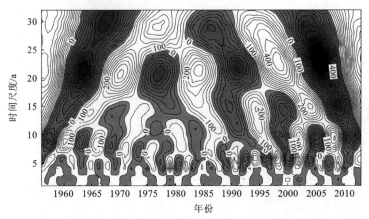

(a) 小波系数实部等值线图

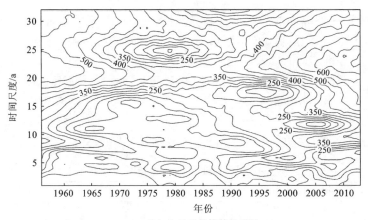

(b) 小波系数模等值线图

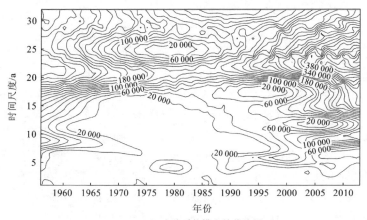

(c) 小波系数模方等值线图

图 6-3　钦州市面雨量小波分析结果

图 6-3(b)中降雨序列 17～25 年时间尺度模值最大,说明该时间尺度周期变化最明显,其他的时间尺度次之;图 6-3(c)中同样表明 17～25 年时间尺度的能量最强、周期最显著,且它的周期变化具有全局性,而 7～16 年时间尺度能量弱且周期分布不明显。

为了更进一步的分析降雨序列周期变化,给出了小波方差图,如图 6-4(a)所示。小波方差能反映降雨量时间序列的波动能量随时间尺度 a 的分布情况。以此可以确定降雨量时间序序列演化过程中存在的主周期。

降雨量序列小波方差图中存在 5 个明显的峰值,它们依次是 6 年、10 年、15 年、22 年、26 年时间尺度,其中最大峰值对应 22 年时间尺度,说明 22 年时间尺度周期振荡最强,为降雨量变化的第一主周期;26 年时间尺度为第二峰值,为降雨量变化第二主周期;第三、四、五峰值分别对应 15 年、10 年、5 年的时间尺度,它们依次是第三、四、五主周期。根据小波方差检验结果,选择控制降雨量变化的第一、二主周期小波系数图。从主周期趋势图中可以分析出在不同的时间尺度下,降雨量序列存在的平均周期及丰-枯变化特征。

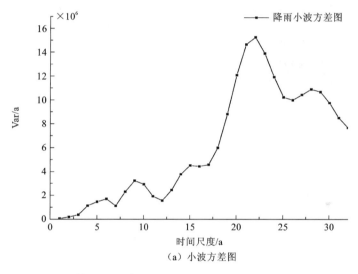

（a）小波方差图

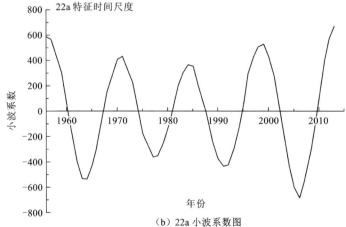

（b）22a 小波系数图

图 6-4　钦州市面降雨量小波方差及第一、二主周期小波系数图

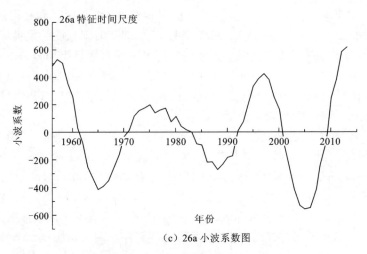

（c）26a 小波系数图

图 6-4　钦州市面降雨量小波方差及第一、二主周期小波系数图（续）

　　根据图 6-4(b)，在 22 年时间尺度上，曲线具有良好的稳定性、连续性，表现为时域上的全局性，并且有增强的趋势，降雨量平均周期为 14 年左右，大约经历 4 个丰-枯转换期。图 6-4(c)显示，在 28 年时间尺度上，1970～1990 年周期性不稳定，总体有增强趋势，降雨量平均周期为 20 年左右，大约经历了三个丰-枯转换期。

　　通过小波分析得知钦州市降雨量时间序列第一主周期为 22 年，第一主周期具有全局性、稳定性的特点，控制着钦州市降雨量的全局变化。在未来 10 年左右将处于降雨偏丰期。

6.4　钦州市主要流域径流演变规律与趋势分析

6.4.1　趋势分析

　　采用 M-K 法对钦州市三个代表性水文站进行趋势性及突变性检验（见表 6-7）。

表 6-7　钦州市 3 个水文站年径流 M-K 趋势检验结果

所属流域	站点	Z 统计量	趋势	显著程度
大风江	坡朗坪	−1.460	↘	不显著
茅岭江	黄屋屯	−1.520	↘	不显著
钦江	陆屋	−3.646	↘	显著

　　由表 6-8 可以看出三个水文站径流序列统计量$|Z| \geqslant 0$，说明站点所在流域径流均有下降趋势。其中坡朗坪、黄屋屯站统计量$|Z| \leqslant 1.96$，所以下降趋势不显著；而钦州站统计量$|Z| \geqslant 1.96$，说明钦江流域径流下降趋势显著。说明该区域径流受到城镇化速度加快，经济迅猛发展，需水量加大，从而导致三个流域径流量在近 20 年同步下降。

表 6-8　钦州市三个水文站径流 R/S 法分析参数

所属流域	站点	Hurst 指数	R^2 值
大风江	坡朗坪	0.65	0.999
茅岭江	黄屋屯	0.62	0.991
钦江	陆屋	0.70	0.996

从表 6-8 得知三个水文站点径流序列 R/S 拟合曲线 R^2 值接近于 1,拟合效果好。三个水文站径流 $|H| \geqslant 0.5$,时间序列为持续性序列,波动比较平缓,存在正相关性,并且在未来的总体发展趋势与过去相同。

以上结果表明径流序列在未来某段时间内演变过程中将维持之前序列下降的变化趋势,其中钦江径流的下降趋势会较为严重。

6.4.2　周期性分析

利用小波对钦州市 1958～2013 年多年径流时间序列进行多时间尺度分析。

结合图 6-5 对径流序列周期性进行分别判断和综合分析,可以得出钦州市三大独流入海流域具有相同特征时间尺度变化。56 年的径流序列存在 4 类特征时间尺度变化,分别为:3～6 年,7～14 年、15～25 年以及 26～32 年。3～6 年周期变化 1990 年以前较为明显,而之后振荡变弱;7～14 年时间尺度振荡中心大致为 10 年,且出现了丰-枯交替的准 10 次振荡。15～25 年尺度上出现了丰枯交替准三次变换,具体表现在 1967～1974 年、1981～1988 年、1996～2002 年为径流偏丰期;1975～1980 年、1989～1995 年、2003～2010 年为径流偏枯期,该时间尺度整个分析时段表现的非常稳定,具有全局性,在 2002～2010 年偏枯期之后的偏丰期等值线并未闭合,所以 2013 年之后未来 5～6 年仍处于径流偏丰期。26～32 年尺度周期变化主要分布于 1985 年之前,振荡极不稳定。

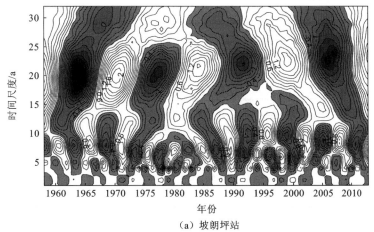

（a）坡朗坪站

图 6-5　小波系数实部等值线图

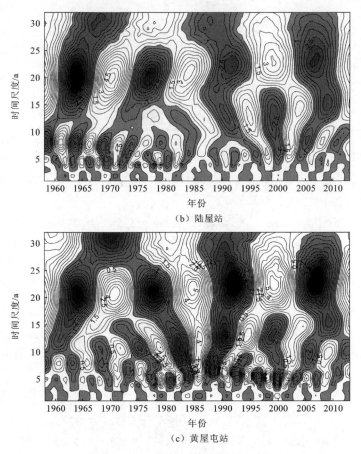

（b）陆屋站

（c）黄屋屯站

图 6-5　小波系数实部等值线图（续）

　　从图 6-6 中可以看出，径流序列中 15～25 年时间尺度模值最大、周期变化最明显、最稳定，可以用来作为预测径流周期性变化的主要依据。从图 6-7 同样可以得出 15～26 年时间尺度的能量最强、周期最显著，周期变化具有全局性。

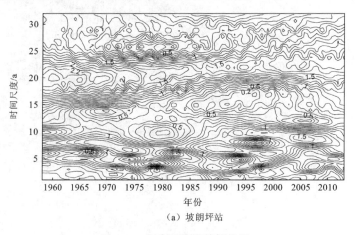

（a）坡朗坪站

图 6-6　小波系数模等值线图

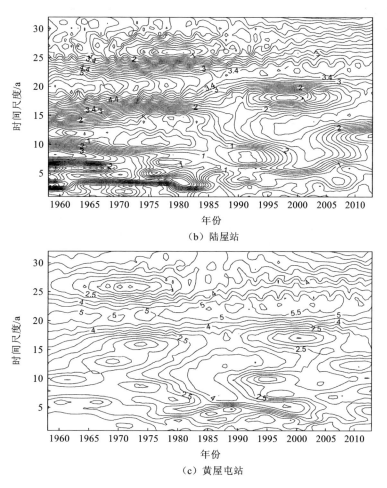

（b）陆屋站

（c）黄屋屯站

图 6-6　小波系数模等值线图(续)

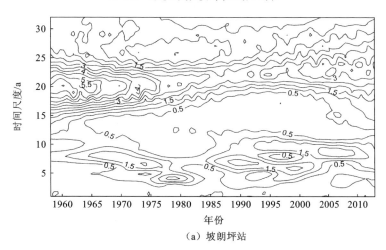

（a）坡朗坪站

图 6-7　小波系数模方等值线图

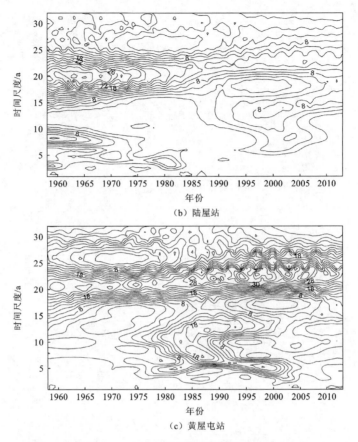

（b）陆屋站

（c）黄屋屯站

图 6-7　小波系数模方等值线图（续）

小波方差图能反映降雨时间序列的破洞能量随时间尺度的分布情况。以此可以确定降雨时间序序列演化过程中存在的主周期。三个水文站径流小波方差图及陆屋站 22 年、8 年时间尺度小波系数如图 6-8 所示。

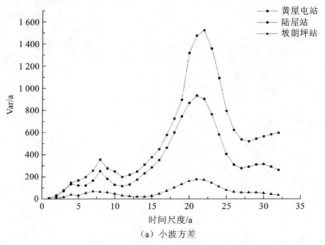

（a）小波方差

图 6-8　三个水文站径流小波方差图及陆屋站 22 年、8 年时间尺度小波系数图

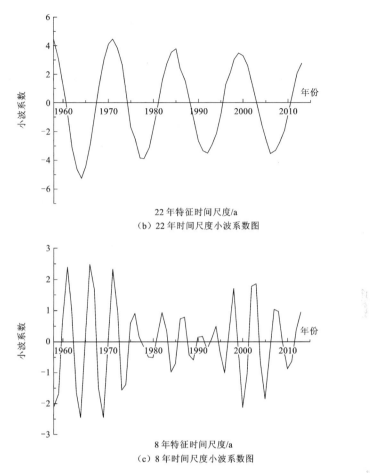

（b）22 年时间尺度小波系数图

（c）8 年时间尺度小波系数图

图 6-8　三个水文站径流小波方差图及陆屋站 22 年、8 年时间尺度小波系数图（续）

图 6-8(a)中三个水文站点方差曲线起伏变化一致,均存在三个较为明显的峰值,它们依次是 4 年、8 年、22 年时间尺度。最大峰值对应 22 年时间尺度,为径流变化的第一主周期;8 年、4 年时间尺度对应着第二、三峰值,为径流变化第二、三主周期;说明以上三个周期的变化控制钦州市流域径流在整个时间域内的变化特征,也说明了与小波实部分析结果一致。

以陆屋站为例,选择控制流变化的第一、二主周期小波系数图。从图 6-8(b)中得到在 22 年时间尺度上,从 1975 年开始,周期性减弱并维持稳定;丰-枯变化与小波实部等值线图维持一致(平均周期为 15 年左右),大约经历三个丰-枯转换期。图 6-8(c)中 8 年时间尺度上周期振荡性不稳定,大约经历了振荡性从强到变弱再到变强两个阶段,继而维持稳定,在整个时间序列里经历了 10 个丰-枯转换期,平均周期为 5 年左右。

6.5　钦州市地表水资源趋势变化

采用 3a 滑动平均与 Morlet 小波综合对钦州市地表水资源量进行分析如图 6-9 所

示,58 年序列中存在 1960~1973 年、1974~1987 年、1988~2002 年三个平均周期为14 年的完整丰-枯变化过程。1986 年开始,降雨量、径流波动幅度较之前明显增大。尽管整个水资源序列呈 0.087 亿 m³/a 的上升趋势,但自 20 世纪 70 年代以来序列却呈0.400亿 m³/a 的下降趋势。进一步对不同年代均值进行比较可知,各年代均值呈丰-枯转换阶梯式下降趋势,降雨量序列趋势性与其相同。综上所述,可推测地表水资源量在 2017~2023 年将处于偏枯期,2024~2030 年将处于偏丰期;根据天然与实测径流量差值曲线如图 6-10 所示,自 20 世纪 60 年代以来,各年代天然与实测径流量差值序列趋向率高达 0.406 亿 m³/a,总体呈明显梯级上升趋势,表明以人类活动为主的其他因子对实测径流减少的影响持续增大。因此,有必要选取钦州市典型流域,进一步定量分析降雨量、蒸发量、气温及其他因子对径流减少影响的贡献率。

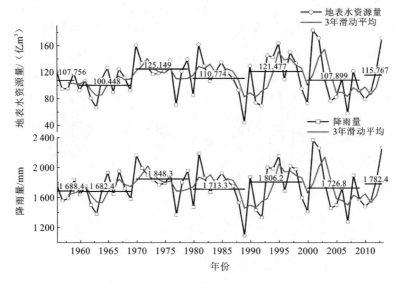

图 6-9　钦州市水资源总量趋势分析

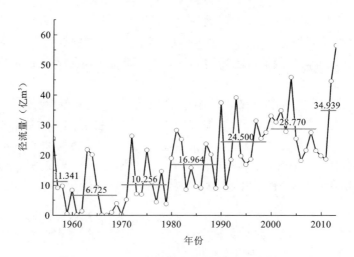

图 6-10　天然与实测径流量差值曲线趋势分析

6.6 气候变化和人类活动对径流量 减少影响的定量分析

采用改进 SCRCQ 对钦州市主要河流定量分析降雨量、蒸发量、气温变化对径流减少影响的贡献率的同时,间接分析其他因子对径流减少影响的贡献率,其中以钦江流域为例进行详细分析,基准期天然径流量序列则采用蒸发差值法还原结果。累积径流深、降雨量、蒸发量、气温与年份间关系如图 6-11 所示。

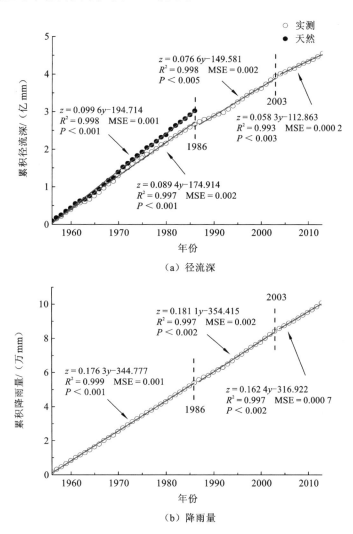

图 6-11 累积径流深、降雨量、蒸发量、气温与年份间关系

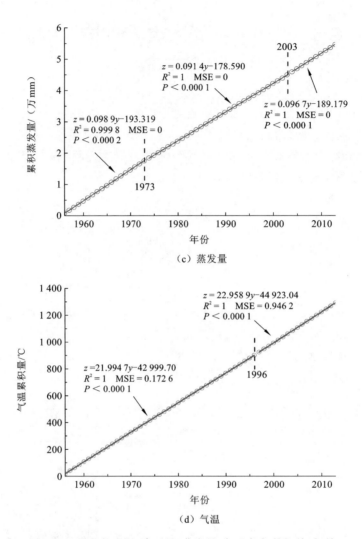

（c）蒸发量

图 6-11　累积径流深、降雨量、蒸发量、气温与年份间关系（续）

　　钦江流域径流序列的突变年份为 1986 年、2003 年；降雨量序列无显著突变点；蒸发量序列突变年份为 1973 年、2003 年；气温序列突变年份为 1996 年。除由于降雨量序列无突变点且为了便于计算，假定其突变点与径流序列一致，为 1986、2003 年外，蒸发量、气温序列与径流序列突变点不尽相同，若仅考虑径流序列突变点情况，将 1956～2013 年序列统一划分为三个时期（1956～1986 年为 A_R 期，即基准期；1987～2003 年为 B_R 期；2004～2013 年为 C_R 期；B_R 与 C_R 期为研究期），则将使结果偏差较大。因此，根据突变点情况，蒸发量、气温序列的时期划分需额外考虑：蒸发量序列 A_R 期仅为 1956～1973 年；气温序列 B_R 期仅为 1997～2003 年。钦江流域气候因子对径流变化的贡献率分析见表 6-9。

表 6-9　钦江流域气候因子对径流变化的贡献率分析

水文气象要素	时段	累积量线性关系式斜率 S/(mm/a)	斜率变化量 ΔS/(mm/a)	斜率变化率/%	贡献率/%
径流量	A_R	995.59	—	—	—
	B_R	766.20	−229.39	−23.04	—
	C_R	583.16	−412.43	−41.43	—
降雨量	A_R	1 763.23	—	—	—
	B_R	1 811.34	48.11	2.73	11.84
	C_R	1 624.33	−138.90	−7.88	19.02
蒸发量	A_R	988.75	—	—	—
	B_R	914.02	−74.73	−7.56	32.80
	C_R	966.94	−21.81	−2.21	5.32
气温	A_R	21.99	—	—	—
	B_R	22.96	0.97	4.41	19.14
	C_R	22.96	0.97	4.41	10.65

B_R 与 A_R 期相比,累积径流深线性关系式斜率减少 229.39 mm/a,减少率为 23.04%;同期相比累积降雨量线性关系式斜率增加 48.11 mm/a,增加率为 2.73%;累积蒸发量线性关系式斜率减少 74.73 mm/a,减少率为 7.56%;累积气温线性关系式斜率增加 0.97 ℃/a,增加率为 4.41%。根据式(4-14)水量平衡可知地表水资源量变化是降雨量、蒸发量、气温的函数,均为气候因子,而实测径流量则存在其他因子影响,由其他因子影响较弱的 A_R 期的累积径流量与年份之间关系(图 6-11)可知,假设 B_R 期不存在其他因素影响,则上述气候因子斜率变化率之和与径流斜率变化率相等,而实际上径流深变化是气候及其他因子综合作用的结果。根据式(6-8)~式(6-14)计算结果可知,B_R 与 A_R 期相比,降雨量、蒸发量以及气温对径流深减少的贡献率分别为 11.84%、32.80% 和 19.14%,由式(6-15)可知其他因子贡献率并非定值,而应处于是否考虑气温影响下的值域,即[36.21%,55.35%]的上下限内变化。若依据原方法,在基准期仍为实测径流序列、不考虑气温因素的影响,则其他因子对径流减少的贡献率为 28.24%,气候因子贡献率明显偏大。同理可知,C_R 与 A_R 期相比,降水量、蒸发量的减少以及气温的升高对径流减少的贡献率分别为 19.02%、5.32% 和 10.65%,其他因子对径流减少的贡献率为 65.01%~75.66%,钦州市主要河流气候因子对径流减少的贡献率见表 6-10。

表 6-10　钦州市主要河流气候因子对径流变化的贡献率

时段	流域	气候因子贡献率/%			其他因子贡献率/%
		降雨量	蒸发量	气温	
$B_R \sim A_R$	钦江	11.8	32.8	19.1	36.2~55.4
	茅岭江	9.7	42.6	24.9	22.8~47.7
	大风江	29.6	43.0	17.2	10.2~27.4
	小江	26.7	38.8	15.3	19.2~34.4
	武思江	27.8	39.4	15.5	17.2~32.8
$C_R \sim A_R$	钦江	19.0	5.3	10.6	65.0~75.7
	茅岭江	21.6	5.8	11.7	61.0~72.6
	大风江	27.8	9.2	14.1	48.9~63.0
	小江	20.5	16.6	12.7	50.2~63.0
	武思江	29.1	26.2	20.1	24.6~44.7

由表 6-10 可知，B_R 与 A_R 期相比，位于钦州西南、西、西北部区域的钦江、茅岭江，径流减少的贡献因子主要以其他因子与蒸发量为主，降雨量、气温的影响贡献率相对较小，而钦州东、北、南以及中部区域的大风江、小江、武思江，径流减少的贡献因子则以蒸发量为主导，降雨量与其他因子贡献率次之，不同流域受其他因子的贡献率排序：钦江＞茅岭江＞小江＞武思江＞大风江。C_R 与 A_R 期相比，各流域径流减少的主导贡献为其他因子，具体为：其他因子＞降雨量＞蒸发量＞气温，不同流域受其他因子的贡献率为：钦江＞茅岭江＞小江＞大风江＞武思江。

综上所述，各流域径流减少的主导贡献因子由蒸发量向其他因子转移，以人类活动为主的其他因子从 B_R 期的钦江流域逐步扩展至 C_R 期的钦州市全境，而降雨量、气温因子对径流减少影响的贡献率在整个研究阶段（1956~2013 年）内无明显变化，且居于次要地位。

6.7　小　结

根据钦江流域 1956~2016 年逐月降雨量、径流量、蒸发量、气温数据，采用滑动平均、线性回归、M-K 及 R/S 法分析各因子趋势变化，M-K、累积距平、滑动 T 检验法对各因子变异点进行分析，Morlet 连续小波分析周期变化并预测未来丰-枯变化。从趋势、变异、周期性三方面定性分析气候变化与人类活动对径流量的影响，并在蒸发量差值法对径流还原/还现基础上，结合采用改进 SCQCR 定量分析各因子对径流量减少影响的贡献率分析。

参 考 文 献

[1] ALLEN M R, INGRAM W J. Constraints on future change in climate and the hydrologic cycle[J]. Nature, 2002, 419(6903):224-232.

[2] STOCKER T F, RAIBLE C C. Climate change: water cycle shifts gear[J]. Nature, 2005, 434(7035): 830-833.

[3] XU C Y, CHEN H, GUO S L. Hydrological modeling in a changing environment: issues and challenges[J]. Journal of Water Resources Research, 2013, 2(2):85-95.

[4] XU X L, LIU W, RAFIQUE R, et al. Revisiting continental US hydrologic change in the latter half of the 20th century[J]. Water Resources Management, 2013, 27(12):4337-4348.

[5] XU X L, SCANLON B R, SCHILLING K, et al. Relative importance of climate and land surface change on hydrologic change in the US Midwest since the 1930s: implications for biofuel production[J]. Journal of Hydrology, 2013, 497:110-120.

[6] MILLAN M M. Extreme hydro meteorological events and climate change predictions in Europe[J]. Journal of Hydrology, 2014, 518(Part B):206-224.

[7] AMIN M Z M, SHAABAN A J, ERCAN A. et al. Future climate change impact assessment of watershed scale hydrologic processes in peninsular malaysia by a regional climatemodel coupled with a physically-based hydrology modelo[J]. Science of the Total Environment, 2017, 575:12-22.

[8] BENISTON M. Climatic change: Implications for the hydrological cycle and for water management[J]. Advance in Global Change Research, 2002, 10(2):194-198.

[9] COULIBALY P. Spatial and temporal variability of Canadian seasonal precipitation(1900-2000)[J]. Advance in Water Resources, 2006, 29(12):1846-1865.

[10] CHU J T, XIA J, XU CY. Statistical downscaling the daily precipitation in Haihe River basin under the climate change[J]. Journal of Natural Resources, 2008, 23(6):1068-1077.

[11] BARNETT T P, PIERCE D W, HIDALGO H G, et al. Human-induced changes in the hydrology of the western United States[J]. Science, 2008, 319(5866): 1080-1083.

[12] HSU K C, LI S T. Clustering spatial-temporal precipitation data using wavelet transform and self-organizing map neural network[J]. Advance in Water Resources, 2010, 33(2):190-200.

[13] PIAO S, CIAIS P, HUANG Y, et al. The impacts of climate change on water resources and agriculture in China[J]. Nature, 2010, 467(7311): 43-51.

[14] LIANG L Q, LI L J, LIU Q. Precipitation variability in Northeast China from 1961 to 2008[J]. Journal of Hydrology, 2011, 404(1/2):67-76.

[15] LIU M X, XU X L, SUN A Y, et al. Is southwestern China experiencing more frequent precipitation extremes?[J]Environmental Research Letters, 2014, 9(6):1-14.

[16] FU G B, CHEN S L, LIU C M, et al. Hydro-climatic trends of the Yellow River basin for the last 50 years[J]. Climate Change, 2004, 65(1):149-178.

[17] XU K H, MILLIMAN J D, XU H. Temporal trend of precipitation and runoff in major Chinese Rivers since 1951[J]. Global & Planetary Change, 2010, 73(3/4):219-232.

[18] WANG S J, YAN M, YAN Y X, et al. Contributions of climate change and human activities to the change

in runoff increment in different sections of the Yellow River[J]. Quaternary International,2012,282(60): 66-77.

[19] LI J Z,ZHOU S H. Quantifying the contribution of climate-and human-induced runoff decrease in the Luanhe River basin,China[J]. Journal of Water & Climate Change,2016,7(2):430-442.

[20] ZHANG H B,HUANG Q,ZHANG Q,et al. Change in the long-term hydrological regimes and the impacts of human activities in the main Wei River,China[J]. International Association of Scientific Hydrology Bulletin,2015,61(6):1054-1068.

[21] DING Y H,REN G Y,SHI G Y,et al. National Assessment Report of Climate Change(I): Climate change in China and its future trend[J]. Advance Climate Change Research,2006,2(1):3-8.

[22] CHEN L H,WANG Y,YI K,et al. Analysis of rainfall and river runoff change tendency in qinzhou city[J]. Hydrology,2016,36(6):89-96.

[23] YUAN Y J,ZHANG C,ZENG G M,et al. Quantitative assessment of the contribution of climate variability and human activity to streamflow alteration in Dongting Lake,China[J]. Hydrological Processes,2016,35(12):70-95.

[24] ZHAN C S,NIU C W,SONG X M,et al. The impacts of climate variability and human activities on streamflow in Bai River watershed,Northern China[J]. Hydrology Research,2013,44(5):875-885.

[25] GAO Z Y,NIU F J,WANG Y B,et al. Impact of a thermokarst lake on the soil hydrological properties in permafrost regions of the Qinghai-Tibet Plateau,China[J]. Science of the Total Environment,2017,574:751-759.

[26] WU L H,WANG S J,BAI X Y,et al. Quantitative assessment of the impacts of climate change and human activities on runoff change in a typical karst watershed,SW China[J]. Science of the Total Environment,2017,S601-602:1449-1465.

[27] HAMED K H,RAO A R. A modified Mann-Kendall trend test for autocorrelated data[J]. Journal of Hydrology,1998,204(1/4):182-196.

[28] PINGALE S M,KHARE D,JAT M K,et al. Spatial and temporal trends of mean and extreme rainfall and temperature for the 33 urban centers of the arid and semi-arid state of Rajasthan,India[J]. Atmospheric Research,2013,138(3):73-90.

[29] YU Y,MENG X Y,ZHANG X. Trends and abruption analysis on the visibility in the urban area of Beijing City during 1980-2011[J]. Research of Environmental Sciences,2013,26(2): 129-136.

[30] MANN H B. Nonparametric tests against trend[J]. Econometrica,1945,13(3):245-259.

[31] KENDALL M G. Rank correlation methods[M]. London:Griffin,1975.

[32] HAMED K H. Trend detection in hydrologic date: The Mann-Kendall trend test under the scaling hypothesis[J]. Journal of Hydrology,2008,349(3/4):350-363.

[33] YU Y S,CHEN X W. Study on the Percentage of Trend Component in a Hydrological Time Series Based on Mann-Kendall Method[J]. Journal of Natural Resources,2011,26(9):1585-1591.

[34] MORLET J,ARENS G,FOURGEAU E,et al. Wave propagation and sampling theory-part I: Complex signal and scattering in multilayered media[J]. Geophysics,1982,47(2):203-221.

[35] CHRISTOPHER T,WEBSTER P J. The annual cycle of persistence in the El Nño/Southern Oscillation[J]. Quarterly Journal of the Royal Meteorological Society,2010,124(550):1985-2004.

[36] LABAT D. Recent advances in wavelet analyses:Part 1. a review of concepts[J]. Journal of Hydrology,2005,314(1):275-288.

[37] WERNER R. The latitudinal ozone variability study using wavelet analysis[J]. Journal of Atmospheric and Solar-Terrestrial Physics,2008,70(2):261-267.

[38] TORRENCE C,COMPO G P. A practical guide to wavelet analysis[J]. Bulletin of the Ameaican Meteorological Society,1998,79(79):61-78.

[39] WANG G Q,ZHANG J Y,HE R M. Impacts of environmental change on runoff in Fenhe river basin of the middle Yellow River[J]. Advance in Water Science,2006,17(6): 853-858.

[40] XIA Z H,LIU M,WANG M. Quantitative identification of the impact of climate change and human activity on runoff in Lake Honghu basin since 1990s[J]. Journal of Lake Science,2014,26(1): 515-521.

[41] HE R M,ZHANG J Y,BAO Z X. Response of runoff to climate change in the Haihe River basin[J]. Advance in Water Science,2015,26(1):1-9.

[42] FU G B,CHARLES S P,CHIEW F H S. A two-parameter climate elasticity of streamflow index to assess climate change effects on annual streamflow[J]. Water Resources Research,2007,43(11): 2578-2584.

[43] HU S S,LIU C M,ZHENG H X,et al. Assessing the impacts of climate variability and human activities on streamflow in the water' source area of Baiyangdian Lake[J]. Journal of Geographical Sciences,2012,22(5):895-905.

[44] XU J X. Variation in annual runoff of the Wudinghe River as influenced by climate change and human activity[J]. Quaternary International,2011,244(2):230-237.

[45] JONES R N,CHIEW F H S,BOUGHTON W C. Estimating the sensitivity of mean annual runoff to climate change using selected hydrological models[J]. Advance in Water Resources, 2006, 29(10): 1419.

[46] WANG G S,XIA J,CHEN J. Quantification of effects of climate changes and human activities on runoff by a monthly water balance model: a case study of the Chaobai River basin in northern China[J]. Water Resources Research,2009,45(7):206-216.

[47] GUO Y,LI Z J,AMO-BOATENG M,et al. Quantitative assessment of the impact of climate variability and human activities on runoff change for the upper reaches of Weihe River[J]. Stochastic Environmental Research & Risk Assessment,2014,28(2):333-346.

[48] ZHAO G J,TIAN P,MU X M,et al. Quantifying the impact of climate variability and human activities on streamflow in the middle reaches of the Yellow River basin,China[J]. Journal of Hydrology,2014,519(Part A):387-398.

[49] NIU J Y,WU Z N,JIA H. Quantitative assessment for impacts of precipitation change and runoff-yield change on Fenhe River runoff[J]. Journal of Jilin University,2016,46(3),814-823.

[50] ZHAO Y F,ZOU X Q,GAO J H,et al. Quantifying the anthropogenic and climatic contributions to change in water discharge and sediment load into the sea: a case study of the Yangtze River,China[J]. Science of the Total Environment,2015,536:803-812.

[51] WANG S J,LING L,CHENG W M. Changes of bank shift rates along the Yinchuan Plain reach of the Yellow River and their influencing factors[J]. Journal of Geographical Sciences,2014,24(4): 703-716.

[52] KONG D X,MIAO C Y,WU J W,et al. Impact assessment of climate change and human activities on net runoff in the Yellow River watershed from 1951 to 2012[J]. Ecological Engineering,2016,

91:566-573.

[53] HUANG S Z,CHANG J X,HUANG Q,et al. Quantifying the relative contribution of climate and human impacts on runoff change based on the Budyko hypothesis and SVM model[J]. Water Resources Management,2016,30(7):2377-2390.

[54] LUO K S,TAO F L,MOIWO J P,et al. Attribution of hydrological change in Heihe River basin to climate and land use change in the past three decades[J]. Scientific Reports,2016,6: 1-12.

[55] BUENDIA C,BATALLA R J,SABATER S,et al. Runoff trends driven by climate and afforestation in a Pyrenean basin[J]. Land Degradation & Development,2016,27(3):823-838.

[56] ZARE M, SAMANI A A N, MOHAMMADY M. The impact of land use change on runoff generation in an urbanizing watershed in the north of Iran[J]. Earth Sciences,2016,75(18):1-20.

[57] FARENHORST A,LI R,JAHAN M,et al. Bacteria in drinking water sources of a first nation reserve in canada[J]. Science of the Total Environment,2017,575:813-819.

[58] GRIFFIOEN J. Enhanced weathering of olivine in seawater: The efficiency as revealed by thermodynamic scenario analysis[J]. Science of the Total Environment,2017,575:536-544.

[59] MARCOS R, LLASAT M C, QUINTANA-SEGUÍ P, et al. Seasonal predictability of water resources in a Mediterranean freshwater reservoir and assessment of its utility for end-users[J]. Science of the Total Environment,2017,575:681-691.

[60] LEGESSE D,VALLET C C,GASSE F. Hydrological response of a catchment to climate and land use changes in Tropical Africa: Case study South Central Ethiopia[J]. Journal of Hydrology,2003, 275(1/2): 67-85.

[61] WANG S J,YAN Y X,YAN M,et al. Quantitative estimation of the impact of precipitation and human activities on runoff change of the Huangfuchuan River basin[J]. Journal of Geographical Sciences,2012,22(5):906-918.

[62] HE X Q,ZHANG B,SUN L W. Contribution rates of climate change and human activity on the runoff in upper and middle reaches of Heihe River basin[J]. Chinese Journal Ecology,2012,31(11): 2884-2890.

[63] LING L C,ZHANG L P,XIA J. Quantitative assessment of impact of climate variability and human activities on runoff change in the typical basic of the middle route of the south-to-north water transfer project[J]. Advance Climate Change Research,2014,10(2):118-126.

[64] ZHANG T F,ZHU X D,WANG Y J. The impact of climate variability and human activity on runoff changes in the Huangshui River Basin[J]. Resources Sciences,2014,36(11):2256-2262.

[65] LI Y,YANG W Y. The evolutionary trend of the runoff and the water challenge faced by agriculture in the three outlets area of Dongting Lake[J]. China Rural Water and Hydropower,2016(11): 86-92.

[66] SHUAI H,LI J B,HE X. Feature detection and attribution analysis of runoff variation in the three outlets of Southern Jingjiang River under environmental changes[J]. Journal of Soil and Water Conservation,2016,30(1):83-88.

第7章　钦州市水资源需求态势分析

7.1　需水量预测方法

需水量是指研究区域在未来某一发展水平下某时段所需求的水量,主要包括各行业、部门和地区的需水量[1]。需水量预测作为水资源配置的前提条件,它反映区域社会发展对水资源的需求态势[2]。经济发展决定用水程度,需水量的预测是根据国民经济发展程度来确定的。

随着《广西北部湾经济区发展规划》的逐步实施,位于广西壮族自治区北部湾经济区的钦州市迎来了跨越式发展的新局面,水资源的需求必然会迅速加大。人口的增长和工业发展的预测都将超越渐进式发展地区的发展模式和预测方法。

本节研究在调查钦州市近几年用水量状况的基础上,参考相关规划和报告,结合流域经济发展水平,对规划水平年(2020年和2030年)的钦州市水资源分区按照生活、农业、工业、建筑业、第三产业和生态用水等5项需水量采用定额法和参照法相结合进行预测计算。

由于影响需水量预测成果的因素较多,不同的经济社会发展情景、产业结构和用水结构、不同用水定额和节水水平,水资源的需求量都会有较大差异[3]。这些差异可通过不同的需水量方案来反映。按行政分区进行不同需水量方案的分析研究,经综合分析并参照节水方案,分别提交"基本方案"和"强化节水方案"(推荐方案)两套需水量方案预测成果。

1. 人口发展预测方法

人口预测采用自然增长率法。需先预测人口自然增长率 R,再采用下列公式计算总人口:

$$N = P(1+R)^n \tag{7-1}$$

式中:N 为预测年人口规模;P 为现状年各计算分区人口数;R 为人口自然增长率;n 为预测年限。

2. 国民经济各行业预测方法

经济增长率预测应结合钦州市近年经济发展水平与所作相应规划进行预测,同时需考虑到广西壮族自治区以及全国经济增长态势。区域GDP发展水平按照如下公式计算:

$$E_n = E_0(1+r)^n \tag{7-2}$$

式中:E_n 为规划水平年末总产值(亿元);E_0 为现状年产业总产值(亿元);r 为经济增长率;n 为预测年限。

3. 生活需水量预测方法

城镇生活需水预测采用城镇综合生活人均用水量指标进行预测,农村生活预测采用农业人口人均日用水量定额进行预测。计算公式如下:

$$W_{生活} = N q_{生活} \tag{7-3}$$

式中:$W_{生活}$ 为城镇居民与农村居民生活需水量(万 m^3);N 为规划水平年人口规模;$q_{生活}$ 为规划期内的生活用水量定额标准。

4. 工业需水量预测方法

工业需水量预测包括一般工业需水量预测和火电预测两大类。一般工业需水量预测采用万元工业增加值用水量法进行预测,计算公式如下:

$$W_{工} = \sum_{i=1}^{n} X_i Q_i \tag{7-4}$$

式中:$W_{工}$ 为某一水平年工业需水量(万 m^3);X_i 为某一水平年工业产值(万元);Q_i 为某一水平年万元值取水定额(m^3/万元);i 和 n 分别为某一工业部门和工业部门总数。

火电需水量预测采用单位千瓦装机用水量法。计算公式如下:

$$W_{火电} = \sum_{i=1}^{n} A_i Q_i \tag{7-5}$$

式中:$W_{火电}$ 为某一水平年火电需水量(万 m^3);A_i 为某火电厂装机容量(万 kW);Q_i 为某火电厂用水定额(m^3/万 kW·h)。

5. 建筑业和第三产业方法

建筑业及第三产业属于城镇公共用水,该产业需水量预测采用万元工业增加值用水量法进行预测。计算公式可参考式(7-4)。

6. 农业需水预测方法

农业需水量包括农田灌溉需水量和林牧渔畜需水量两部分。农田灌溉需水量预测采用亩均定额法进行农田灌溉需水预测,其关系式为

$$W_{灌} = \sum \sum \omega_{ij} m_{ij} / \lambda_i \tag{7-6}$$

式中:ω_{ij} 是某种作物的灌溉面积(万亩);m_{ij} 是作物的灌溉定额(m^3/万元);λ_i 是灌溉水利利用系数。

7. 生态需水量预测方法

河道外生态需水量包括绿地生态环境用水量以及道路浇洒用水量[4]。采用定额法计算,计算公式如下:

$$W_{生态} = N_{城镇} q_{生态} \tag{7-7}$$

式中:$W_{生态}$ 为河道外生态需水量;$N_{城镇}$ 为城镇人口数;$q_{生态}$ 为绿地生态环境用水量以及道路浇洒用水定额(L/m^2·d)。

7.2 人口发展预测

由《钦州市 2010 年第六次全国人口普查主要数据公报》,钦州市 2010 年的总人口为 379.11 万人。与 2000 年第五次全国人口普查的 324.8 万人相比,十年间共增加 54.31 万人,增长 16.72%,年平均增长率为 1.56%。比"四普"到"五普"间年平均增长率1.62%

下降0.06个百分点。2010～2014 年的年均人口增长率为 1.42%。由于 2015 年我国全面开放二胎政策加之北部湾地区跨越式发展背景,2014～2020 年的人口增长率为 1.47%,2020～2030 年的人口的增长率为 1.36%。钦州市各计算分区的人口增长率预测和人口预测成果见表 7-1。

表 7-1　钦州市各计算分区人口总数预测　　　　　　　　　　(单位:万)

年份	增长率	钦南区	钦北区	灵山县	浦北县	合计
2014	—	62.83	83.80	163.32	92.06	402.01
2020	1.47%	68.78	91.74	178.79	100.78	440.09
2030	1.36%	79.43	105.94	206.48	116.39	508.24

根据《钦州市城市总体规划(2012—2030)》《钦州市土地利用总体规划(2006—2020)》,2020 年、2030 年,钦州市常住人口规划分别为 352.10 万人、450 万人;2020 年、2030 年钦州港区的常住人口规模分别为 27.00 万人、62.00 万人。钦州市常住人口预测结果见表 7-2。

表 7-2　钦州市各计算分区常住人口预测　　　　　　　　　　(单位:万人)

年份	钦南区	钦北区	钦州港区	灵山县	浦北县	合计
2014	50.62	69.20	4.58	118.60	75.06	318.06
2020	54.86	71.14	27.00	121.93	77.17	352.10
2030	65.47	84.91	62.00	145.52	92.10	450.00

7.3　国民经济各行业预测

根据《2014 年钦州市国民经济和社会发展统计公报》,钦州市现状年(2014 年)全市生产总值(GDP)854.96 亿元,比上年增长 9.8%。三次产业增加值的结构由 2013 年的23.8:37.2:39 调整为 2014 年的 22.7:39.6:37.7,第一产业比重下降 1.1 个百分点,第二产业比重提高 2.4 个百分点,第三产业比重下降 1.3 个百分点。

根据《钦州市城市总体规划(2012—2030)》《钦州市土地利用总体规(2006—2020)》,到 2020 年全市生产总值达 1100 亿元以上,到 2030 年全市生产总值达 3800 亿元。钦州市 GDP 按低、中、高三个方案预测,产业结构调整为 2020 年的 17:48:35 和 2030 年的8:58:34。经济发展水平按照式(7-2)计算。

钦州市经济增长率预测结果见表 7-3,钦州市主要社会经济发展指标见表 7-4,表 7-5。

表 7-3　钦州市经济增长率预测结果表

方案	2014～2020 年 GDP 增长率/%	2020～2030 年 GDP 增长率/%
高	16.60	12.30
中	14.40	11.20
低	12.20	10.10

表 7-4　2020 年钦州市主要社会发展指标预测表　　　　（单位：亿元）

计算分区	方案	第一产业	第二产业			第三产业	合计
		农业	建筑	工业	二产合计	服务业	
钦南区	高	77.48	65.36	42.03	107.39	150.92	335.79
	中	71.79	60.56	38.95	99.51	139.84	311.14
	低	66.43	56.04	36.04	92.08	129.39	287.90
钦北区	高	60.11	105.30	58.90	164.20	67.95	292.26
	中	55.70	97.57	54.58	152.15	62.97	270.82
	低	51.54	90.28	50.50	140.78	58.26	250.58
钦州港区	高	1.48	212.74	2.15	214.89	175.66	392.03
	中	1.37	197.13	1.99	199.12	162.78	363.27
	低	1.27	182.40	1.84	184.24	150.61	336.12
灵山县	高	80.25	75.49	41.63	117.12	90.82	288.19
	中	74.37	69.95	38.57	108.52	84.16	267.05
	低	68.81	64.72	35.69	100.41	77.87	247.09
浦北县	高	49.32	107.40	47.56	154.96	67.75	272.03
	中	45.71	99.52	44.07	143.59	62.78	252.08
	低	42.29	92.08	40.78	132.86	58.09	233.24
合计	高	268.65	571.18	187.36	758.54	553.11	1 580.30
	中	248.94	529.28	173.62	702.90	512.53	1 464.37
	低	230.34	489.73	160.64	650.37	474.23	1 354.94

表 7-5　2030 年钦州市主要社会发展指标预测表　　　　（单位：亿元）

计算分区	方案	第一产业	第二产业			第三产业	合计
		农业	建筑	工业	二产合计	服务业	
钦南区	高	107.77	287.68	95.89	383.57	433.36	924.70
	中	97.67	260.72	86.91	347.63	392.74	838.04
	低	88.43	236.04	78.68	314.72	355.57	758.72
钦北区	高	83.62	439.87	146.62	586.49	195.12	865.23
	中	75.78	398.63	132.88	531.51	176.83	784.12
	低	68.61	360.91	120.30	481.21	160.10	709.92
钦州港区	高	2.06	706.14	61.40	767.54	504.43	1 274.03
	中	1.87	639.94	55.65	695.59	457.14	1 154.60
	低	1.69	579.38	50.38	629.76	413.88	1 045.33
灵山县	高	111.64	313.74	104.58	418.32	260.80	790.76
	中	101.17	284.33	94.78	379.11	236.35	716.63
	低	91.60	257.42	85.81	343.23	213.99	648.82

续表

计算分区	方案	第一产业	第二产业			第三产业	合计
		农业	建筑	工业	二产小计	服务业	
浦北县	高	68.61	308.40	245.08	553.48	194.56	816.65
	中	62.18	279.49	222.11	501.60	176.32	740.10
	低	56.30	253.04	201.09	454.13	159.64	670.07
合计	高	373.71	2 032.06	677.35	2 709.41	1 588.28	4 671.40
	中	338.68	1 841.56	613.85	2 455.41	1 439.38	4 233.47
	低	306.63	1 667.29	555.76	2 223.05	1 303.17	3 832.85

7.4　生活需水量预测

7.4.1　生活用水定额预测

根据广西壮族自治区地方标准《城镇生活用水定额》(DB 45/T 679-2010)和《农林牧渔业及农村生活用水定额》(DB 45/T 804-2012),城镇居民用水定额根据住宅类型不同为 140~220 L/人·d。农村居民根据供水方式不同为 70~120 L/人·d。根据 2014 年钦州市人口数据和用水量数据,计算得 2014 年钦州市城镇和农业用水定额为 179.43 L/人·d 和 133.97 L/人·d。

用水定额的预测,一方面要考虑社会进步和发展,居民生活得到进一步改善,用水标准必将不断提高;另一方面,也要考虑需水量管理和节水器具的不断完善和推广,需水定额的增长趋势必将减缓[4]。用水定额预测采用基本方案和节水方案两种方案进行。各计算分区不同水平年用水定额结果见表 7-6。

表 7-6　规划水平年钦州市居民用水定额表　　　　(单位:L/人·d)

计算分区	城镇				农村			
	2020 年		2030 年		2020 年		2030 年	
	基本	节水	基本	节水	基本	节水	基本	节水
钦南区	186	185	190	188	138	137	142	141
钦北区	185	184	189	187	138	137	142	141
钦州港区	186	185	190	188	138	137	142	141
灵山县	181	180	186	184	137	136	141	140
浦北县	181	180	186	184	137	136	141	140

7.4.2　生活需水量预测

根据《钦州市城市总体规划(2012—2030)》《钦州市土地利用总体规划(2006—2020)》,到 2020 年、2030 年钦州市城镇化率为 60% 和 68%。但鉴于钦州市近年来城镇化发展水平较低(到 2014 年仅为 36.12%),需重新预测钦州市城镇化率。

按市域城镇化水平年均提高 1.7%,到 2020 年钦州市城镇化率为 47.52%,到 2030 年钦州市城镇化率为 63.32%。结合人口预测结果,计算得各个计算分区的用水人口,见表 7-7。

根据计算得到的居民用水定额,预测钦州市规划水平年(2020 年和 2030 年)各计算分区居民生活需水量,结果见表 7-7。

7.5　工业需水量预测

7.5.1　一般工业需水量

因单独预测火电工业需水量,一般工业需水量计算时应去除火电工业增加值[5]。

随着大型工业企业引进落户、产业结构调整和先进管理水平的提高,以及钦州市水资源节水型建设规划实施,工业用水量重复利用率不断提高,万元工业增加值用水量将不断下降。

《2014 年钦州市水资源公报》指出 2014 年钦州市万元工业增加值用水量为 71 m³/万元。根据《广西北部湾经济区水资源综合开发利用规划》预测北部湾地区工业用水定额:2020 年钦州市万元工业增加值用水量为 72.45 m³/万元;2030 年钦州市万元工业增加值用水量为 53.11 m³/万元。比较分析可知,2014 年钦州市万元工业增加值可知预测量偏大。根据《全国水资源综合规划(2010—2030)》2020 年、2030 年万元工业增加值应分别控制在 65 m³ 和 40 m³ 以下,预测 2020 年、2030 年钦州市万元工业增加值将达到全国标准。根据《广西区钦州市水利发展改革"十三五"规划报告》发展目标,万元工业增加值用水量 2020 年达 46 m³,2025 年达 40 m³。

综合以上报告以及实际数据,预测钦州市万元工业增加值 2020 年比现状年下降 30%,2020 年达 49 m³,2030 年达 40 m³。节水方案的工业用水定额是在优化产业结构,提高工业用水量重复利用率的基础上确定的,2020 年、2030 年万元工业增加值分别为 46 m³、38 m³。一般工业需水量预测结果见表 7-8。

7.5.2　火电工业需水量

钦州市火电工业的需水量预测仅指淡水需水量的预测,不包括海水冷却用水量。按《工业行业主要产品用水定额》(DB45/T 678-2010),装机容量不小于 300 MW 的机组,用水定额不大于 0.72 m³/MW·h。因此,预测用水定额为:2020 年 0.66 m³/MW·h;2030 年 0.48 m³/MW·h。

由《钦州市城市总体规划(2012—2030)》可知,钦州市将建成三座火电厂:钦州港燃煤电厂(四期),国电北部湾电厂(二期),钦州港金谷石化工业园热电厂(一期)。按火电厂装机年利用小时数为 5 000 h 预测各水平年的淡水需水量。预测结果见表 7-9。

表 7-7 各计算分区居民生活需水量

水平年	计算分区	城镇居民 用水人口/万人	城镇居民 用水定额(L/(P·d)) 基本方案	城镇居民 用水定额(L/(P·d)) 节水方案	农村居民 用水人口/万人	农村居民 用水定额(L/(P·d)) 基本方案	农村居民 用水定额(L/(P·d)) 节水方案	基本方案/万m³ 城镇居民生活用水量	基本方案/万m³ 农村居民生活用水量	基本方案/万m³ 合计	节水方案/万m³ 城镇居民生活用水量	节水方案/万m³ 农村居民生活用水量	节水方案/万m³ 合计
2014	钦南区	25.78	170	170	31.96	129	129	1 599.65	1 504.84	3 104.49	1 599.65	1 504.84	3 104.49
	钦北区	23.94	170	170	44.58	129	129	1 485.48	2 099.05	3 584.53	1 485.48	2 099.05	3 584.53
	钦州港区	1.84	170	170	0.00	129	129	114.17	0.00	114.17	114.17	0.00	114.17
	灵山区	39.91	170	170	78.39	129	129	2 476.42	3 690.99	6 167.41	2 476.42	3 690.99	6 167.41
	浦北区	27.34	170	170	47.18	129	129	1 696.45	2 221.47	3 917.92	1 696.45	2 221.47	3 917.92
	合计	118.81	—	—	202.11	—	—	7 372.16	9 516.35	16 888.51	7 372.16	9 516.35	16 888.51
2020	钦南区	28.42	186	185	26.44	138	137	1 929	1 332	3 261	1 914	1 321	3 235
	钦北区	30.59	185	184	40.55	138	137	2 066	2 043	4 108	2 049	2 026	4 075
	钦州港区	25.92	186	185	1.08	138	137	1 760	54	1 814	1 746	54	1 800
	灵山区	51.70	181	180	70.23	137	136	3 415	3 512	6 927	3 388	3 484	6 872
	浦北区	29.71	181	180	47.46	137	136	1 963	2 373	4 336	1 947	2 354	4 301
	合计	166.33	—	—	185.76	—	—	11 133	9 314	20 447	11 044	9 239	20 283
2030	钦南区	43.87	190	188	21.61	142	141	3 042	1 120	4 162	3 015	1 110	4 125
	钦北区	53.24	189	187	31.67	142	141	3 673	1 641	5 314	3 640	1 627	5 266
	钦州港区	60.14	190	188	1.86	142	141	4 171	96	4 267	4 133	96	4 229
	灵山区	80.76	186	184	64.76	141	140	5 483	3 333	8 816	5 434	3 303	8 736
	浦北区	46.97	186	184	45.13	141	140	3 189	2 323	5 511	3 160	2 302	5 462
	合计	284.98	—	—	165.02	—	—	19 557	8 513	28 070	19 381	8 436	27 818

表 7-8　一般工业需水量预测结果

水平年	计算分区	基本方案		推荐方案	
		万元工业增加值 用水量/(m³/万元)	需水量 /万 m³	万元工业增加值 用水量/(m³/万元)	需水量 /万 m³
2014	钦南区	68.80	2 170.76	68.80	2 170.76
	钦北区	68.80	4 283.18	68.80	4 283.18
	钦州港区	68.80	7 536.86	68.80	7 536.86
	灵山县	68.80	3 282.50	68.80	3 282.50
	浦北县	68.80	3 428.80	68.80	3 428.80
	合计	68.80	20 702.10	68.80	20 702.10
2020	钦南区	49.00	4 353.18	46.00	3 080.71
	钦北区	49.00	7 013.15	46.00	4 963.15
	钦州港区	49.00	14 169.03	46.00	10 027.31
	灵山县	49.00	5 027.92	46.00	3 558.22
	浦北县	49.00	7 153.07	46.00	5 062.17
	合计	49.00	37 716.35	46.00	26 691.56
2030	钦南区	40.00	9 485.42	38.00	9 011.15
	钦北区	40.00	15 281.40	38.00	14 517.33
	钦州港区	40.00	28 805.60	38.00	27 365.32
	灵山县	40.00	10 955.66	38.00	10 407.88
	浦北县	40.00	15 586.29	38.00	14 806.98
	合计	40.00	80 114.37	38.00	76 108.66

表 7-9　钦州市火电工业需水量预测表

水平年	火电厂名	装机容量/(万 kW)	用水定额/(m³/万 kW·h)	需水量/万 m³
2014	钦州港燃煤电厂（一期,二期,）	320	6.6	1 056
	国电北部湾电厂（一期）	0	6.6	0
	钦州港金谷石化工业园热电厂（一期）	60	6.6	198
	合计	380	6.6	1 254
2020	钦州港燃煤电厂（一期,二期,三期）	420	6.6	1 386
	国电北部湾电厂（一期）	400	6.6	1 320
	钦州港金谷石化工业园热电厂（一期）	60	6.6	198
	合计	880	6.6	2 904

水平年	火电厂名	装机容量/(万 kW)	用水定额/(m³/万 kW·h)	需水量/万 m³
2030	钦州港燃煤电厂(一期,二期,三期,四期)	720	4.8	1 728
	国电北部湾电厂(一期,二期)	800	4.8	1 920
	钦州港金谷石化工业园热电厂(一期)	60	4.8	144
	合计	1 580	4.8	3 792

7.5.3　工业需水量预测结果

钦州市工业需水量预测见表 7-10。

表 7-10　钦州市工业需水预测表

计算分区	基本方案需水量/万 m³			推荐方案需水量/万 m³	
	2014 年	2020 年	2030 年	2020 年	2030 年
钦南区	3 080.71	4 353.18	9 485.42	3 080.71	9 011.15
钦北区	4 963.15	7 013.15	15 281.40	4 963.15	14 517.33
钦州港区	12 271.31	16 413.03	31 637.60	12 271.31	30 197.32
灵山县	3 558.22	5 027.92	10 955.66	3 558.22	10 407.88
浦北县	5 062.17	7 153.07	15 586.29	5 062.17	14 806.98
合计	28 935.56	39 960.35	82 946.37	28 935.56	78 940.66

7.6　建筑业和第三产业

根据《2014 年钦州市水资源公报》,2014 年钦州市建筑业及第三产业万元增值分别为 6.8 m³/万元、9.3 m³/万元。参照《广西北部湾经济区水资源综合开发利用规划》预测建筑业及第三产业用水定额下降趋势预测钦州市到 2020 年建筑业及第三产业万元增值分别为 5.44 m³/万元、7.44 m³/万元;2030 年建筑业及第三产业万元增值为 3.81 m³/万元和 5.21 m³/万元。采用钦州市《广西北部湾经济区水资源综合开发利用规划》预测定额,建筑业及第三产业预测结果见表 7-11。未来年建筑业及第三产业需水量预测结果见表 7-12。

表 7-11　2014 年建筑业及第三产业需水量预测　　　　　(需水量单位:万 m³)

水平年	计算分区	建筑业			第三产业			需水量合计
		用水定额/(m³/万元)	增加值	基本方案	用水定额/(m³/万元)	增加值	基本方案	基本方案
2014	钦南区	6.80	21.50	146.21	9.30	98.15	912.82	1 059.04
	钦北区	6.80	37.06	251.99	9.30	103.22	959.96	1 211.96
	钦州港区	6.80	0.52	3.56	9.30	42.67	396.85	400.41
	灵山县	6.80	28.01	190.45	9.30	77.91	724.52	914.97
	浦北县	6.80	23.68	161.02	9.30	51.51	479.08	640.10
	合计	6.80	110.77	753.23	9.30	373.46	3 473.23	4 226.48

表 7-12　未来年建筑业及第三产业需水量预测

水平年	计算分区	用水定额/(m³/万元)	建筑业需水量/万 m³			用水定额/(m³/万元)	第三产业需水量/万 m³		
			高	中	低		高	中	低
2020	钦南区	5.44	228.64	211.87	196.04	7.44	1 122.81	1 040.44	962.68
	钦北区	5.44	320.42	296.92	274.73	7.44	505.55	468.46	433.45
	钦州港区	5.44	11.69	10.83	10.02	7.44	1 306.94	1 211.06	1 120.55
	灵山县	5.44	226.44	209.83	194.15	7.44	675.72	626.15	579.35
	浦北县	5.44	258.72	239.74	221.82	7.44	504.09	467.11	432.20
	合计	5.44	1 045.91	969.19	896.76	7.44	4 115.11	3 813.22	3 528.23
2030	钦南区	3.81	575.52	521.57	472.21	5.21	2 257.82	2 046.16	1 852.53
	钦北区	3.81	694.29	629.20	569.66	5.21	1 016.59	921.29	834.11
	钦州港区	3.81	233.95	212.01	191.95	5.21	2 628.08	2 381.71	2 156.32
	灵山县	3.81	489.56	443.66	401.68	5.21	1 358.78	1 231.40	1 114.87
	浦北县	3.81	537.79	487.37	441.25	5.21	1 013.66	918.63	831.70
	合计	3.81	2 531.11	2 293.81	2 076.75	5.21	8 274.93	7 499.19	6 789.53

7.7　农业需水量预测

农业发展及土地利用指标包括总量指标和分项指标,主要包括耕地面积、农田有效灌溉面积、林果地灌溉面积、草场灌溉面积和需要补水的鱼塘面积、农村的饲养的大小牲畜头数等。分析历年《钦州市水资源公报》的耕地面积[6]、农田有效灌溉面积、林果地灌溉面积、草场灌溉面积和鱼塘面积、大小牲畜头数,并结合《钦州市土地利用总体规划(2006—2020)》,预测钦州市各计算分区农业发展及土地利用指标。预测结果见表 7-13。

7.7.1　农田灌溉需水量预测

根据《农林牧渔业及农村生活用水定额》(DB 45/T 804—2012)、《广西壮族自治区水资源综合规划》,预测 2020 年、2030 年钦州市水田、水浇地、水浇地、菜田的灌溉定额。结果见表 7-14。

现状年(2014 年)钦州市农田灌溉水利利用系数为 0.47。《广西区钦州市水利发展改革“十三五”规划报告》发展目标中约束性规定:到 2020 年、2025 年钦州市农田灌溉水利利用系数分别达到 0.5、0.55。预测规划水平年农田灌溉水利利用系数,基本方案为:2020 年达到 0.5;2030 年达到 0.55。节水方案是在现状用水量及种植结构的基础上,进一步合理布局和调整农作物种植结构,节水方案为:2020 年达到 0.53;2030 年达到 0.6,达到国家要求水平。农田需水量预测基本方案、节水方案结果分别见表 7-15、表 7-16。

表 7-13　钦州市农业发展与土地利用指标预测结果

水平年	计算分区	耕地面积/万亩	农田有效灌溉面积/万亩	灌溉面积/万亩								牲畜/万头		
				农田有效灌溉面积				林果灌溉	鱼塘补水	草场灌溉	合计	大牲畜	小牲畜	合计
				水田	旱地	菜田	合计							
2014	钦南区	70.21	23.97	19.11	0.27	4.59	23.97	0.58	1.50	0.00	24.66	2.42	20.52	22.94
	钦北区	70.15	28.26	23.94	1.50	2.82	28.26	0.65	0.00	0.00	28.26	6.02	33.8	39.82
	钦州港区	0.03	0.00	0.00	0.00	0.00	0.00	0.00	0.00	0.00	0.00	0.04	0.54	0.58
	灵山县	120.79	54.81	49.45	3.43	1.93	54.81	1.61	0.60	0.05	54.81	11.67	56.76	68.43
	浦北县	58.8	17.61	16.31	0.02	1.29	17.62	0.60	0.50	1.10	17.62	1.69	47.26	48.95
	合计	319.98	124.65	108.81	5.22	10.63	124.66	3.44	2.60	1.15	124.66	21.84	158.88	180.72
2020	钦南区	69.96	24.11	19.22	0.27	4.62	24.11	0.58	1.51	0.00	24.11	2.98	28.87	31.85
	钦北区	69.90	28.43	24.08	1.51	2.84	28.43	0.65	0.00	0.00	28.43	7.40	47.56	54.96
	钦州港区	0.03	0.00	0.00	0.00	0.00	0.00	0.00	0.00	0.00	0.00	0.05	0.76	0.81
	灵山县	120.37	55.14	49.75	3.45	1.94	55.14	1.62	0.60	0.05	55.14	14.35	79.87	94.22
	浦北县	58.59	17.72	16.41	0.02	1.29	17.72	0.60	0.50	1.11	17.72	2.08	66.50	68.58
	合计	318.85	125.40	109.46	5.25	10.69	125.40	3.45	2.61	1.16	125.40	26.86	223.56	250.42
2030	钦南区	69.76	24.36	19.42	0.27	4.66	24.35	0.59	1.52	0.00	24.35	3.77	38.80	42.57
	钦北区	69.70	28.72	24.33	1.52	2.87	28.72	0.66	0.00	0.00	28.72	9.39	63.92	73.31
	钦州港区	0.03	0.00	0.00	0.00	0.00	0.00	0.00	0.00	0.00	0.00	0.06	1.02	1.08
	灵山县	120.01	55.69	50.25	3.49	1.96	55.70	1.64	0.61	0.05	55.70	18.19	107.33	125.52
	浦北县	58.42	17.89	16.57	0.02	1.31	17.90	0.61	0.51	1.12	17.90	2.63	89.37	92.00
	合计	317.92	126.66	110.57	5.30	10.80	126.67	3.50	2.64	1.17	126.67	34.04	300.44	334.48

表 7-14　钦州市规划水平年农业灌溉用水定额　　　　（单位：m³/亩）

计算分区	保证率/%	农田		水浇地		菜田	
		2020	2030	2020	2030	2020	2030
钦南区	50	429	408	180	160	100	95
	75	452	439	202	188	120	104
	90	486	461	234	221	140	124
	95	521	516	261	257	160	145
钦北区	50	429	408	180	160	100	95
	75	452	439	202	188	120	104
	90	486	461	234	221	140	124
	95	521	516	261	257	160	145
灵山县	50	429	408	180	160	100	95
	75	452	439	202	188	120	104
	90	486	461	234	221	140	124
	95	521	516	261	257	160	145
浦北县	50	429	408	180	160	100	95
	75	452	439	202	188	120	104
	90	486	461	234	221	140	124
	95	521	516	261	257	160	145

7.7.2　林牧渔业需水量预测

　　林牧渔畜需水量由林果地灌溉、鱼塘补水以及大小牲畜三部分需水量组成。参考《广西壮族自治区水资源综合规划》有关规划成果资料，结合现状年调查资料，林牧渔业用水量指标变化不大，林果灌溉采用 210 m³/亩，鱼塘补水采用 696 m³/亩，草场补水采用 115 m³/亩。查阅《农林牧渔业及农村生活用水定额》（DB 45/T 804-2012），大牲畜、小牲畜分别采用定额 150 L/头·d 和 20 L/头·d。林牧渔畜需水量预测结果见表 7-15。

7.7.3　农业需水量预测结果

　　结合农田灌溉需水量预测结果（表 7-16 和表 7-17），林牧渔业需水量预测结果（表 7-17），可以预测规划水平年钦州市不同保证率下农业灌溉需水量见表 7-18。

　　基本方案：2020 年，保证率 50%、75%、90%、95% 农业灌溉需水量分别为 10.46 亿 m³、11.02 亿 m³、11.85 亿 m³、12.69 亿 m³；2030 年，保证率 50%、75%、90%、95% 农业需水量分别为 10.14 亿 m³、10.69 亿 m³、11.49 亿 m³、12.30 亿 m³。

　　节水方案：2020 年，保证率 50%、75%、90%、95% 农业需水量分别为 9.32 亿 m³、9.99 亿 m³、10.50 亿 m³、11.68 亿 m³；2030 年，保证率 50%、75%、90%、95% 农业灌溉需水量分别为 8.61 亿 m³、9.22 亿 m³、9.69 亿 m³、10.77 亿 m³。

表 7-15　钦州市林牧渔业需水量预测结果

水平年	计算分区	用水定额/(m³/亩)			用水定额/(L/头·d)		需水量/万 m³					总需水量/万 m³
		林果灌溉	鱼塘补水	草场补水	大牲畜	小牲畜	林果灌溉	鱼塘补水	草场补水	大牲畜	小牲畜	
2020	钦南区	218	696	108	150	30	127.20	1 050.28	0.00	163.40	317.03	1 657.91
	钦北区	218	696	108	150	30	142.55	0.00	0.00	406.47	522.21	1 071.23
	钦州港区	218	696	108	150	30	0.00	0.00	0.00	2.70	8.34	11.04
	灵山县	218	696	108	150	30	353.09	420.11	5.43	787.96	876.94	2 443.53
	浦北县	218	696	108	150	30	131.59	350.09	119.51	114.11	730.17	1 445.47
	合计	218	696	108	150	30	754.43	1 820.48	124.94	1 474.64	2 454.69	6 629.18
2030	钦南区	207	661	103	150	30	121.98	1 007.69	0.00	206.57	424.90	1 761.14
	钦北区	207	661	103	150	30	136.71	0.00	0.00	513.86	701.80	1 352.37
	钦州港区	207	661	103	150	30	0.00	0.00	0.00	3.41	11.21	14.63
	灵山县	207	661	103	150	30	338.61	403.08	5.23	996.13	1 178.53	2 921.58
	浦北县	207	661	103	150	30	126.19	335.90	115.11	144.26	981.28	1 702.74
	合计	207	661	103	150	30	723.49	1 746.67	120.34	1 864.23	3 297.72	7 752.46

表 7-16　钦州市农口灌溉需水量预测结果（基本方案）

（单位：万 m³）

水平年	计算分区	水田				水浇地				菜地			
		P=50%	P=75%	P=90%	P=95%	P=50%	P=75%	P=90%	P=95%	P=50%	P=75%	P=90%	P=95%
2020	钦南区	16 495.0	17 379.4	18 686.6	20 032.4	97.8	109.7	127.1	141.8	923.5	1 108.2	1 292.9	1 477.6
	钦北区	20 664.1	21 771.9	23 409.6	25 095.5	543.2	609.6	706.2	787.7	567.4	619.0	794.3	907.8
	灵山县	42 683.3	44 971.7	48 354.5	51 836.8	1 242.2	1 394.1	1 614.9	1 801.2	388.3	466.0	543.7	621.3
	浦北县	14 078.2	14 832.9	15 948.7	17 097.2	5.4	6.1	7.1	7.9	258.5	310.3	362.0	413.7
	合计	93 920.6	98 955.9	106 399.4	114 061.9	1 888.6	2 119.5	2 455.3	2 738.6	2 137.7	2 503.5	2 992.9	3 420.4
2030	钦南区	14 404.7	15 499.1	16 275.9	18 217.7	79.8	93.8	110.2	128.2	805.6	881.9	1 051.5	1 229.6
	钦北区	18 045.4	19 416.5	20 389.5	22 822.1	443.4	521.0	612.4	712.2	494.9	541.8	646.0	755.4
	灵山县	37 274.3	40 106.4	42 116.3	47 141.0	1 013.9	1 191.3	1 400.5	1 628.6	338.7	370.8	442.1	517.0
	浦北县	12 294.1	13 228.2	13 891.1	15 548.4	4.4	5.2	6.1	7.1	225.5	246.9	294.4	344.2
	合计	82 018.5	88 250.2	92 672.8	103 729.2	1 541.5	1 811.3	2 129.2	2 476.1	1 864.7	2 041.4	2 434.0	2 846.2

表 7-17　钦州市农口灌溉需水量预测结果（节水方案）

（单位：万 m³）

水平年	计算分区	水田				水浇地				菜地			
		P=50%	P=75%	P=90%	P=95%	P=50%	P=75%	P=90%	P=95%	P=50%	P=75%	P=90%	P=95%
2020	钦南区	15 561.33	16 395.62	17 628.91	18 898.49	92.25	103.52	119.92	133.76	871.25	1 045.50	1 219.75	1 394.00
	钦北区	19 494.41	20 539.56	22 084.57	23 675.03	512.50	575.14	666.25	743.12	535.28	642.33	749.39	856.44
	灵山县	42 683.31	44 971.69	48 354.51	51 836.84	1 171.91	1 315.15	1 523.49	1 699.27	366.34	439.61	512.88	586.15
	浦北县	13 281.28	13 993.33	15 045.92	16 129.48	5.12	5.75	6.66	7.43	243.91	292.69	341.48	390.26
	合计	91 020.33	95 900.20	103 113.91	110 539.84	1 781.78	1 999.56	2 316.32	2 583.58	2 016.78	2 420.13	2 823.50	3 226.85
2030	钦南区	13 204.28	14 207.55	14 919.55	16 699.53	73.16	85.96	101.05	117.51	738.47	808.43	963.89	1127.13
	钦北区	16 541.63	17 798.47	18 690.42	20 920.30	406.45	477.58	561.41	652.86	453.70	496.68	592.20	692.49
	灵山县	34 168.07	36 764.17	38 606.57	43 212.56	929.41	1 092.06	1 283.75	1 492.87	310.51	339.93	405.30	473.94
	浦北县	11 269.59	12 125.86	12 733.53	14 252.72	4.06	4.78	5.61	6.53	206.74	226.32	269.85	315.55
	合计	75 183.57	80 896.05	84 950.07	95 085.11	1 413.08	1 660.38	1 951.82	2 269.77	1 709.42	1 871.36	2 231.24	2 609.11

表 7-18 钦州市农业灌溉需水预测表

水平年	计算分区	基本方案总需水量/万 m³				节水方案总需水量/万 m³			
		$P=50\%$	$P=75\%$	$P=90\%$	$P=95\%$	$P=50\%$	$P=75\%$	$P=90\%$	$P=95\%$
2020	钦南区	19 174.2	20 255.2	21 764.6	23 309.7	18 182.7	19 202.5	20 626.5	22 084.2
	钦北区	22 845.9	24 071.8	25 981.5	27 862.3	21 613.4	22 828.3	24 571.4	26 345.8
	钦州港区	11.0	11.0	11.0	11.0	11.0	11.0	11.0	11.0
	灵山县	46 757.4	49 275.3	52 956.6	56 702.9	46 665.1	49 170.0	52 834.4	56 565.8
	浦北县	15 787.6	16 594.7	17 763.2	18 964.3	14 975.8	15 737.2	16 839.5	17 972.6
	合计	104 576.1	110 208.0	118 476.9	126 850.2	101 448.0	106 949.0	114 882.8	122 979.4
2030	钦南区	17 051.2	18 236.0	19 198.8	21 336.6	15 777.0	16 863.1	17 745.6	19 705.3
	钦北区	20 336.1	21 831.7	23 000.4	25 642.2	18 754.1	20 125.1	21 196.4	23 618.0
	钦州港区	14.6	14.6	14.6	14.6	14.6	14.6	14.6	14.6
	灵山县	41 548.5	44 590.1	46 880.4	52 208.2	38 329.6	41 117.7	43 217.2	48 100.9
	浦北县	14 226.8	15 183.1	15 894.4	17 602.5	13 183.1	14 059.7	14 711.7	16 277.5
	合计	93 177.2	99 855.5	104 988.6	116 804.1	86 058.4	92 180.2	96 885.5	107 716.3

7.8　河道外生态需水量预测

钦州市生态环境用水量预测主要是河道外生态环境用水量预测,包括绿地生态环境用水量以及道路浇洒用水量[7]。根据《钦州市城市整体规划(2020—2030)》,到 2020 年、2030年,钦州市人均公共绿地面积为 11 m²/人和 13 m²/人。用水量采用定额法,根据《建筑给水排水设计规范》(GB50015-2009),小区绿化浇灌用水定额可按浇灌面积 1.0 L/m²·d～3.0 L/m²·d计算,小区道路、广场的浇洒用水定额可按浇洒面积 2.0 L/m²·d～3.0 L/m²·d计算。随着节水技术以及人民节水意识的提高,用水定额必将有所下降,本次预测采用的绿化浇灌用水定额、道路、广场的浇洒用水定额见表 7-19。结合人口发展预测结果(表 7-14)可预测钦州市河道外生态环境需水量预测结果见表 7-19。

表 7-19　钦州市河道外生态环境需水量预测结果表

水平年	计算分区	城镇人口/万人	用水定额/(L/m²·d)		绿化浇灌需水量/万 m³	道路、广场的浇洒需水量/万 m³	生态环境需水总量/万 m³
			绿化浇灌	道路、广场浇洒			
2020	钦南区	28.42	1.0	2.0	114.09	269.67	383.76
	钦北区	30.59	1.5	2.0	184.24	290.31	474.55
	钦州港区	25.92	1.0	2.0	104.07	245.98	350.05
	灵山县	51.70	2.0	2.0	415.13	490.61	905.75
	浦北县	29.71	2.0	2.0	238.57	281.94	520.51
	合计	166.34	1.5	2.0	1 056.10	1 578.51	2 634.62
2030	钦南区	43.87	1.0	2.0	208.15	208.15	416.29
	钦北区	53.24	1.5	2.0	378.92	378.92	757.83
	钦州港区	60.14	1.0	2.0	285.36	285.36	570.73
	灵山县	80.76	2.0	2.0	766.45	766.45	1 532.91
	浦北县	46.97	2.0	2.0	445.75	445.75	891.49
	合计	284.98	1.5	2.0	2 084.63	2 084.63	4 169.25

7.9　需水量综合分析

满足经济社会需水量的快速增长,保障钦州市经济社会的可持续发展,是针对未来钦州市水资源开发利用所面临的艰巨任务。考虑到不同来水条件和各种不确定因素的影响以及规划水平年节水水平的提高,规划水平年社会各部门需水量将会有所变化,结合北部湾经济区的跨越式发展,对未来钦州市水资源需求趋势进行分析,根据对钦州市农业、工业、建筑业及第三产业、生活、生态需水量的预测成果,可以得到钦州市各计算分区规划水平年(2020 年和 2030 年)的不同频率下的总需水量预测结果,基本方案和节水方案分别见表 7-20～表 7-26。

表 7-20　钦州市现状年年需水量　　（单位：亿 m³）

计算分区	生活用水量	生产			生态需水量	农业				合计			
		工业	建筑业	第三产业		P=50%	P=75%	P=90%	P=95%	P=50%	P=75%	P=90%	P=95%
钦南区	0.31	0.22	0.01	0.09	0.02	2.10	2.20	2.33	2.49	2.76	2.86	2.98	3.14
钦北区	0.36	0.39	0.03	0.10	0.02	2.41	2.53	2.68	2.87	3.29	3.42	3.56	3.76
钦州港区	0.01	0.82	0.00	0.04	0.00	0.00	0.00	0.00	0.00	0.88	0.88	0.88	0.88
灵山县	0.62	0.27	0.02	0.07	0.03	4.67	4.91	5.19	5.56	5.69	5.93	6.21	6.58
浦北县	0.39	0.35	0.02	0.05	0.02	1.77	1.85	1.96	2.09	2.60	2.69	2.79	2.93
合计	1.69	2.05	0.08	0.35	0.09	10.95	11.49	12.16	13.01	15.22	15.78	16.42	17.29

表 7-21　钦州市未来水平年年需水量（高发展一般方案）　　（单位：亿 m³）

水平年	计算分区	生活用水量	生产			生态需水量	农业				合计			
			工业	建筑业	第三产业		P=50%	P=75%	P=90%	P=95%	P=50%	P=75%	P=90%	P=95%
2020	钦南区	0.33	0.32	0.02	0.11	0.04	1.92	2.03	2.18	2.33	2.74	2.85	3.00	3.15
	钦北区	0.41	0.52	0.03	0.05	0.05	2.28	2.41	2.60	2.79	3.34	3.46	3.65	3.84
	钦州港区	0.18	1.27	0.00	0.13	0.04	0.00	0.00	0.00	0.00	1.61	1.61	1.61	1.61
	灵山县	0.69	0.37	0.02	0.07	0.09	4.68	4.93	5.30	5.67	5.92	6.17	6.54	6.91
	浦北县	0.43	0.53	0.03	0.05	0.05	1.58	1.66	1.78	1.90	2.67	2.75	2.86	2.98
	合计	2.04	3.01	0.10	0.41	0.27	10.46	11.03	11.86	12.69	16.28	16.84	17.66	18.49
2030	钦南区	0.42	0.93	0.06	0.23	0.04	1.71	1.82	1.92	2.13	3.38	3.49	3.59	3.80
	钦北区	0.53	1.62	0.07	0.10	0.08	2.03	2.18	2.30	2.56	4.43	4.58	4.70	4.96
	钦州港区	0.43	3.02	0.02	0.26	0.06	0.00	0.00	0.00	0.00	3.79	3.79	3.79	3.79
	灵山县	0.88	1.16	0.05	0.14	0.15	4.15	4.46	4.69	5.22	6.53	6.84	7.07	7.60
	浦北县	0.55	1.65	0.05	0.10	0.09	1.42	1.52	1.59	1.76	3.87	3.96	4.03	4.20
	合计	2.81	8.38	0.25	0.83	0.42	9.31	9.98	10.50	11.67	22.00	22.66	23.18	24.35

表 7-22 钦州市未来水平年需水量（高发展节水方案）

（单位：亿 m³）

水平年	计算分区	生活用水量	农业				生产			生态需水量	合计			
			P=50%	P=75%	P=90%	P=95%	工业	建筑业	第三产业		P=50%	P=75%	P=90%	P=95%
2020	钦南区	0.32	1.82	1.92	2.06	2.21	0.31	0.02	0.11	0.04	2.63	2.73	2.87	3.02
	钦北区	0.41	2.16	2.28	2.46	2.63	0.50	0.03	0.05	0.05	3.20	3.32	3.50	3.67
	钦州港区	0.18	0.00	0.00	0.00	0.00	1.24	0.00	0.13	0.04	1.59	1.59	1.59	1.59
	灵山县	0.69	4.67	4.92	5.28	5.66	0.36	0.02	0.07	0.09	5.89	6.14	6.51	6.88
	浦北县	0.43	1.50	1.57	1.68	1.80	0.51	0.03	0.05	0.05	2.57	2.64	2.75	2.87
	合计	2.03	10.15	10.69	11.48	12.30	2.92	0.10	0.41	0.27	15.88	16.42	17.22	18.03
2030	钦南区	0.41	1.58	1.69	1.77	1.97	0.77	0.06	0.23	0.04	3.09	3.20	3.29	3.48
	钦北区	0.53	1.88	2.01	2.12	2.36	1.35	0.07	0.10	0.08	4.00	4.13	4.24	4.48
	钦州港区	0.42	0.00	0.00	0.00	0.00	2.58	0.02	0.26	0.06	3.35	3.35	3.35	3.35
	灵山县	0.87	3.83	4.11	4.32	4.81	0.97	0.05	0.14	0.15	6.01	6.29	6.50	6.99
	浦北县	0.55	1.32	1.41	1.47	1.63	1.37	0.05	0.10	0.09	3.48	3.57	3.64	3.79
	合计	2.78	8.61	9.22	9.68	10.77	7.04	0.25	0.83	0.42	19.93	20.54	21.02	22.09

表7-23　钦州市未来水平年需水量(中发展一般方案)

（单位：亿 m³）

水平年	计算分区	生活用水量	生产								生态需水量	合计			
			农业				工业	建筑业	第三产业						
			P=50%	P=75%	P=90%	P=95%						P=50%	P=75%	P=90%	P=95%
2020	钦南区	0.33	1.92	2.03	2.18	2.33	0.30	0.02	0.10		0.04	2.70	2.81	2.96	3.12
	钦北区	0.41	2.28	2.41	2.60	2.79	0.48	0.03	0.05		0.05	3.30	3.42	3.61	3.80
	钦州港区	0.18	0.00	0.00	0.00	0.00	1.19	0.00	0.12		0.04	1.53	1.53	1.53	1.53
	灵山县	0.69	4.68	4.93	5.30	5.67	0.34	0.02	0.06		0.09	5.89	6.14	6.51	6.88
	浦北县	0.43	1.58	1.66	1.78	1.90	0.49	0.02	0.05		0.05	2.62	2.70	2.82	2.94
	合计	2.04	10.46	11.03	11.86	12.69	2.80	0.09	0.38		0.27	16.04	16.60	17.43	18.27
2030	钦南区	0.42	1.71	1.82	1.92	2.13	0.84	0.05	0.20		0.04	3.26	3.38	3.48	3.69
	钦北区	0.53	2.03	2.18	2.30	2.56	1.47	0.06	0.09		0.08	4.26	4.41	4.53	4.79
	钦州港区	0.43	0.00	0.00	0.00	0.00	2.77	0.02	0.24		0.06	3.52	3.52	3.52	3.52
	灵山县	0.88	4.15	4.46	4.69	5.22	1.05	0.04	0.12		0.15	6.41	6.71	6.94	7.47
	浦北县	0.55	1.42	1.52	1.59	1.76	1.49	0.05	0.09		0.09	3.70	3.79	3.87	4.04
	合计	2.81	9.31	9.98	10.50	11.67	7.62	0.22	0.74		0.42	21.15	21.81	22.34	23.51

表 7-24　钦州市未来水平年需水量（中发展节水方案）

（单位：亿 m³）

水平年	计算分区	生活用水量	生产 农业 P=50%	生产 农业 P=75%	生产 农业 P=90%	生产 农业 P=95%	生产 工业	生产 建筑业	生产 第三产业	生态需水量	合计 P=50%	合计 P=75%	合计 P=90%	合计 P=95%
2020	钦南区	0.32	1.82	1.92	2.06	2.21	0.29	0.02	0.10	0.04	2.59	2.70	2.84	2.98
	钦北区	0.41	2.16	2.28	2.46	2.63	0.46	0.03	0.05	0.05	3.16	3.28	3.45	3.63
	钦州港区	0.18	0.00	0.00	0.00	0.00	1.17	0.00	0.12	0.04	1.51	1.51	1.51	1.51
	灵山县	0.69	4.67	4.92	5.28	5.66	0.46	0.02	0.06	0.09	5.99	6.24	6.61	6.98
	浦北县	0.43	1.50	1.57	1.68	1.80	0.47	0.02	0.05	0.05	2.52	2.60	2.71	2.82
	合计	2.03	10.15	10.69	11.48	12.30	2.85	0.09	0.38	0.27	15.77	16.33	17.12	17.92
2030	钦南区	0.41	1.58	1.69	1.77	1.97	0.70	0.05	0.20	0.04	2.99	3.10	3.19	3.38
	钦北区	0.53	1.88	2.01	2.12	2.36	1.22	0.06	0.09	0.08	3.85	3.99	4.10	4.34
	钦州港区	0.42	0.00	0.00	0.00	0.00	2.37	0.02	0.24	0.06	3.11	3.11	3.11	3.11
	灵山县	0.87	3.83	4.11	4.32	4.81	0.88	0.04	0.12	0.15	5.90	6.18	6.39	6.88
	浦北县	0.55	1.32	1.41	1.47	1.63	1.25	0.05	0.09	0.09	3.34	3.43	3.49	3.65
	合计	2.78	8.61	9.22	9.68	10.77	6.42	0.22	0.74	0.42	19.19	19.81	20.28	21.36

表 7-25　钦州市未来水平年需水量(低发展一般方案)

（单位：亿 m³）

水平年	计算分区	生活用水量	农业				生产			生态需水量	合计			
			P=50%	P=75%	P=90%	P=95%	工业	建筑业	第三产业		P=50%	P=75%	P=90%	P=95%
2020	钦南区	0.33	1.92	2.03	2.18	2.33	0.27	0.02	0.10	0.04	2.67	2.78	2.93	3.09
	钦北区	0.41	2.28	2.41	2.60	2.79	0.44	0.03	0.04	0.05	3.26	3.38	3.57	3.76
	钦州港区	0.18	0.00	0.00	0.00	0.00	0.84	0.00	0.11	0.04	1.17	1.17	1.17	1.17
	灵山县	0.69	4.68	4.93	5.30	5.67	0.61	0.02	0.06	0.09	6.14	6.40	6.76	7.14
	浦北县	0.43	1.58	1.66	1.78	1.90	0.45	0.02	0.04	0.05	2.58	2.66	2.78	2.90
	合计	2.04	10.46	11.03	11.86	12.69	2.61	0.09	0.35	0.27	15.82	16.39	17.21	18.06
2030	钦南区	0.42	1.71	1.82	1.92	2.13	0.76	0.05	0.19	0.04	3.16	3.28	3.37	3.59
	钦北区	0.53	2.03	2.18	2.30	2.56	1.33	0.06	0.08	0.08	4.11	4.26	4.37	4.64
	钦州港区	0.43	0.00	0.00	0.00	0.00	2.55	0.02	0.22	0.06	3.27	3.27	3.27	3.27
	灵山县	0.88	4.15	4.46	4.69	5.22	0.95	0.04	0.11	0.15	6.29	6.60	6.83	7.36
	浦北县	0.55	1.42	1.52	1.59	1.76	1.35	0.04	0.08	0.09	3.54	3.64	3.71	3.88
	合计	2.81	9.31	9.98	10.50	11.67	6.94	0.21	0.68	0.42	20.37	21.05	21.55	22.74

表 7-26　钦州市未来水平年需水量（低发展节水方案）

（单位：亿 m³）

水平年	计算分区	生活用水量	生产								生态需水量	合计			
			农业				工业	建筑业	第三产业			P=50%	P=75%	P=90%	P=95%
			P=50%	P=75%	P=90%	P=95%									
2020	钦南区	0.32	1.82	1.92	2.06	2.21	0.27	0.02	0.10		0.04	2.56	2.66	2.81	2.95
	钦北区	0.41	2.16	2.28	2.46	2.63	0.43	0.03	0.04		0.05	3.12	3.24	3.41	3.59
	钦州港区	0.18	0.00	0.00	0.00	0.00	0.81	0.00	0.11		0.04	1.14	1.14	1.14	1.14
	灵山县	0.69	4.67	4.92	5.28	5.66	0.72	0.02	0.06		0.09	6.24	6.49	6.86	7.23
	浦北县	0.43	1.50	1.57	1.68	1.80	0.44	0.02	0.04		0.05	2.48	2.56	2.67	2.78
	合计	2.03	10.15	10.69	11.48	12.30	2.67	0.09	0.35		0.27	15.54	16.09	16.89	17.69
2030	钦南区	0.41	1.58	1.69	1.77	1.97	0.64	0.05	0.19		0.04	2.90	3.01	3.10	3.29
	钦北区	0.53	1.88	2.01	2.12	2.36	1.11	0.06	0.08		0.08	3.72	3.86	3.97	4.21
	钦州港区	0.42	0.00	0.00	0.00	0.00	2.18	0.02	0.22		0.06	2.90	2.90	2.90	2.90
	灵山县	0.87	3.83	4.11	4.32	4.81	0.79	0.04	0.11		0.15	5.80	6.08	6.29	6.78
	浦北县	0.55	1.32	1.41	1.47	1.63	1.13	0.04	0.08		0.09	3.21	3.30	3.36	3.52
	合计	2.78	8.61	9.22	9.68	10.77	5.85	0.21	0.68		0.42	18.53	19.15	19.62	20.70

7.10　小　　结

本章通过分析钦州市水资源需求态势,得到如下结论。

(1)本章基于指标预测与定额法构建钦州市需水预测模型,对钦州市的经济社会发展指标进行合理的分析预测,其中经济生产总值以高、低两种方案对照分析,用水定额按照不同类型的相关定额标准和参考地区行业用水定额标准并结合钦州市"十三五"水利发展规划进行分析预测,直观地分析计算钦州市的生活、生产、生态需水情况。

(2)通过对钦州市未来年高、低两种方案预测,结果表明经济跨越式发展下钦州市2020 年在 $P=50\%$ 下经济增速高、中、低三个方案的一般方案中需水量分别为 16.28 亿 m³、16.04 亿 m³、15.82 亿 m³;2030 年则分别为 22.00 亿 m³、21.15 亿 m³、20.37 亿 m³。2020 年在 $P=50\%$ 下经济增速高、中、低三个方案的节水方案中需水量分别为 15.87 亿 m³、15.77 亿 m³、15.55 亿 m³;2030 年则分别为 19.93 亿 m³、19.20 亿 m³、18.54 亿 m³。而钦州市红线用水总量在 2020 年为 16.53 亿 m³,2030 年为 16.59 亿 m³。故钦州市在未来面临超过其用水总量控制红线的危机,而农业和工业需水是控制需水总量的关键点,钦州市需在产业结构比重调整和农业灌溉水平提升来应对用水总量控制红线的考验。

参 考 文 献

[1] 贺丽媛,夏军,张利平.水资源需求预测的研究现状及发展趋势[J].长江科学院院报,2007(1):61-64.

[2] 水利部水利水电规划设计院.全国水资源综合规划技术细则[R].2002,8:125-1331.

[3] 中华人民共和国水利部.GB/T 50095—2014 水文基本术语和符号标准[S].北京:中国计划出版社,2015-08-01.

[4] 卢琼,李和跃,张象明,等.松辽流域居民生活用水定额研究[J].中国水利,2006(3):31-34.

[5] 和刚,吴泽宁,胡彩虹.基于定额定量分析的工业需水预测模型[J].水资源与水工程学报,2008(2):60-63,67.

[6] 刘坤,焦国明.农业需水预测方法研究[J].安徽农业科学,2007,35(34):10985-10986

[7] 吴美琼,陈秀贵.基于主成分分析法的钦州市耕地面积变化及其驱动力分析[J].地理科学,2014,34(1):54-59.

[8] 崔瑛,张强,陈晓宏,等.生态需水理论与方法研究进展[J].湖泊科学,2010,22(4):465-480

第8章 钦州市水利工程可供水量分析与预测

8.1 可供水量分析方法

供水预测是城市水资源供需平衡分析与配置的重要依据[1]，指一定区域在规划水平年届时建成的水源工程供水能力的预先测定[2]，对现有供水设施的工程布局、供水能力、运行状况以及水资源开发程度与存在问题等综合调查分析的基础上，分析水资源开发利用前景和潜力，进行不同水平年、不同保证率的可供水量预测[3]。蓄水、引水、提水、调水、水井等供水基础设施的可供水量分析主要影响因素包括来水情况、工程供水能力、需水要求和水质条件[4]。

城市水资源供水预测由现状年可供水量计算和规划增加可供水量组成，如式(8-1)所示，其中现状年可供水量计算如式(8-2)所示。可供水量分析框架如图8-1所示。

$$W = W_{现状年可供水量} + \Delta W_{规划增加可供水量} \tag{8-1}$$

$$W_{现状年可供水量} = W_{蓄} + W_{引} + W_{提} + W_{地下水} + W_{非常规水} \tag{8-2}$$

式中：$W_{蓄}$、$W_{引}$、$W_{提}$、$W_{地下水}$、$W_{非常规水}$ 分别为蓄水工程、引水工程、提水工程、地下水工程、非常规水源的可供水量。

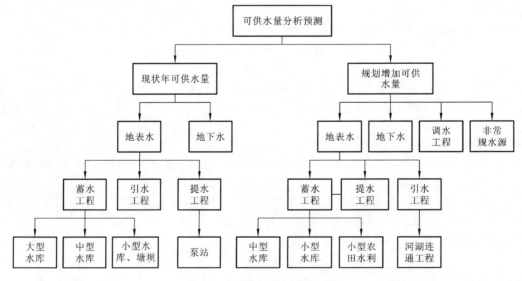

图 8-1　可供水量分析框架图

8.1.1 大、中型水库工程

大型水库多为年或多年调节水库，其可供水量计算在遵循水量平衡原理的基础上采

用长系列月调节计算方法,如式(8-3)、式(8-4)所示[5-6]:

$$V(t+1) = V(t) + Q(t) - W_e(t) - W_i(t) - W_s(t) - q(t) \qquad (8-3)$$

$$W_{大型} = \sum_{t=1}^{12} W_s(t) \qquad (8-4)$$

式中:$V(t+1)$ 为水库 $t+1$ 时段末调蓄库容(不含死库容)(万 m³);$V(t)$ 为水库 t 时段初调蓄库容(万 m³);$Q(t)$ 为水库 t 时段来水量(m³/s);$W_e(t)$ 为水库 t 时段水面蒸发量(万 m³);$W_i(t)$ 为水库 t 时段渗漏量(万 m³);$W_s(t)$ 为水库 t 时段供水量(万 m³),包括对生活、生产、生态的供水量;$q(t)$ 为水库 t 时段弃水量(万 m³)。

对于多年调节的中型水库,计算仍需采用长系列调节演算方法,而实际上城市中型水库数量多,资料不足,逐一进行调节计算工作量大。设计供水量是任何有供水功能的蓄水工程的工程效益之一,对城市内众多蓄水工作进行可供水计算时,可探求该区域中、小型蓄水工程设计供水量与实际可供水量之间的关系,以简化计算出其可供水量。

选择一些资料齐全系列较长有代表性的水库,计算其可供水量与设计供水量的比值[7],该比值称为水库的设计供水量利用系数,其余缺乏的资料水库可采用该系数推求的可供水量,设计供水量利用系数法计算公式为

$$W_{中型} = kW_{设计} \qquad (8-5)$$

式中:$W_{中型}$ 为中型水库可供水量(万 m³);$W_{设计}$ 为水库设计供水量(万 m³);k 设计供水量利用系数,不同来水频率 k 取值不同。

8.1.2　小型水库、塘坝工程

城市小型水库、塘坝数量众多,且缺乏相应工程运行资料,故采用复蓄次数法[8]估算其可供水量。根据下式进行计算:

$$W_{小型水库、塘坝} = nV \qquad (8-6)$$

式中:$W_{小型、塘坝}$ 为小型水库或塘坝的可供水量(万 m³);n 为水库的复蓄次数;V 为小型水库兴利库容或塘坝有效库容(万 m³)。

8.1.3　引水、提水工程

引水工程根据其工程效益中的有效灌溉面积来推算其年可供水量[9],故采用式(8-7)进行计算;而提水工程可供水量与取水口径流量、提水工程能力以及用户需水量有关[10],故采用式(8-8)计算[1]:

$$W_{引水} = c \cdot A \cdot M/\eta \qquad (8-7)$$

$$W_{提水} = \sum_{i=1}^{t} \min(T_i, H_i, X_i) \qquad (8-8)$$

式中:$W_{引水}$ 为某一水平年引水工程的可供水量(万 m³);c 为保灌系数;A 为引水工程的有效灌溉面积(万亩);M 为引水工程的毛灌溉定额;η 为渠系利用系数;$W_{提水}$ 为某一水平年提水工程的可供水量(万 m³);T_i、H_i、X_i 分别为 i 时段取水口可引流量、工程提水能力及用户需水量(万 m³);t 为计算时段数。

8.1.4 地下水工程

地下水可供水量与当地地下水资源可开采量、机井提水能力、开采范围和用户需水量等有关。采用式(8-9)计算：

$$W_{地下水} = \sum_{i=1}^{t} \min(H_i, W_i, X_i) \tag{8-9}$$

式中：H_i、W_i、X_i 分别为 i 时段机井提水能力、当地地下水资源可开采量及用户的需水量（万 m³）；t 为计算时段数。

当一个地区具有多年地下水开采量实测值时，可采取简化计算方法，依据水资源评价成果提供的多年平均综合补给量来确定地下水可供水量。

8.1.5 非常规水源工程

雨水、微咸水、污水处理回用、海水等非常规水源，通过对非常规水源分布、可利用范围及需求的调查分析，综合评价来计算不同水平年非常规水源可供水量。

8.2 可供水量计算成果

8.2.1 大中型水库可供水量

灵东水库是钦州市一座主要以农业灌溉为主的大(II)型水库，也是钦州市唯一一座大型水库。根据灵东水库 1981～2013 年（33 年）的逐月径流量、蒸发量资料，采用式(8-3)对其可供水量进行长系列调节计算，并依据式(8-4)计算得到各年份可供水量，如图 8-2 所示。对所得结果进行 P-III 型分布频率曲线拟合，如图 8-3 所示，得到各来水频率下灵东水库的可供水量。钦州市大型水库可供水量计算结果见表 8-1。

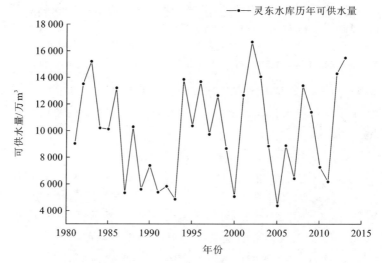

图 8-2 灵东水库历年可供水量

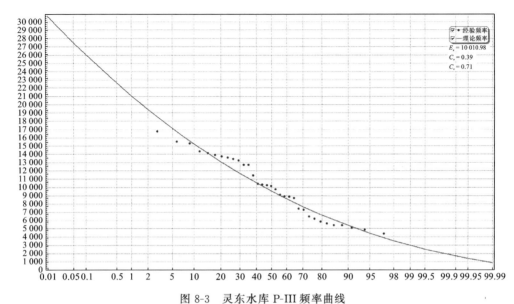

图 8-3　灵东水库 P-Ⅲ 频率曲线

表 8-1　钦州市大型水库可供水量计算结果

水库名称	统计参数			不同来水频率下的可供水量/万 m³			
	均值/万 m³	C_v	C_v/C_s	50%	75%	90%	95%
灵东水库	10 011.0	0.4	1.8	9 550.7	7 187.7	5 396.1	4 466.0

　　钦州市拥有 9 座中型水库,仅石梯水库拥有 1981~2011 年(30 年)长序列资料,其设计年供水量为 3 000 万 m³。故采用式(8-3)、式(8-4)计算石梯水库可供水量并对计算结果进行 P-Ⅲ 型分布频率曲线拟合,得到不同来水频率下石梯水库可供水量,如图 8-4 所示。

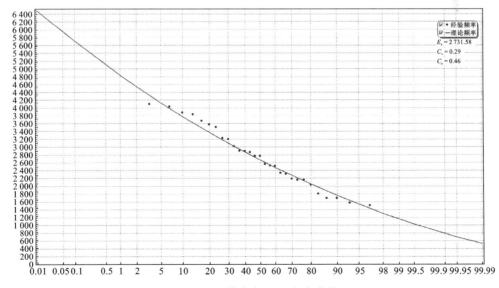

图 8-4　石梯水库 P-Ⅲ 频率曲线

据此推求石梯水库不同来水频率下设计供水量利用系数,计算结果见表 8-2,并根据式(8-5)估算钦州市中型水库可供水量,计算结果见表 8-3。

表 8-2　石梯水库可供水量计算结果

设计年供水量 /万 m³	统计参数			不同来水频率下的可供水量 /万 m³				可供水量利用系数			
3 000	均值/万 m³	C_v	C_v/C_s	50%	75%	90%	95%	50%	75%	90%	95%
	2 731.6	0.3	2.0	2 646.0	2 123.6	1 716.6	1 500.2	0.9	0.7	0.6	0.5

表 8-3　钦州市中型水库可供水量计算结果　　　　　　（单位:万 m³）

计算分区	水库名称	设计年供水量	不同来水频率下的可供水量			
			50%	75%	90%	95%
灵山县	四名水库	2 244.0	1 974.7	1 570.8	1 283.6	1 122.0
钦南区	荷木水库	2 200.0	1 936.0	1 540.0	1 258.4	1 100.0
	大马鞍水库	1 200.0	1 056.0	840.0	686.4	600.0
	田寮水库	700.0	616.0	490.0	400.4	350.0
	金窝水库	4 500.0	3 960.0	3 150.0	2 574.0	2 250.0
	长江水库	1 000.0	880.0	700.0	572.0	500.0
钦北区	京塘水库	805.0	708.4	563.5	460.5	402.5
	吉隆水库	1 300.0	1 144.0	910.0	743.6	650.0
	石梯水库	3 000.0	2 646.0	2 124.0	1 717.0	1 500.0
合计		16 949.0	14 921.1	11 888.3	9 695.9	8 474.5

8.2.2　小型水库、塘坝可供水量

　　采用式(8-6)对钦州市 378 座小型水库(清塘水库、冲年岭水库、飞山水库、风门籠水库 4 座水库已没有发挥工程效益)和 2 072 座塘坝进行计算。综合国内文献与经验值[11],选定钦州市各来水保证频率下,塘坝复蓄次数 n 分别为 1.30、1.07、0.66、0.45。各计算分区小型水库和塘坝可供水量计算结果见表 8-4、表 8-5。

表 8-4　钦州市小型水库可供水量计算结果

计算分区	工程数量/座	兴利库容 /万 m³	不同来水频率下的可供水量/万 m³			
			$P=50\%$	$P=75\%$	$P=90\%$	$P=95\%$
钦南区	103	5 567.79	7 334.5	6 036.8	3 723.6	2 538.9
钦北区	85	5 758.79	7 486.4	6 161.9	3 800.8	2 591.5
钦州港区	1	117.00	152.1	125.2	77.2	52.7
灵山县	147	10 527.36	13 701.2	11 277.1	6 956.0	4 742.7
浦北县	42	2 454.28	3 190.6	2 626.1	1 619.8	1 104.4
合计	378	24 425.22	31 864.8	26 227.1	16 177.4	11 030.2

表 8-5　钦州市塘坝可供水量计算结果

计算分区	工程数量/座	有效库容/万 m³	不同来水频率下的可供水量/万 m³			
			$P=50\%$	$P=75\%$	$P=90\%$	$P=95\%$
钦南区	183	847.0	1 101.1	906.3	559.0	423.5
钦北区	195	492.0	639.6	526.4	324.7	246.0
钦州港区	0	0.0	0.0	0.0	0.0	0.0
灵山县	1 448	986.0	1 281.8	1 055.0	650.8	493.0
浦北县	246	495.0	643.5	529.7	326.7	247.5
合计	2 072	2 820.0	3 666.0	3 017.4	1 861.2	1 410.0

8.2.3　引水、提水工程可供水量

钦州市引水工程可供水量采用式(8-8)计算。设定平水年($P=50\%$)毛灌溉定额 M 为现状年用水定额。钦州市各来水频率下,保灌系数 C 分别为 1.0、0.85、0.6、0.5[12],现状年渠系利用系数为 0.46。青年水闸供水任务除农业灌溉外,还需向市辖区供水。将钦州市自来水公司水厂 7.5 万 m³/d 供水能力设定为青年水闸的生活用水可供水量,计算结果见表 8-6。

表 8-6　钦州市引水工程可供水量计算结果

计算分区	工程数量/座	有效灌溉面积/亩	不同来水频率下的可供水量/万 m³			
			$P=50\%$	$P=75\%$	$P=90\%$	$P=95\%$
钦南区	62	95 700	13 671.6	12 031.5	9 298.0	8 204.6
钦北区	271	69 450	7 934.9	6 744.7	4 761.0	3 967.5
钦州港区	0	0	0.0	0.0	0.0	0.0
灵山县	2 350	120 000	13 710.5	11 653.9	8 226.3	6 855.2
浦北县	402	58 500	6 683.9	5 681.3	4 010.3	3 341.9
合计	3 085	343 650	42 000.9	36 111.4	26 295.6	22 369.2

钦州市供水泵站提水能力远小于取水口径流量,设定供水泵站供水能力为提水工程可供水量,抽水泵总效率为 80%[13]。采用式(8-7)计算计算结果见表 8-7。

表 8-7　钦州市提水工程可供水量计算结果

计算分区	工程数量/座	装机流量/(m³/s)	供水量/万 m³
钦南区	2	4.3	10 806.5
钦北区	2	0.4	1 079.8
钦州港区	1	1.4	3 602.2
灵山县	4	1.0	2 406.8
浦北县	0	0.0	0.0
合计	9	7.1	17 895.3

8.2.4 地下水工程

地下水年供水量参照《2014年钦州市水资源公报》现状年实测值:钦州市现状年地下水供水总量为6 530.6万 m³。

8.3 主要水利工程可供水量预测

8.3.1 水利工程规划概况

根据《广西壮族自治区钦州市水利发展改革"十三五"规划报告》,水资源合理配置及高效建设项目的制定方针遵循以下5点。

1. 加快大中型灌区节水改造

到2020年,完成钦灵大型灌区及思明、白帽、米北、泉水、石梯、金窝、钦北等十处万亩中型灌区的主干渠及其末级渠系的配套改造与节水建设,渠道疏浚518.3 km,渠道防渗533.1 km,维修渠系建筑物1 922座,新增灌溉面积2.55万亩,恢复和改善灌溉面积11.67万亩。

2. 大力推进小型农田水利建设

开展农村山塘、泵站、渠道等工程设施修复改建,加大灌区田间工程改造力度。实施钦南区康熙岭镇小型水源工程等8项以及钦南区小型农田水利工程等,新建塘坝1 747处,改造塘坝681处,新增需水容积855万 m³,新建及改造电灌站(水轮泵站)304座,新增引水流量7.19 m³/s。完成全市有水源保障在0.1 m³/s的渠道过流量以下田间渠道防渗建设,新建防渗渠道1 040 km,疏浚渠道210 km,改造排水沟260 km,改造渠系建筑物951座,形成较为完善的田间排灌工程体系。小型农田水利工程新增、恢复灌溉面积46.96万亩,改善灌溉面积9.03万亩,新增10年一遇排涝面积1.03万亩。

3. 加强高标准节水工程建设

结合土地整理及现代农业建设,对于高附加值经济作物有计划的推广喷灌、滴灌及管灌等节水灌溉技术。实施钦南区火龙果基地。钦州市灌溉试验站建设工程等灌区节水示范工程建设,完成8.05万亩甘蔗高效节水灌溉规模化建设,新增高效节水面积9.05万亩,安装农业取水在线监测设备99套。加强工业和城市节水工程建设,推进临海工业园节水技术、钦州市供水管网改造工程等,推广非接触式、延迟自闭等节水型水龙头等,对规模以上企业采用循环利用新技术新设备,推动高排耗和用能大户进行节能减排技术改造,构建节水产品市场准入机制。

4. 加强重点水源工程建设

建设王岗山、木头山、福旺、大务、北京田、金鸡、石江、竹路、新民塘水、定蒙水库等10座中小型水库、以及大马鞍、南流、龙头等6座水库的扩容工程,解决城镇人口较集中和农村人饮供水问题;建设灵东水库及牛皮鞑水库配套供水系统,提高重点干旱县域供水保障能力。重点水源工程新增供水量2 400万 m³,改善农田灌溉面积7.31万亩,发展0.24万亩及解决 59.32 万人饮水问题。

实施茅岭江应急备用水、灵山县城供水等 12 项应急备用水源工程,提高应对特大干旱、连续干旱和供水安全突发事件能力。

实施钦江连通大风江工程(郁江调水工程钦州～大风江直流那庆河引水段)、狮子坝引水、钦北区皇马工业园区引水工程、那板水库调水工程、那隆提水、温汤江提水等 13 处引提水工程,解决 20 多万人的用水困难问题,新增供水量 9 600 万 m³。实施三娘湾水源连通,康熙岭水源连通、南流与大冲角水库连通、班龙江水库与对坎龙水库连通等 4 处连通工程,新建连通工程长 9.6 km。

5. 实施农村饮水巩固提升工程

"十三五期间",实施农村饮水巩固提升工程建设,解决原规划外不安全人口和新增不安全人口的饮水问题。实施灵山县、浦北县、钦南区、钦北区农村饮水安全工程,建设水池 75 座,设置净水处理设施 75 座,配套建设管理房、抽水泵站、供水管网、消毒设备等,建设水质检测化验室 2 处,增加供水规模为 5.24 万 m³/d,彻底解决 87 万农村人口的饮水问题。依托县城、集镇现有供水工程辐射延伸供水管线发展自来水工程,实施"饮水净化"专项活动,建成龙武、四联、老村、山村、牛角冲、康熙岭、彭久、三门滩等 23 个"饮水净化"示范项目,力争所有农村居民喝上干净水,全市农村自来水普及率达到 80% 以上,农村饮用水水质达标率 80%。

8.3.2　小型农田水利工程

钦州市小型农田水利工程规划概况见表 8-8 所。

表 8-8　小型农田水利工程规划概况

计算分区	工程名称	新增蓄水容积/万 m³	新增、恢复灌溉面积/亩	增加供水量/万 m³	2020 年增加供水量/万 m³	2030 年增加供水量/万 m³
钦南区	钦南区康熙岭镇小型水源工程	3	450	—		4.2
	钦南区沙埠镇小型水源工程	—	1 700	—		136.9
	钦南区大番坡镇小型水源工程	85	200	—	696.5	119.0	554.1
	钦南区黄屋屯镇小型水源工程	10	3 535	—		14.0
	钦南区那丽镇小型水源工程	200	—	—		280.0
	钦南区小型农田水利工程	497.5	37 535	—	696.5	—
钦北区	钦北区王岗山水库灌区	—	—	964.6	964.6　964.6	—
钦州港区	钦南区犀牛脚镇小型水源工程	90	—	—	—	126.0　126.0
灵山县						
浦北县	浦北县小型农田水利设施改造工程	—	无统计		500.0　500.0	
合计	—	—	—		2 161.1	680.1　—

8.3.3　大、中、小型水库建设

钦州市大、中、小型水库建设规划概况见表 8-9。

表 8-9　大、中、小型水库建设规划概况

计算 分区	工程名称	新增蓄水容 积/万 m³	新增、恢复灌 溉面积/亩	增加供水量 /万 m³	2020 年增加供 水量/万 m³	2030 年增加供 水量/万 m³
钦南区	竹路水库	187	—	—	—	261.8
	新民塘水库	132	—	—	200.00	184.8
	钦南区定蒙水库工程	116	—	—		162.4	609.0
	钦州市大马鞍水库加高扩容工程	—	—	—	200.00	
钦北区	贵台镇黄仙湾水库建设	13 200	5 734.00	—	1 750.00	5 734.0
	钦北区王岗山水库工程	2500	—	—	1 750.00	5 734.0
钦州港区		—	—	—	—	—
灵山县	灵山县木头山水源工程	—	302.00	—		302.0
	灵山县石江水库工程	—	444.58	444.58	444.58	
	白木、冒领、牛皮鞑水库加高扩容 工程(灵山县县城供水水源工程)	—	—	—		302.0
浦北县	浦北县福旺水库工程	135	—	—		189.0
	浦北县大务水库工程	120	—	—		168.0
	浦北县北京田水库工程	809	—	—	105.42	1 132.6
	浦北县金鸡水库工程	458	—	—	105.42	641.2	2130.8
	浦北县南流水库连通扩容提档工程	—	10 000	—	52.71	
	浦北县龙头水库加高扩容工程	—	10 000	—	52.71	
合计		—	—	—	2 500	—	8 775.8

8.3.4　水库水闸除险加固工程

钦州市水库水闸除险加固工程规划概况见表 8-10。

表 8-10　水库水闸除险加固工程规划概况

计算 分区	工程名称	新增蓄水容积/ 过闸流量/(m³/s)	新增、恢复灌 溉面积/亩	增加供水量 /万 m³	2020 年增加供 水量/万 m³	2030 年增加供 水量/万 m³
钦南区	23 座小型水库除险加固	—	—	—	—	—
	钦州市青年水闸除险加固工程	—	—	—	—	—
钦北区	钦北区小型拦江坝加固工程	—	—	—	—	—
钦州港区		—	—	—	—	—

续表

计算分区	工程名称	新增蓄水容积/过闸流量/(m³/s)	新增、恢复灌溉面积/亩	增加供水量/万 m³	2020 年增加供水量/万 m³	2030 年增加供水量/万 m³
灵山县	灵山县钦江大坡水闸工程	1 546	—	—	—	—
	灵山县工农兵坝水闸除险加固工程	—	1 200	—	—	100.34
	灵山县大步江水闸除险加固工程	—	8 000	—	—	668.90
	灵山县东胜水闸除险加固工程	—	4 500	—	—	376.30
	思明水库除险加固					
	44 座水库闸门改造					
浦北县	浦北县白石水水闸除险加固工程	1 290				
	浦北县镀厂坡水闸除险加固工程	363				
	浦北县温汤江水闸除险加固工程	1 442				
	浦北县官垌水闸除险加固工程	760				

8.3.5　引水、提水工程

钦州市引水、提水工程规划概况见表 8-11。

表 8-11　引水、提水工程规划概况

计算分区	工程名称	日取水/万 t	年供水量/万 m³	2020 年增加供水量/万 m³	2030 年增加供水量/万 m³
钦南区	—	—	—	—	—
钦北区	钦北区皇马工业园区引水工程	3	—	766.5	766.5
钦州港区	—	—	—	—	—
灵山县	狮子坝引水工程	—	500.0		500.0
	那隆提水工程	—	1 000.0		1 000.0	2 007.4
	灵山县三隆提水工程	—	507.4		507.4
浦北县	浦北县城区引水工程	20	—	5 110	
	温汤江提水工程	—	2 000.0	5 110	2 000.0	4 118.9
	浦北县马江提水工程	—	2 118.9		2 118.9
合计				5 110	—	6892.8	—

8.3.6　调水工程

钦州市调水工程规划概况见表 8-12。

表 8-12　调水工程规划概况

计算分区	工程名称	增加供水能力/(万 t/d)	年供水量/万 m³	2020 年增加供水量/万 m³		2030 年增加供水量/万 m³	
钦北区	城区用水调水(三选一方案)	—	9 530	—	—	13 089	13 089
	钦州市钦江联通大风江工程(郁江调水工程钦州-大风江支流那庆河引水段)	9.8	—	—		—	
钦州港区		64.0	—	—	—	23 360	41 610
	大风江调水工程	50.0	—	—		18 250	
钦南区							
灵山县							
浦北县		—	—	—			
合计		—	—	—		54 699	—

8.3.7　河湖连通工程

钦州市河湖连通工程规划概况见表 8-13。

表 8-13　河湖连通工程规划概况

计算分区	工程名称	供水能力/万 t	年供水量/万 m³	2020 年增加供水量/万 m³		2030 年增加供水量/万 m³	
钦南区	钦州市三娘湾水源连通工程	—	1 374.2	1 374.2	2 108.2	—	—
	钦南区康熙岭水源连通工程	—	734.0	734.04		—	
钦北区							
钦州港区	钦州市洴龙江水库~对坎龙水库连通工程	3	—	—	—	1 095	1 095
灵山县							
浦北县	浦北县南流、大冲角水库连通工程		222.5	222.5	222.5	—	—
合计		—	—	2 330.74		1 095	

8.3.8　非常规水源工程

钦州市非常规水源工程规划概况见表 8-14。

表 8-14　非常规水源工程规划概况

计算分区	工程名称	中水回用量/(t/d)	年供水量/万 m³	2020 年增加供水量/万 m³		2030 年增加供水量/万 m³	
钦南区	钦州市城区污水处理厂中水利用系统	5	—	1 825	1 825	—	1 825
钦州港区	港区污水处理厂	5	—	1 825	1 825	—	4 015
	金光污水处理厂	6	—	—		2 190	
	中马污水处理厂	5	—	—		1 825	

8.4　主要水利工程可供水量预测成果

8.4.1　规划水平年可供水量预测值计算

1. 地表水、调水工程及非常规水源可供水量预测值

根据《广西钦州市水利发展"十三五"规划报告》《广西水资源综合规划》，统计出能增加钦州市可供水量的项目有蓄水工程（小型农田水利工程、中小型水库建设工程）、引水（包括河湖连通工程）与提水工程、调水工程和非常规水源工程共计 42 项，2020 年前拟建设完成 17 项，2030 前拟建设完成 25 项。中型水库建设工程在四种不同来水频率下的可供水量增加值采用公式（8-5）进行计算；小型水库、小型农田水利工程在不同情境下的可供水量增加值采用公式（8-6）进行计算；引水工程、河湖连通工程在不同情境下的可供水量增加值采用公式（8-7）进行计算；提水工程的可供水量增加值采用公式（8-8）进行计算。钦州市在四种不同来水频率下的地表水可供水量同比增加量计算成果见表 8-15。

表 8-15　钦州市地表水可供水量同比增加量　　（单位：万 m³）

水平年	计算分区	蓄水工程					引水工程					工程数量	提水工程
		工程数量	$P=50\%$	$P=75\%$	$P=90\%$	$P=95\%$	工程数量	$P=50\%$	$P=75\%$	$P=90\%$	$P=95\%$		
2020	钦南区	2	1 081.5	887.3	573.7	413.4	2	2 108.2	1 792.0	1 264.9	1 054.1	0	0.0
	钦北区	2	2 794.0	2 274.6	1 634.1	1 309.1	0	0.0	0.0	0.0	0.0	0	0.0
	钦州港区	0	0.0	0.0	0.0	0.0	0	0.0	0.0	0.0	0.0	0	0.0
	灵山县	2	578.0	475.7	293.4	200.1	0	0.0	0.0	0.0	0.0	0	0.0
	浦北县	3	787.0	647.8	399.6	272.4	2	5 332.5	4 532.6	3 199.5	2 666.3	0	0.0
	合计	9	5 240.5	4 285.4	2 900.8	2 195	4	7 440.7	6 324.6	4 464.4	3 720.4	0	0.0
2030	钦南区	8	1 512.0	1 244.5	767.6	523.4	0	0.0	0.0	0.0	0.0	0	0.0
	钦北区	1	5 045.9	4 071.1	3 268.4	2 867.0	1	766.5	651.5	459.9	383.3	0	0.0
	钦州港区	1	163.8	134.8	83.2	56.7	1	1 095.0	930.8	657	547.5	0	0.0
	灵山县	1	392.6	323.1	199.3	135.9	1	500.0	425.0	300.0	250.0	2	1507.4
	浦北县	4	2 770.1	2 280	1 406.3	958.9	0	0.0	0.0	0.0	0.0	2	4 118.9
	合计	15	9 884.4	8 053.5	5 724.8	4 541.9	3	2 361.5	2 007.3	1 416.9	1 180.8	4	5 626.3

钦州市调水工程及非常规水源可供水量预测值见表 8-16。

表 8-16　钦州市调水工程及非常规水源可供水量同比增加量

水平年	计算分区	调水工程/项	工程数量/项	非常规水源/万 m³
2020	钦南区	0	0	1 825
	钦北区	0	0	0
	钦州港区	0	0	1 825
	灵山县	0	0	0
	浦北县	0	0	0

续表

水平年	计算分区	调水工程/项	工程数量/项	非常规水源/万 m³
2030	钦南区	13 089	0	0
	钦北区	0	1	0
	钦州港区	41 610	2	4015
	灵山县	0	0	0
	浦北县	0	0	0

2. 地下水预测值

根据《广西水资源保护规划》，统计出钦州市地下水规划到 2020 年和 2030 年开采控制总量分别为 5 238 万 m³ 和 5 288 万 m³，各计算分区的地下水可供水量按总量的减少率同比减少。

8.4.2　供水分析计算结果

汇总钦州市各类工程的可供水量，以现状年可供水量计算值为基数，累加各水平年可供水量预测值。2020 年、2030 年钦州市各计算分区、不同来水频率供水量预测结果见表 8-17。

表 8-17　未来水平年钦州市可供水量分析结果　　　　　（单位：亿 m³）

水平年	计算分区	地表水				地下水	外流域调水	非常规水源	合计			
		50%	75%	90%	95%				50%	75%	90%	95%
2014	钦南区	3.92	3.43	2.77	2.46	0.12	0.00	0.00	4.04	3.55	2.89	2.58
	钦北区	2.16	1.81	1.29	1.04	0.13	0.00	0.00	2.17	1.81	1.29	1.05
	钦州港区	0.59	0.59	0.59	0.58	0.00	0.00	0.00	0.73	0.73	0.72	0.72
	灵山县	4.26	3.52	2.49	2.01	0.24	0.00	0.00	4.50	3.75	2.73	2.25
	浦北县	1.05	0.88	0.60	0.47	0.16	0.00	0.00	1.21	1.04	0.75	0.63
	合计	11.98	10.23	7.74	6.56	0.65	0.00	0.00	12.65	10.88	8.38	7.23
2020	钦南区	4.24	3.70	2.95	2.61	0.10	0.00	0.18	4.52	3.98	3.23	2.89
	钦北区	2.44	2.04	1.45	1.17	0.11	0.00	0.00	2.55	2.14	1.56	1.28
	钦州港区	0.59	0.59	0.59	0.58	0.00	0.00	0.18	0.78	0.78	0.77	0.77
	灵山县	4.32	3.56	2.52	2.03	0.19	0.00	0.00	4.51	3.75	2.71	2.22
	浦北县	1.66	1.40	0.96	0.76	0.13	0.00	0.00	1.79	1.53	1.08	0.89
	合计	13.25	11.29	8.47	7.15	0.53	0.00	0.36	14.15	12.18	9.35	8.05
2030	钦南区	4.39	3.82	3.14	2.75	0.10	1.31	0.00	5.98	5.41	4.73	4.34
	钦北区	3.02	2.52	1.62	1.31	0.11	0.00	0.00	3.13	2.63	1.73	1.42
	钦州港区	0.72	0.70	0.66	0.64	0.00	4.16	0.4	5.29	5.26	5.23	5.21
	灵山县	4.56	3.79	2.72	2.22	0.19	0.00	0.00	4.75	3.98	2.91	2.41
	浦北县	2.35	2.04	1.08	1.27	0.13	0.00	0.00	2.48	2.17	1.21	1.40
	合计	15.04	12.87	9.22	8.19	0.53	5.47	0.58	21.63	19.45	15.79	14.77

8.4.3　合理性分析

根据钦州市各年均降雨量,对比钦州市各频率下降雨量,选出来水代表年份。其中,2011 钦州市年降雨量 1 772.9 mm 接近 $P=50\%$ 频率下降雨量 1 769.03 mm,因此,选择2011 年为($P=50\%$)代表年。将蓄水工程、引水工程、提水工程的可供水量计算结果与《钦州市水资源公报》中的供水量实测值进行对比分析,统计出以上三项工程的可供水量分析结果见表 8-18。

表 8-18　计算值与实测值分析对比成果

对比项　　　　　　工程类别	蓄水工程	引水工程	提水工程
2011 年实测值	58 320	41 248	17 623
$P=50\%$ 计算值	59 997	42 001	17 895
差值比/%	2.9	1.8	1.5

由表 8-18 可知,蓄水工程、引水工程、提水工程计算值均与实测值相近。因此,$P=50\%$ 可供水量计算值合理。

8.5　小　　结

通过本章的研究,得出以下结论。

(1) 本章构建出一套城市水利工程可供水量的分析方法,重点分析了大、中、小型蓄水工程与引水、提水工程的可供水量简化计算方法,并依据该方法对钦州市现状年与规划水平年的地表水可供水量增加值分别进行计算。

(2) 以钦州市为例进行可供水量的计算,结果表明钦州市 2014 年、2020 年、2030 年三个水平年在 $P=50\%$ 来水频率下的可供水量分别为 12.64 亿 m³、14.15 亿 m³、21.63亿 m³。跨流域调水工程将有效提高钦州市的供水能力,但 2030 年除去跨流域调水后的可供水量为 16.16 亿 m³,与钦州市地表水水资源可利用量有较大差距,工程性缺水较严重,应进一步规划上游骨干水库以及能够增加可供水量的水利工程。

参 考 文 献

[1] 水利部水利水电规划设计院.全国水资源综合规划技术细则[R].2002-08:125-1331.
[2] 中华人民共和国水利部.GB/T 50095—2014 水文基本术语和符号标准[S].北京:中国计划出版社,2015.
[3] 中华人民共和国水利部.水资源供需分析技术规范(送审稿)[S].2007-03.
[4] 刘付荣.区域水资源配置中供水预测计算方法研究[J].气象与环境科学,2012,35(1):78-82.

[5] 王双银,宋孝玉.水资源评价[M].2版.郑州:黄河水利出版社,2014.

[6] 张永利,彭龙.多年调节水库兴利调节计算的长系列法[J].水利科技与经济,2012,18(2):77-79.

[7] 顾圣平,田富强,徐得潜.水资源规划及利用[M].北京:中国水利水电出版社,2009.

[8] 王铁生.长藤结瓜灌溉系统的水利计算[M].北京:水利电力出版社,1984.

[9] 周刚,罗骏燕.贵州省现有水利工程供水能力研究[J].黑龙江水利科技,2013,41(8):148-149.

[10] 张子贤.关于可供水量定义及计算方法的讨论[J].人民长江,2002,33(7):27-29.

[11] 金菊良,原晨阳,蒋尚明,等.基于水量供需平衡分析的江淮丘陵区塘坝灌区抗旱能力评价[J].水利学报,2013,44(5):534-541.

[12] 朱国华.水资源供需分析中的可供水量计算[J].长江水利教育,1998,15(2):68-70.

[13] 张伟,周树葵.水泵与水泵站[M].北京:北京大学出版社,2014.

第9章 钦州市水资源三次供需平衡分析

9.1 水资源三次供需平衡

9.1.1 水资源供需平衡分析方法

水资源供需平衡分析是在流域规划和水资源综合评价分析的基础上,以水资源的供需现状、国民经济发展和社会发展与国土整治规划为依据,运用一定的数学模型和分析方法,测算今后各个时期的供水量和需水量,通过对供水系统结构和需水系统结构的不适应情况进行分析,查明原因,提出解决水资源实际供应能力与需求之间矛盾的方法。钦州市水资源供需矛盾日益突出,随着最严格的水资源管理制度的实行,面对水资源供需缺口,科学合理地处理好城市供需水平衡关系,对实现水资源的可持续利用和促进社会经济的可持续发展具有重要意义。

水资源供需平衡是进行水资源优化配置的重要内容,已有学者研究城市水资源供需平衡,传统方法有统计学法和灰色系统模型法等,如高珺等[1]采用 1997～2011 年中国水资源和宏观经济数据,根据经济学供需平衡理论建立我国水资源供给和需求模型;方浩等[2]将模糊数学中的海明距离和模糊贴近度与灰色理论中的灰色关联度有机结合起来,建立一种反映供需水时间序列之间协调程度的整体关联度指标和区域水量供需协调分析模型;陆菊春等[3]将灰色关联度与灰熵结合起来,建立了基于灰色关联熵理论的供需协调分析模型,为水资源供需协调分析提供新的方法;魏鸿等[4]引入供需协调系数的概念,并运用灰色关联理论研究水资源供需的协调程度,较好地反映出供需双方的协调关系。也有学者运用系统动力学模型模拟供需平衡情况,如李天宏和杨松楠[5]建立的水资源 SD 模型将 SD 模型与龙华新区"来-蓄-用-排"的水资源结构链相结合,模拟了 2010～2030 年水资源供需比的变化;秦欢欢和郑春苗[6]采用宏观经济模型和系统动力学结合的方法,构建了张掖盆地水资源系统动力学模型;秦剑[7]将北京市水资源供需平衡系统划分为两个主要的子系统进行建模分析,其次基于供需平衡模型建立了水资源供需平衡系统动力学仿真模型;杨明杰等[8]用系统动力学模型定量模拟玛纳斯河灌区水资源供需状况,在分析水资源供需平衡敏感性影响因子的基础上,提出传统型、一般治污型、强化治污型、一般节水型、强化节水型和综合型六种模拟方案,对玛纳斯河灌区未来水资源的供需平衡状况进行分析。还有学者利用系统评价角度和水资源系统分析角度等解决水资源供需平衡,如黄初龙[9]设计了反映水资源供需动态特征的水资源丰度、供水能力、用水效率和需水趋势 4 个领域构成的福建省水资源供需平衡评价指标体系。王铮等[10]在分析中应用一般均衡的分析技术和线性规划逆问题分析技术相结合,考察经济核心区和 6 个大区在未来经济发展中的水资源供需安全问题。丁晓红等[11]从水量平衡的角度出发,分析盐城市水资源系统的组成,建立了水资源供需平衡动态模拟模型并根据现状各分区水量分配比例进行模拟,采用不同运行方案,得出盐城市不同典型年缺水量变化情况。以上研究中,大多忽略了区域生态需水量,进而导致水资源开发利用决策不够合理,加剧了城市河湖生态功能退化、水土流失等一系列生态问题。同时,对于农村人口比例高的农业大市,供水量计算中往往只考虑常规水源的利用而忽略了人工载水量,或未考虑对非常规水源的利用,以及平衡方案中仅考虑了农业节水,未从多方面多角度的压缩用水需求,导致平衡分析不够全面,平衡结果存在偏差。除此之外,如系统动力学这一类需要大量数据支撑的方法不适用于一些资料数据有限的区域。

全国水资源综合规划技术细则规定水资源供需平衡分析使用的方法为:在城市水资源开发利用现状及存在的问题分析的基础上,依据各水平年需水量预测与供水量预测的分析成果拟定多组方案,进行 2~3 次供需水量平衡分析,提出推荐方案。三次平衡分析法可以较好地识别区域节水、非常规水源利用、境外调水工程等在缓解区域缺水情势中所起的作用与程度,是全口径、全流域层面上所进行的平衡计算[12]。王伟荣等[13]采取系统动力学仿真模拟方法对 2020~2030 年江苏省水资源供需水进行预测,在此基础上分别进行基于现状供水能力的一次供需平衡分析以及提高供水能力和节水措施下的二次供需平衡分析。李文忠等[14]针对不同的供需特点,用三次平衡方法对焦作市水资源配置进行了分层分析,结果表明依托南水北调等外部水资源后基本可实现供需平衡。李成振和孙万光[15]、顾世祥等[16]利用 MIKE BASIN 软件建立水资源管理规划模型,并基于三次平衡理论对研究区未来水资源供需状况进行了分析。李其峰等[17]以五家渠市为例,综合考虑了节水、污水回用、产业结构调整、新增调水规模等措施,根据水资源三次平衡的配置思想,利用 GAMS 开发的优化配置模型,通过长系列逐月调解计算,分析了不同情景下各水平年的水资源供需平衡状况。

运用三次平衡理论分析供需水问题的研究颇丰,但对于农业用水量和生态需水量较大且相对"缺水"的滨海城市研究缺乏。除此之外,在最严格的水资源管理制度的实施下,与用水效率红线相结合的水资源供需平衡分析研究较少。鉴此,为充分揭示 2020~2030 年钦州市水资源供需态势,以明晰钦州市在未来规划水平年节水型社会建设的方向,本章在第 7 章用水效率约束下的需水量预测结果(见表 7-21~表 7-26)、第 8 章水利工程可供水量预测结果(见表 8-17)的基础上,将人工载水量纳入可供水量计算中,根据近年《钦州市水资源公报》中人工载水量变化较小,将 2020 年、2030 年钦南区和钦州港区人工载水量按《钦州市水资源公报》设定为 0 亿 m^3,钦北区、灵山县、浦北县分别为 0.24 亿 m^3、0.45 亿 m^3、0.65 亿 m^3,全市人工载水量合计 1.34 亿 m^3。基于以上数据,采用三次平衡理论的供需平衡分析方法,分析钦州市经济增长率高、中、低三种方案下(见表 7-3)不同水平年的水资源供需矛盾,以期为钦州市远期水资源配置和工程布局提供决策依据。

9.1.2 水资源供需平衡分析原则

水资源供需平衡分析原则除近期和远期相结合、流域和区域相结合、综合利用和保护相结合之外,还应遵循"先节水后调水、先治污后通水、先生态后用水"的基本原则[18],坚持开源与节流并重,节流优先、治污为本、多渠道科学开源、综合利用,以水资源的可持续利用来保障社会经济的可持续发展。在跨越式经济发展条件下,钦州市应提高非常规水源的利用程度,将可再生水源视为城市第二水源,按照"优水利用、一水多用、重复利用"的原则,将污水处理厂的再生水优先用于绿化、河湖环境和市政杂用。当地水资源不足以承载经济社会发展要求时,亟需实施外流域引水,从经济可行性考虑,外引水应主要用于生活工业,当地水优先供给农业。因此,在满足防洪要求前提下,当地水源供水顺序为:首先退还河道内生态基流,河道外供水优先满足农业灌溉,然后再考虑生活、工业需水。地表水供水水源中优先使用塘坝和蓄水工程,然后是提水工程。工农业用水的回归水归于下游河道,可供下游用户使用。

9.1.3　水资源三次供需平衡原理

钦州市水资源三次供需平衡计算原理如下。

(1) 进行钦州市水资源一次供需平衡分析目的是在无新增供水工程情况下,定量确定区域水资源供需前景,充分暴露发展进程中的水资源供需矛盾。依据广西壮族自治区北部湾经济区用水量水平及跨跃式经济增长与经济发展的理论分析,保持现状节水力度,用相应的需水预测方法对广西壮族自治区北部湾经济区正常发展情景的基本方案进行预测。供水量以现有水利设施不变,通过完成对那冰水库、青年水闸等共 62 座水库、水闸的除险加固以及对灵山县 44 座小(1)型水库闸门改造以挖掘其供水潜力。

(2) 在一次平衡的基础上,立足钦州市水资源的开源和节流,在需求侧如通过调整产业结构、调整水价、增强管理等,进一步加大节水力度,尽可能压缩用水需求。供给侧如通过提高非常规水资源利用程度,加快推进中水回用工程,充分利用钦州市入海口水质含盐量相对较低的优势减少淡水资源利用量等加大水资源可供给量。在抑制需求和增加供给两方面共同作用下,二次平衡的供需缺口将大幅度降低,同时可适当退减部分挤占的河道生态用水量。

(3) 三次平衡是面向二次平衡的供需缺口上,进一步考虑跨流域调水,将当地水和外调水作为一个整体进行合理配置分析。根据《广西钦州市水利发展"十三五"规划报告》,钦州市可利用的境外调水工程为郁江调水工程,依托该项工程,可自郁江引水入钦州市。

9.2　供需平衡分析

9.2.1　一次供需平衡分析

一次供需平衡分析的需水量为外延式发展模式下的需水量,不考虑进一步的节水措施,预测钦州市经济发展高方案下,至 2020 年(GDP 增长率为 16.6%)钦州市在 50%、75%、90% 和 95% 的需水总量分别为 16.28 亿 m^3、16.84 亿 m^3、17.66 亿 m^3 和 18.49 亿 m^3;至 2030 年(GDP 增长率为 12.3%)各保证率下全市需水总量分别为 22.00 亿 m^3、22.66 亿 m^3、23.18 亿 m^3 和 24.35 亿 m^3。一次平衡的可供水量中不考虑新增供水措施,同时完成对病险水库、水闸的除险加固,将第 8 章水利工程可供水量计算成果中(见表 8-17)不考虑非常规水源及外流域调水的可供水量,加上各计算分区人工载水量经验值即可得到一次平衡的可供水量,2020 年全市各保证率下可供水总量分别为 15.12 亿 m³、13.16 亿 m³、10.34 亿 m³ 和 9.02 亿 m³,2030 年则分别为 16.91 亿 m³、14.74 亿 m³、11.09 亿 m³ 和 10.06 亿 m³。

　　一次供需平衡成果见表 9-1,可明显看出,在钦州市经济高速发展方案下,2020 年 $P=50\%$ 到 $P=95\%$ 全市总缺水量分别从 1.16 亿 m³ 增加到 9.47 亿 m³,2030 年则从 5.09 亿 m³ 增加到 14.29 亿 m³,其中钦南区在保证率 50% 到 90% 时不存在缺水的情况,且尚有余水,但在 95% 的保证率时,2020 年、2030 年缺水率达到了 13.97% 和 30.84%;其他计算分区中以钦州港区缺水最为严重,两个规划水平年内缺水率分别在 60% 和 80% 以上,说明在现状条件下,钦州港区的工业需水量基本上不能被满足,挤占了钦州港区河道外生态流量,可以考虑利用调水工程将钦南区的余水调往钦州港区。两县中以集中了农田和果园的灵山县缺水较为严重,其农业需水量约占全县需水总量的 80%,2030 年从 $P=50\%$ 至 $P=95\%$,灵山县缺水率从 20.37% 增加至 62.37%,极大地影响了钦州市农业的生产。在钦州市经济中速发展情况下,同时各计算分区缺水率下降不超过 3%,经济低速发展方案较中速发展方案的缺水状况变化亦是如此。

　　一次供需平衡的结果可看出,钦州市地下水利用十分有限,基本只能依靠地表水来满足,水资源供需矛盾十分突出,无法满足钦州市经济社会可持续发展的需求。为此,应在基本方案需水量预测的基础上,根据水资源配置的要求,进行节水潜力的分析和强化节水方案下的需水预测,"节流"的同时进行"开源",以减小供需缺口。

表 9-1　不同水平年一次供需平衡成果表　　　　　　　　(单位:亿 m³)

经济增长率	水平年	计算分区	50%			75%			90%			95%		
			需水量	可供水量	缺水量	需水量	可供水量	缺水量	需水量	可供水量	缺水量	需水量	可供水量	缺水量
高	2020	钦南区	2.74	4.34	−1.60	2.85	3.80	−0.95	3.00	3.05	−0.05	3.15	2.71	0.44
		钦北区	3.34	2.79	0.55	3.46	2.39	1.07	3.65	1.8	1.85	3.84	1.52	2.32
		钦州港区	1.61	0.59	1.02	1.61	0.59	1.02	1.61	0.59	1.02	1.61	0.58	1.03
		灵山县	5.92	4.96	0.96	6.17	4.20	1.97	6.54	3.16	3.38	6.91	2.67	4.24
		浦北县	2.67	2.44	0.23	2.75	2.18	0.57	2.86	1.74	1.12	2.98	1.54	1.44
		合计	16.28	15.12	1.16	16.84	13.16	3.68	17.66	10.34	7.32	18.49	9.02	9.47
	2030	钦南区	3.38	4.49	−1.11	3.49	3.92	−0.43	3.59	3.24	0.35	3.80	2.85	0.95
		钦北区	4.43	3.37	1.06	4.58	2.87	1.71	4.70	1.97	2.73	4.96	1.66	3.30
		钦州港区	3.79	0.72	3.07	3.79	0.70	3.09	3.79	0.66	3.13	3.79	0.64	3.15
		灵山县	6.53	5.20	1.33	6.84	4.43	2.41	7.07	3.36	3.71	7.60	2.86	4.74
		浦北县	3.87	3.13	0.74	3.96	2.82	1.14	4.03	1.86	2.17	4.20	2.05	2.15
		合计	22.00	16.91	5.09	22.66	14.74	7.92	23.18	11.09	12.09	24.35	10.06	14.29

续表

经济增长率	水平年	计算分区	50%			75%			90%			95%		
			需水量	可供水量	缺水量	需水量	可供水量	缺水量	需水量	可供水量	缺水量	需水量	可供水量	缺水量
中	2020	钦南区	2.70	4.34	−1.64	2.81	3.80	−0.99	2.96	3.05	−0.09	3.12	2.71	0.41
		钦北区	3.30	2.79	0.51	3.42	2.39	1.03	3.61	1.80	1.81	3.80	1.52	2.28
		钦州港区	1.53	0.59	0.94	1.53	0.59	0.94	1.53	0.59	0.94	1.53	0.58	0.95
		灵山县	5.89	4.96	0.93	6.14	4.20	1.94	6.51	3.16	3.35	6.88	2.67	4.21
		浦北县	2.62	2.44	0.18	2.70	2.18	0.52	2.82	1.74	1.08	2.94	1.54	1.40
		合计	16.04	15.12	0.92	16.60	13.16	3.44	17.43	10.34	7.09	18.27	9.02	9.25
	2030	钦南区	3.26	4.49	−1.23	3.38	3.92	−0.54	3.48	3.24	0.24	3.69	2.85	0.84
		钦北区	4.26	3.37	0.89	4.41	2.87	1.54	4.53	1.97	2.56	4.79	1.66	3.13
		钦州港区	3.52	0.72	2.80	3.52	0.70	2.82	3.52	0.66	2.86	3.52	0.64	2.88
		灵山县	6.41	5.20	1.21	6.71	4.43	2.28	6.94	3.36	3.58	7.47	2.86	4.61
		浦北县	3.70	3.13	0.57	3.79	2.82	0.97	3.87	1.86	2.01	4.04	2.05	1.99
		合计	21.15	16.91	4.24	21.81	14.74	7.07	22.34	11.09	11.25	23.51	10.06	13.45
低	2020	钦南区	2.67	4.34	−1.67	2.78	3.80	−1.02	2.93	3.05	−0.12	3.09	2.71	0.38
		钦北区	3.26	2.79	0.47	3.38	2.39	0.99	3.57	1.80	1.77	3.76	1.52	2.24
		钦州港区	1.17	0.59	0.58	1.17	0.59	0.58	1.17	0.59	0.58	1.17	0.58	0.59
		灵山县	6.14	4.96	1.18	6.40	4.20	2.20	6.76	3.16	3.60	7.14	2.67	4.47
		浦北县	2.58	2.44	0.14	2.66	2.18	0.48	2.78	1.74	1.04	2.90	1.54	1.36
		合计	15.82	15.12	0.70	16.39	13.16	3.23	17.21	10.34	6.87	18.06	9.02	9.04
	2030	钦南区	3.16	4.49	−1.33	3.28	3.92	−0.64	3.37	3.24	0.13	3.59	2.85	0.74
		钦北区	4.11	3.37	0.74	4.26	2.87	1.39	4.37	1.97	2.40	4.64	1.66	2.98
		钦州港区	3.27	0.72	2.55	3.27	0.70	2.57	3.27	0.66	2.61	3.27	0.64	2.63
		灵山县	6.29	5.20	1.09	6.60	4.43	2.17	6.83	3.36	3.47	7.36	2.86	4.50
		浦北县	3.54	3.13	0.41	3.64	2.82	0.82	3.71	1.86	1.85	3.88	2.05	1.83
		合计	20.37	16.91	3.46	21.05	14.74	6.31	21.55	11.09	10.46	22.74	10.06	12.68

9.2.2　二次供需平衡分析

　　二次供需平衡的可供水量考虑了污水治理回用以及增加了当地水源尤其是非常规水源的挖掘,特别是提高对中水的利用程度,将再生水回用于工业用水、农业灌溉用水、生态环境用水及第三产业用水。在需求方面通过强化节水措施最大幅度的压缩用水量需求,根据《钦州市主城区、滨海新区节水专项规划(2014—2030)》中规划节水目标为:截至2020

年,城市供水管网漏损率控制在 12%,城市生活污水集中处理率达到 85%,再生水利用率达到 20%,新建民用建筑节水型卫生器具的普及率达到 100%,全市非居民公共用水量的重复利用率达到 50%,公共用水量全面实现定额管理、超计划加价,居民生活用水量实行阶梯式水价,要达到万元 GDP(国内生产总值)用水量为 80 m³/万元,工业用水重复率为 75%,雨水利用率达到公共设施用水量的 5% 等;至 2030 年,城市供水管网漏损率控制在 10% 以内,城市生活污水集中处理率达到 95%,再生水利用率达到 60%,要达到万元 GDP(国内生产总值)用水量为 60 m³/万元,万元工业增加值用水量为 45 m³/万元,雨水利用率达到公共设施用水量的 8% 等。

二次供需平衡结果见表 9-2,进行开源节流后钦州市各水平年对应的各保证率下的缺水程度有所缓解,经济高速发展方案下 2020 年全市各保证率下的总缺水率较一次平衡的总缺水率分别从 7.12%、21.85%、41.45%、51.22% 降为 2.52%、17.66%、37.86%、47.98%;2030 年各保证率下的缺水率分别从 23.14%、34.95%、52.16%、58.66% 降为 12.24%、25.79%、44.50%、51.83%。其中,钦州港区缺水依旧较为严重,缺水率基本在 50% 以上,而越是干旱的年份,对农业需水量大的灵山县影响就越严重。经济中、低速发展方案的全市总需水量较高速发展方案降幅不大,各保证率下减少的需水量都不超过 1 亿 m³。

可以看出,在"开源"、"节流"后,钦州市缺水的形势得到了一定程度的缓解,但面对依旧存在的较大供需缺口,必须依靠外流域调水来解决。

表 9-2 不同水平年二次供需平衡成果表　　　　　　　(单位:亿 m³)

经济增长率	水平年	计算分区	50%			75%			90%			95%		
			需水量	可供水量	缺水量	需水量	可供水量	缺水量	需水量	可供水量	缺水量	需水量	可供水量	缺水量
高	2020	钦南区	2.63	4.52	−1.89	2.73	3.98	−1.25	2.87	3.23	−0.36	3.02	2.89	0.13
		钦北区	3.20	2.79	0.41	3.32	2.39	0.93	3.50	1.80	1.70	3.67	1.52	2.15
		钦州港区	1.59	0.77	0.82	1.59	0.77	0.82	1.59	0.77	0.82	1.59	0.76	0.83
		灵山县	5.89	4.96	0.93	6.14	4.20	1.94	6.51	3.16	3.35	6.88	2.67	4.21
		浦北县	2.57	2.44	0.13	2.64	2.18	0.46	2.75	1.74	1.01	2.87	1.54	1.33
		合计	15.88	15.49	0.40	16.42	13.52	2.90	17.22	10.70	6.52	18.03	9.38	8.65
	2030	钦南区	3.09	4.67	−1.58	3.20	4.10	−0.90	3.29	3.42	−0.13	3.48	3.03	0.45
		钦北区	4.00	3.37	0.63	4.13	2.87	1.26	4.24	1.97	2.27	4.48	1.66	2.82
		钦州港区	3.35	1.12	2.23	3.35	1.10	2.25	3.35	1.06	2.29	3.35	1.04	2.31
		灵山县	6.01	5.20	0.81	6.29	4.43	1.86	6.50	3.36	3.14	6.99	2.86	4.13
		浦北县	3.48	3.13	0.35	3.57	2.82	0.75	3.64	1.86	1.78	3.79	2.05	1.74
		合计	19.93	17.49	2.44	20.54	15.32	5.22	21.01	11.67	9.35	22.09	10.64	11.45

续表

经济增长率	水平年	计算分区	50%			75%			90%			95%		
			需水量	可供水量	缺水量	需水量	可供水量	缺水量	需水量	可供水量	缺水量	需水量	可供水量	缺水量
中	2020	钦南区	2.59	4.52	−1.93	2.70	3.98	−1.28	2.84	3.23	−0.39	2.98	2.89	0.09
		钦北区	3.16	2.79	0.37	3.28	2.39	0.89	3.45	1.80	1.65	3.63	1.52	2.11
		钦州港区	1.51	0.77	0.74	1.51	0.77	0.74	1.51	0.77	0.74	1.51	0.76	0.75
		灵山县	5.99	4.96	1.03	6.24	4.20	2.04	6.61	3.16	3.45	6.98	2.67	4.31
		浦北县	2.52	2.44	0.08	2.60	2.18	0.42	2.71	1.74	0.97	2.82	1.54	1.28
		合计	15.77	15.48	0.29	16.33	13.52	2.81	17.12	10.70	6.42	17.92	9.38	8.54
	2030	钦南区	2.99	4.67	−1.68	3.10	4.10	−1.00	3.19	3.42	−0.23	3.38	3.03	0.35
		钦北区	3.85	3.37	0.48	3.99	2.87	1.12	4.10	1.97	2.13	4.34	1.66	2.68
		钦州港区	3.11	1.12	1.99	3.11	1.10	2.01	3.11	1.06	2.05	3.11	1.04	2.07
		灵山县	5.90	5.20	0.70	6.18	4.43	1.75	6.39	3.36	3.03	6.88	2.86	4.02
		浦北县	3.34	3.13	0.21	3.43	2.82	0.61	3.49	1.86	1.63	3.65	2.05	1.60
		合计	19.19	17.49	1.70	19.81	15.32	4.49	20.28	11.67	8.61	21.36	10.64	10.72
低	2020	钦南区	2.56	4.52	−1.96	2.66	3.98	−1.32	2.81	3.23	−0.42	2.95	2.89	0.06
		钦北区	3.12	2.79	0.33	3.24	2.39	0.85	3.41	1.80	1.61	3.59	1.52	2.07
		钦州港区	1.14	0.77	0.37	1.14	0.77	0.37	1.14	0.77	0.37	1.14	0.76	0.38
		灵山县	6.24	4.96	1.28	6.49	4.20	2.29	6.86	3.16	3.70	7.23	2.67	4.56
		浦北县	2.48	2.44	0.04	2.56	2.18	0.38	2.67	1.74	0.93	2.78	1.54	1.24
		合计	15.54	15.48	0.06	16.09	13.52	2.57	16.89	10.70	6.19	17.69	9.38	8.31
	2030	钦南区	2.90	4.67	−1.77	3.01	4.10	−1.09	3.10	3.42	−0.32	3.29	3.03	0.26
		钦北区	3.72	3.37	0.35	3.86	2.87	0.99	3.97	1.97	2.00	4.21	1.66	2.55
		钦州港区	2.90	1.12	1.78	2.90	1.10	1.80	2.90	1.06	1.84	2.90	1.04	1.86
		灵山县	5.80	5.20	0.60	6.08	4.43	1.65	6.29	3.36	2.93	6.78	2.86	3.92
		浦北县	3.21	3.13	0.08	3.30	2.82	0.48	3.36	1.86	1.50	3.52	2.05	1.47
		合计	18.53	17.49	1.04	19.15	15.32	3.83	19.62	11.67	7.95	20.70	10.64	10.06

9.2.3　三次供需平衡分析

二次供需平衡分析成果显示,仅依靠节水和当地水源挖掘无法满足快速发展下的钦州市缺水问题,必须依靠境外工程调水以填补供需缺口。三次平衡的可供水量增加了外调水量,2030 年即将建成的钦州市郁江调水工程以向钦州沿海工业园远期供水为主,兼顾改善钦州市区供水量和沿途农村人畜饮水量、农田灌溉用水量及环境用水量,日供水 120 万 t。

依托该项工程,2030 年向钦南区及钦州港区增加可供水量分别为 1.31 亿 m³、4.16 亿 m³,三次供需平衡成果见表 9-3。可明显看出,经济高速发展方案下,2030 年钦州港区缺水率由一次平衡的约 83%下降为约－55%,且各保证率下都有余水;钦南区由于得到郁江调水工程的调入水量,剩余水量由二次平衡的 1.58 亿 m³ 增加至 2.89 亿 m³(高方案下),且至 $P=$ 95%下,钦南区也将余水 0.86 亿 m³。

2030 年进行外流域调水后,在三种经济发展方案下,在平水年和中等干旱年里钦州市可基本实现供需平衡,但在保证率 95%下灵山县、浦北县、钦北区缺水率分别达到约59%、46%、63%。

表 9-3 不同水平年三次供需平衡成果表 (单位:亿 m³)

经济增长率	水平年	计算分区	50%			75%			90%			95%		
			需水量	可供水量	缺水量	需水量	可供水量	缺水量	需水量	可供水量	缺水量	需水量	可供水量	缺水量
高	2020	钦南区	2.63	4.52	−1.89	2.73	3.98	−1.25	2.87	3.23	−0.36	3.02	2.89	0.13
		钦北区	3.20	2.79	0.41	3.32	2.39	0.93	3.50	1.80	1.70	3.67	1.52	2.15
		钦州港区	1.59	0.77	0.82	1.59	0.77	0.82	1.59	0.77	0.82	1.59	0.76	0.83
		灵山县	5.89	4.96	0.93	6.14	4.20	1.94	6.51	3.16	3.35	6.88	2.67	4.21
		浦北县	2.57	2.44	0.13	2.64	2.18	0.46	2.75	1.74	1.01	2.87	1.54	1.33
		合计	15.88	15.48	0.40	16.42	13.52	2.90	17.22	10.70	6.52	18.03	9.38	8.65
	2030	钦南区	3.09	5.98	−2.89	3.20	5.41	−2.21	3.29	4.73	−1.44	3.48	4.34	−0.86
		钦北区	4.00	3.37	0.63	4.13	2.87	1.26	4.24	1.97	2.27	4.48	1.66	2.82
		钦州港区	3.35	5.28	−1.93	3.35	5.26	−1.91	3.35	5.22	−1.87	3.35	5.20	−1.85
		灵山县	6.01	5.20	0.81	6.29	4.43	1.86	6.50	3.36	3.14	6.99	2.86	4.13
		浦北县	3.48	3.13	0.35	3.57	2.82	0.75	3.64	1.86	1.78	3.79	2.05	1.74
		合计	19.93	22.96	−3.03	20.54	20.79	−0.25	21.02	17.14	3.88	22.09	16.11	5.98
中	2020	钦南区	2.59	4.52	−1.93	2.70	3.98	−1.28	2.84	3.23	−0.39	2.98	2.89	0.09
		钦北区	3.16	2.79	0.37	3.28	2.39	0.89	3.45	1.80	1.65	3.63	1.52	2.11
		钦州港区	1.51	0.77	0.74	1.51	0.77	0.74	1.51	0.77	0.74	1.51	0.76	0.75
		灵山县	5.99	4.96	1.03	6.24	4.20	2.04	6.61	3.16	3.45	6.98	2.67	4.31
		浦北县	2.52	2.44	0.08	2.60	2.18	0.42	2.71	1.74	0.97	2.82	1.54	1.28
		合计	15.77	15.48	0.29	16.33	13.52	2.81	17.12	10.70	6.42	17.92	9.38	8.54
	2030	钦南区	2.99	5.98	−2.99	3.10	5.41	−2.31	3.19	4.73	−1.54	3.38	4.34	0.96
		钦北区	3.85	3.37	0.48	3.99	2.87	1.12	4.10	1.97	2.13	4.34	1.66	2.68
		钦州港区	3.11	5.28	−2.17	3.11	5.26	−2.15	3.11	5.22	−2.11	3.11	5.20	−2.09
		灵山县	5.90	5.20	0.70	6.18	4.43	1.75	6.39	3.36	3.03	6.88	2.86	4.02
		浦北县	3.34	3.13	0.21	3.43	2.82	0.61	3.49	1.86	1.63	3.65	2.05	1.60
		合计	19.19	22.96	−3.77	19.81	20.79	−0.98	20.28	17.14	3.14	21.36	16.11	5.25

续表

经济增长率	水平年	计算分区	50%			75%			90%			95%		
			需水量	可供水量	缺水量	需水量	可供水量	缺水量	需水量	可供水量	缺水量	需水量	可供水量	缺水量
低	2020	钦南区	2.56	4.52	−1.96	2.66	3.98	−1.32	2.81	3.23	−0.42	2.95	2.89	0.06
		钦北区	3.12	2.79	0.33	3.24	2.39	0.85	3.41	1.80	1.61	3.59	1.52	2.07
		钦州港区	1.14	0.77	0.37	1.14	0.77	0.37	1.14	0.77	0.37	1.14	0.76	0.38
		灵山县	6.24	4.96	1.28	6.49	4.20	2.29	6.86	3.16	3.70	7.23	2.67	4.56
		浦北县	2.48	2.44	0.04	2.56	2.18	0.38	2.67	1.74	0.93	2.78	1.54	1.24
		合计	15.54	15.48	0.06	16.09	13.52	2.57	16.89	10.70	6.19	17.69	9.38	8.31
	2030	钦南区	2.90	5.98	−0.38	3.01	5.41	−2.40	3.10	4.73	−1.63	3.29	4.34	−1.05
		钦北区	3.72	3.37	0.35	3.86	2.87	0.99	3.97	1.97	2.00	4.21	1.66	2.55
		钦州港区	2.90	5.28	−2.38	2.90	5.26	−2.36	2.90	5.22	−2.32	2.90	5.20	−2.30
		灵山县	5.80	5.20	0.60	6.08	4.43	1.65	6.29	3.36	2.93	6.78	2.86	3.92
		浦北县	3.21	3.13	0.08	3.30	2.82	0.48	3.36	1.86	1.50	3.52	2.05	1.47
		合计	18.53	22.96	−1.73	19.15	20.79	−1.64	19.62	17.14	2.48	20.70	16.11	4.59

9.4　平衡分析结论

　　基于三次平衡分析的钦州市水资源供需平衡分析是在用水效率约束下水资源配置理论的核心。以不同经济增速模拟不同情景下钦州市水资源供需形势,结果表明当地水资源开发利用到一定程度、供水水源受到限制时,在一次供需平衡的基础上,实行强化节水措施和对非常规水源的利用后所形成的供需缺口,能明晰当地水资源承载能力全部发挥后的流域水资源供需形势。三次平衡计算后钦州市尤其钦州港区的水资源供需矛盾得到有效的缓解,经济高速发展方案下,2020 年由于未建成郁江调水工程 50%、75%、90%、95%保证率下分别缺水 0.40 亿 m³、2.90 亿 m³、6.52 亿 m³、8.65 亿 m³;2030 年建成调水工程后,$P=50\%$ 和 $P=75\%$ 保证率下钦州市分别有余水 3.03 亿 m³、0.25 亿 m³,但在高方案 $P=95\%$ 保证率下年缺水量最高达 3.87 亿 m³。虽然三个不同经济发展方案下的节水方案在 2020 都满足红线中总量控制的要求,但 2030 年需水量还与 2030 年总量目标 16.59 亿 m³ 有一定的差距,因此,必须构建基于"三条红线"约束下的水资源优化配置模型并进行求解。

　　针对钦州市水资源现状,必须以节水优先、治污为本、多渠道开源为原则。在节水方面还存在较大潜力,钦州市的工业节水水平不高。在工业水重复利用方面,与先进国家相比相差较大,可通过采用新设备、新材料、新技术、改进工业流程降低工业产值耗水率,同时加大对工业废水的利用。其他行业,如生态环境节水也存在一定潜力,利用再生水解决绿化、环境卫生及湖泊补水等对水质要求较低的领域用水,可节约客观的水量。农业节水潜力相当大,如灵山县目前灌溉渠道多为土渠,渠道利用系数低,且仅有 64% 的耕地水田有水利设施予以保障,可大力推进高效节水灌溉,推广滴灌、喷灌、微灌等农业节水技术,发展节水型农业。

在节约用水量的前提下,还可着眼于多渠道开源,钦州市的雨水利用率极低,可通过雨水利用技术如分散式雨水渗漏系统、雨水利用设施如利用天然有力地形修建雨水蓄水工程等,以提高雨水利用率。为解决城区供水能力不足、供水水源单一问题,可增加独立的供水水源,使得钦州市城区形成多水源供水格局,增加城区抵抗风险能力,提高城区供水保障安全性,由城区周边可能水源分析,可能增加独立的供水水源有茅岭江调水工程、屯六水库引水工程、王岗山水库、钦州市城区周边水库群联网应急供水工程等。

9.5 小　结

本章对国内水资源供需平衡方法进行了总结,并在第 7 章和第 8 章的供需水预测结果的基础上,将人工载水量计入可供水量的计算中,采用基于现状的一次供需平衡分析、基于当地水资源承载能力的二次供需平衡分析和基于跨流域调水的三次供需平衡分析的水资源三次供需平衡分析理论来分析 2020 年、2030 钦州市水资源供需态势,得到:2020 年由于未建成郁江调水工程各保证率下分别缺水 0.40 亿 m³、2.90 亿 m³、6.52 亿 m³、8.65 亿 m³;2030 年建成调水工程后,$P=50\%$ 和 $P=75\%$ 下钦州市分别有余水 3.03 亿 m³、0.25 亿 m³,但在特枯年缺水量最高达 3.87 亿 m³。

参 考 文 献

[1] 高珺,赵娜,高齐圣.中国水资源供需模型及预测[J].统计与决策,2014(18):85-87.
[2] 方浩,赵雷,石娜,等.区域水资源的供需时序协调关系分析[J].水资源与水工程学报,2004,15(4):52-54.
[3] 陆菊春,郑君君,程鸿群.基于灰关联熵的区域水资源供需协调分析[J].水电能源科学,2000,18(2):21-23.
[4] 魏鸿,石峰,张慧成.水资源可持续利用模式:需水零增长模式[J].中国人口·资源与环境,2013,23(11):168-170.
[5] 李天宏,杨松楠.基于系统动力学模型的深圳市龙华新区水资源供需平衡预测及优化[J].应用基础与工程科学学报,2017,25(5):917-931.
[6] 秦欢欢,郑春苗.基于宏观经济模型和系统动力学的张掖盆地水资源供需研究[J].水资源与水工程学报,2018,29(1):9-17.
[7] 秦剑.水环境危机下北京市水资源供需平衡系统动力学仿真研究[J].系统工程理论与实践,2015,35(3):671-676.
[8] 杨明杰,杨广,何新林,等.基于系统动力学的玛纳斯河灌区水资源供需平衡分析[J].干旱区资源与环境,2018(1):174-180.
[9] 黄初龙.基于指标体系的区域水资源供需平衡时空分异评价[J].中国农村水利水电,2009(3):28-35.
[10] 王铮,郑一萍,冯皓洁,等.水资源供需平衡的安全分析[J].安全与环境学报,2002,2(5):13-18.
[11] 丁晓红,陆建林,程吉林,等.盐城市水资源供需平衡动态模拟分析[J].节水灌溉,2007(6):49-51.
[12] 洪倩.三次平衡理论在区域水资源供需平衡分析中的应用[J].中国农村水利水电,2016(6):51-53.

[13] 王伟荣,张玲玲,王宗志.基于系统动力学的区域水资源二次供需平衡分析[J].南水北调与水利科技,2014,12(1):47-49.

[14] 李文忠,胥书亭,潘国强,等.基于三次平衡的焦作市水资源优化配置研究[J].水电能源科学,2013,31(7):24-28.

[15] 李成振,孙万光.西辽河平原区水资源供需平衡分析[J].水资源与水工程学报,2017(1):56-61.

[16] 顾世祥,李远华,何大明,等.以 MIKE BASIN 实现流域水资源三次供需平衡[J].水资源与水工程学报,2007,18(1):5-10.

[17] 李其峰,谢新民,付意成.基于三次平衡的五家渠市水资源优化配置研究[J].水电能源科学,2011,29(3):16-19.

[18] 胡军,孙国荣,常景坤,等.鄂北地区当地水资源三次供需平衡分析[J].水利水电技术,2016,47(7):64-67.

第 10 章 "三条红线"约束下的水资源优化配置模型

10.1 水资源优化配置的目的

水资源配置作为区域与行业间的水量分配、水资源需求分析保护的重要措施,对缓解水资源供需矛盾、提高水资源调控水平和供水保障能力意义重大。其主要目标是使每个所配置水量单位的净效益最大化,最大限度地提高水的生产力。遵循有效性、公平性、可持续性以及系统性的四大原则保障了最严格水资源管理制度下水资源配置应用的合理性。

在全球气候急剧变化以及中国社会跨越式发展的背景下,中国国内面临资源型与水质型缺水的双重压力。水资源供需矛盾持续激化成为遏制中国经济可持续发展的主要因素。鉴于此,2011 年中共中央一号文件明确提出了最严格的水资源管理制度,确立了"三条红线"和"四项制度"的管理要求。通过控制用水总量、用水效率和水功能区入河污染物总量,以及加强对地方水资源管理责任和考核,使得经济发展与水环境相互支持,相互促进。

10.2 水资源多目标优化配置研究现状

水资源配置模型的构建是水资源优化配置系统研究的核心内容。根据研究区域实际情况及决策者的判断确定水资源系统的优化目标并将其概化。由于早期的水资源优化配置研究多集中于解决水资源在生产生活部门的匮乏问题。故水资源优化配置研究多集中于对水利工程的防洪、灌溉及发电等经济效益最大的单一目标进行研究。最早的水资源配置模型是 1953 年由美国陆军工程师兵团为了解决美国密苏里河流域 6 座水库的运行调度问题而设计的。1972 年 Dudley[1] 通过构建以农业灌溉用水预期毛利率最大为目标的模型,对季节间最佳配水的预期效益进行研究。1974 年 Su 和 Deininger[2] 以供水最大效益为目标构建模型,对苏必利尔湖水位调节进行研究,缓解了苏必利尔湖水位连年下降的趋势。1975 年,Askew[3] 以最大限度的提高水库的预期净收益为目标,制定水库最优调度方案。1983 年 Bras 等[4] 以阿斯旺大坝灌溉缺水量最小、洪水损失最小及发电量最大为目标构建模型,探究了阿斯旺水库的运行规则,最大限度地减少因灌溉赤字、电力生产赤字和洪水造成的损失。1984 年 Newlin 等[5] 构建经济工程网络流量优化模型,考虑到现行政策的经济性与可靠性成本,以南加州水市场经济效益最大为目标,对其进行水资源分配效益评估。

水资源系统在社会、经济、自然资源和环境等方面都具有复杂性,单目标模型已不能适应水资源管理工作中对水资源系统的概化需求。这就促使了考虑系统参数和目标的不确定性及其相互作用多目标模型的发展。1984 年 Louie 等[6] 提出了水资源多目标优化方法,分别以研究区域用水成本最低、模拟污染物浓度水平与研究区域污染物极限浓度之间的偏差最小(水质控制)、流域地下水净提取量最小为目标建立水资源模拟模型(防止地下水过度开采),提出将多目标问题表述为数学函数,为圣安娜地区(santa ana region)流域建立统一的管理计划,解决了传统系统分析技术在提供多目标规划方案时成本高、时间长、不一致的问题,使采用该方法描述水资源系统问题更为普遍。1998 年 Emch 和 Yen[7]分别以地表水、地下水向各类用水户所配给的水量效益及海水入侵规模越小为目标函数,经济、运行规则及管理制度为系统约束条件,构建夏威夷州非线性水资源管理模型。2000 年 Rozegrant 等[8]对智利迈波流域地区进行水资源优化配置研究,其目标分别为最大限度地提高灌溉系统的生产力及最大限度地提高农产品产量,并考虑到水文、经济和农业特性的连续性。2001 年 Bielsa 和 Duarte[9]提出了向西班牙东北部农业灌溉和水电部门分配水的经济模型,目的是实现经济效益最大化。2003 年 Cai 等[10]对咸海流域进行水资源优化配置研究,其目的分别为咸海流域水资源的效益最大化及农作物产量最大化,在咸海最低需水量的约束下,考虑经济、水文和农业特性的连续性,生产农产品分水岭地区的特征。2005 年 Babel 等[11]建立了以水库动态、经济分析、水资源配置为目标的水资源配置综合模型,最大限度地提高泰国东部崇伯里地区的净经济利润;以配水与各部门正常需水量之比作为影响因素,这种模式可以将水分配给六个部门(农业、家庭使用、工业、水文、恢复及环境)。2008 年 Han 等[12]提出了一种基于区间参数化的多目标线性规划模型,该模型可以通过目标间的交互冲突找到一个实用的解决方案并力求最大限度地将经济、社会和环境收益结合起来。2011 年 Divakar 等[13]提出了将有限可用水量优化配置到四个部门(农业、工业、家庭用水和发电)的模型,目的是最大限度地实现泰国潮夫拉亚河流域净经济效益。2016 年 Davijani 等[14]分别以各行业经济效益最大、各部门就业人数最多为目标,供水能力、耕地面积、土地面积以及工业增速为约束,构建伊朗中部沙漠地区多目标规划模型。在这些模型中,水资源配置注重于水量的分配并从经济角度评估经济价值,从而更好地为流域水资源管理进行决策。

人口急剧膨胀、产业快速增长的同时造成了环境质量的急速下降。排污量的增加超过城市水功能区的纳污能力,造成黑臭水体的泛滥,人民生活幸福指数降低,人水和谐遭遇前所未有的挑战。水资源优化配置研究由单纯的水量配置发展到水质水量联合优化配置,从单纯追求经济效益最大发展为追求流域整体效益最大,更加重视生态环境与社会经济的协调发展。

1995 年翁文斌等[15]分别以经济效益最大、BOD 排放量最小、城镇就业率高、粮食产量与其目标水平的偏差最小作为目标,经济部门、城市就业、环境质量、农业生产为约束构建中国华北地区宏观经济水资源多目标决策模型,定量描述了各目标相互依存、相互制约的关系,为水资源综合规划管理提供了新方法、新思路。2009 年桑学锋等[16]结合二元水循环理论,分别通过以经济效益最大、河道外需水量最大、计算分区入河污染物排放量最小、粮食总产量最大、第一二三产业缺水量最小为目标,区域 ET、人畜饮水安全、地下水超采、生态、环境为约束构建天津市水资源优化配置模型,该模型可实现地表水和地下水、天然水循环和人工水循环、水量和水质联合模拟,可以较好地模拟现代社会较复杂的水循环系统。2014 年张守平等[17]根据分质供水的思想改进三次供需平衡理论,构建湟水流域水质水量联合配置模型,通过模拟与优化相结合的方法对模型耦合模块求解并得出决策方案。

最严格水资源管理制度出台后,为使水资源管理工作便于考核,国内学者进行了大量有关"三条红线"约束指标量化的研究工作。但以上研究多以定性分析为主,定量分析较少。将"三条红线"与水资源优化配置相结合成为研究重心。2012年王偲等[18]基于"三条红线"约束指标,构建山东滨海区多水源联合调控模型。但该模型仅考虑防止海水入侵目标,而并未考虑环境生态效益。2013年梁士奎[19]等以人水和谐理论结合"三条红线"约束指标为目标,构建新密市水资源优化配置模型。但该研究未考虑农业污染物入河量,造成配给工业及生活用水户的污染物可排放量增大。2014年王伟荣等[20]通过考虑经济效益、社会效益和环境效益三方面目标,以"三条红线"为约束,构建南四湖流域水资源优化配置模型。但该研究仅考虑了效率红线中的定额约束,而未将万元工业增加值纳入效率指标进行考量。2015年王义民等[21]以"三条红线"为控制目标,统筹考虑"引汉济渭"跨流域调水工程与环境生态需水要求等,构建水量水质耦合调控模型,但该研究未考虑整个系统的经济效益。以上研究均针对资源性缺水地区,不完全适应具有工程性及水质性缺水风险的钦州市。故有必要研究基于"三条红线"约束下的钦州市水资源优化配置方法,建立钦州市水资源规划与管理新格局。

10.3　基于"三条红线"约束下钦州市水资源优化配置方法

10.3.1　优化配置原则

1. 符合水资源优化配置的基本原则

水资源优化配置的基本原则为有效性原则、公平性原则,可持续性原则以及系统性原则,水资源配置的核心理念除了满足生产、生活的需水量要求外还应该耦合生态和环境的综合承载能力,通过合理配置保证区域经济与环境生态保护协同发展。

2. 符合"三条红线"约束原则

"三条红线"约束下的水资源优化配置结果必须符合"三条红线"的约束指标:水资源配置总量不能超过用水总量控制目标;各决策变量的配置水量不能超过用水效率指标控制下的需水量;水功能区入河排污量不能超过水功能区的纳污能力或限制排污量。

10.3.2　目标函数

1. 社会效益目标

以各计算分区的缺水量最小为社会效益目标:

$$\min f_1(x,y) = \sum_{k=1}^{5}\sum_{j=1}^{5}\beta_j^k\left[D_j^k - \left(\sum_{i=1}^{3}x_{ij}^k + y_{lj}^k\right)\right] \tag{10-1}$$

式中:k为各计算子区;i为每个子区内的本地水源,其可供水量只供给所属子区;i_1、i_2、i_3分别为地表水源、地下水源及可再生水源;l为区域内跨流域调水水源,可在同一时段向两个以上的需水子区供水;j为子区用水部门;j_1、j_2、j_3、j_4、j_5分别为生活、第二产业、服务业、生态及农业用水部门;β_j^k 为 k 子区 j 用水部门权重;D_j^k 为 k 子区 j 用水部门用水效率控制红线约束下的需水量;x_{ij}^k 为 k 子区内 i 专用水源供给 j 用水部门的配置水量;y_{lj}^k 为 l 跨流域调水工程水源供给 k 子区 j 用水部门的配置量。

2. 经济效益目标

以各用水部门的用水产值最大为经济效益目标:

$$\max f_2(x,y) = \sum_{k=1}^{5} \sum_{j=1}^{5} b_{ij}^k \left(\sum_{i=1}^{3} x_{ij}^k + y_{lj}^k \right) \tag{10-2}$$

式中:b_{ij}^k 为 k 子区 j 用水部门单方产值系数。

3. 环境效益目标

以各用水部门排放化学需氧量(chemical oxygen demand,COD)最小为环境效益目标。污染物排放总量由污染物排放浓度乘以城市污水量得到,而城市污水量宜根据城市综合用水量乘以城市污水排放系数确定,环境效益目标的表达式为

$$\min f_3(x,y) = \sum_{k=1}^{5} \sum_{j=1}^{5} c_j^k \alpha_j^k \left(\sum_{i=1}^{3} x_{ij}^k + y_{lj}^k \right) \tag{10-3}$$

式中:c_j^k 为 k 子区 j 用水部门污水 COD 排放浓度,α_j^k 为城市污水排放系数。

10.3.2 约束条件

1. 可供水量约束

向 k 子区的供水量不超过本地水源 i 的可供水量:

$$\sum_{j=1}^{5} x_{ij}^k \leqslant W_{i,\text{domestic}}^k \tag{10-4}$$

式中:$W_{i,\text{special}}^k$ 为第 k 子区 i 水源的可供水量。

向 k 子区供水量不超过跨流域调水水源的可供水量:

$$\sum_{k=1}^{5} \sum_{j=1}^{5} y_{lj}^k \leqslant W_{\text{transfer}}^l \tag{10-5}$$

式中:W_{transfer}^l 为第 l 跨流域调水工程的引调水量。

2. 用水效率控制红线约束

本地水源、外流域调水水源向生活、第二产业、服务业、生态、农业用户的供水量不超过基于用水效率控制红线指标下的各用户需水量:

$$\sum_{i=1}^{3} x_{ij}^k + \sum_{l=1}^{5} y_{lj}^k \leqslant D_j^k \tag{10-6}$$

3. 用水总量控制红线约束

本地水源、外流域调水水源向生活、第二产业、服务业、生态、农业用户的供水量不超过各子区用水总量控制红线水量:

$$\sum_{k=1}^{5} \sum_{j=1}^{5} \sum_{i=1}^{3} x_{ij}^k + \sum_{l=1}^{5} \sum_{j=1}^{5} y_{lj}^k \leqslant Z_{\text{Total}}^k \tag{10-7}$$

式中:Z_{Total}^k 为 k 子区的用水总量控制红线约束指标值。

4. 限制纳污红线约束

生活、第二产业、服务业、农业用水户向河道内排放的污染物 COD 总量不超过限制纳污控制量：

$$\sum_{k=1}^{5}\sum_{j=1}^{5} c_j^k \alpha_j^k \left(\sum_{i=1}^{3} x_{ij}^k + y_{lj}^k \right) \leqslant Z_{\mathrm{COD}}^k \tag{10-8}$$

式中：Z_{COD}^k 为纳污红线约束条件下 k 子区的 COD 限制排放量。

5. 变量非负约束

本节所有变量均非负（$\geqslant 0$）。

10.4　水资源优化配置模型求解方法

水资源的优化配置具有多目标、多层次、多约束等特点，涉及区域的人口、水资源、各行业经济等各方面因素，是一个结构复杂的大系统。

10.4.1　多目标规划转化为单目标问题求解方法

早期多目标求解方法多采用加权求和法[22]、目标规划法[23]、最大最小法[24]等决策方法，将多目标规划中各目标赋以目标权重并将无量纲化处理后的各目标线性相加转化为单目标问题。求解步骤如下所示。

（1）根据研究区域实际情况，结合决策多方面判断，确定各目标权重 W_k。确定权重的常用方法有层次分析法等。

（2）由于经济、社会、环境部门的目标函数的单位是不同的，不能应用权重系数简单地将它们相加得到一个单目标函数。故每个目标函数都应做无量纲化处理，线性归一法为常用于无量纲化处理的方法，其公式如下：

$$\overline{Z_k} = \frac{Z_k - m_i}{M_i - m_i} \tag{10-9}$$

式中：m_i、M_i 分别为 Z_k 目标的最小值和最大值；$\overline{Z_k}$ 为经过无量纲化处理的目标函数。

（3）根据权重值将各无量纲化处理过的目标函数线性相加，从而将多目标规划转化为单目标问题。采用公式对转化过程进行表述：

$$\mathrm{Maximize} Z(x) = \sum_{k=1}^{p} W_k \overline{Z_k}(x) \tag{10-10}$$
$$\mathrm{s.t.} : x \in F_d$$

式中：$Z_k(x)$ 为第 k 个目标；p 为目标数量；x 为决策变量。

10.4.2　遗传算法概述

遗传算法（genetic algorithms，GA）是求解单目标优化问题的常用算法，其最早由 Holland[25] 于 20 世纪 60 年代正式提出，思想来源于达尔文的进化论和孟德尔的遗传学说，是一种基于生物遗传和进化机制的迭代自适应概率搜索算法。与传统算法不同的是，遗传算法不依赖于梯度信息，而是通过模拟自然界进化过程来搜索最优解：将求解问题的一个可能解当做一个染色体,利用某种编码技术把染色体编码成符号串形式,模拟由这些串组成的群体的生物进化过程,对群体循环进行选择、交叉、变异等遗传学遗传学操作;按照适者生存、不适者被淘汰的规则对每个个体目标适应度函数进行评价;最终通过不断进化得到满足要求的最优个体,即最优解。遗传算法具有隐含并行搜索特性,适用于全局寻优,且更容易搜索到最优解。遗传算法基本流程如图 10-1 所示。

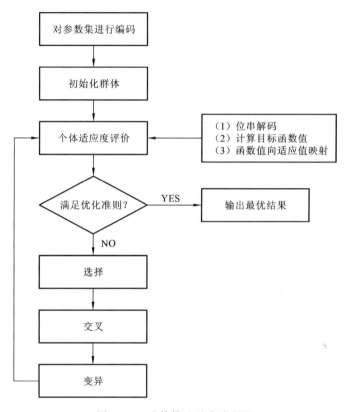

图 10-1　遗传算法基本流程图

遗传算法设计步骤如下。

1. 编码策略与初始化

实数编码(或称浮点数编码)由于具有较高精度,且便于大空间搜索,在求解高维复杂优化问题时具有较大优势。

实数编码的个体或染色体即为决策变量,可表示为

$$V = (x_1, x_2, \cdots, x_n)　　　　　　　　(10-11)$$

式中:n 为决策变量的数量。

在初始化过程中,随机产生一个初始种群 $\{V1, V2, \cdots, Vn\}$。n 个个体的集合 $\{V1, V2, \cdots, Vn\}$ 称为群体。

2. 适应函数计算

适应函数计算是将原始适应度函数(最大化形式)转换为标准适应函数的过程。例

如,最大化问题的标准适应函数 $f_n(x)$ 可表示为

$$f_n(x) = f(x) - f_{\min} \tag{10-12}$$

式中：$f_{\min}$ 为 $f(x)$ 的一个下界。

3. 选择策略

常用的选择策略包括：基于适应值比例的选择、基于排名的选择以及基于竞争机制等。而轮盘式选择是遗传算法使用最多的一种方法。轮盘式选择基本步骤如下。

（1）计算个体 i 的选择概率 P_i。

$$P_i = \frac{f_i}{\sum_{i=1}^{N} f_i}, \quad i = 1, 2, \cdots, N \tag{10-13}$$

式中：f_i $(i = 1, 2, \cdots, N)$ 为种群个体 i 的标准适应值。

（2）计算累计选择概率 q_i，其中，$q_0 = 0, q_i = \sum_{j=1}^{i} p_j, i = 1, 2, \cdots, N$。

（3）产生一个 $(0,1)$ 区间的随机数 r，若果 $q_{i-1} < r \leqslant q_i, i = 1, 2, \cdots, N$，则选择第 i 个个体 V_i。

（4）将步骤（3）重复 N 次，得到 N 个复制个体。

4. 交叉运算

交叉算子是种群通过交叉产生新的个体，从而不断扩大搜索空间，最终达到搜索全局的目的。交叉算子用于产生新的个体，从而拓展搜索空间。较高的交叉概率可以在更大的解空间中进行搜索，从而减少停留在非最优解的机会；但当交叉概率过大时，计算量会加大。交叉运算的主要步骤如下。

（1）确定交叉概率 p_c。

（2）对于 $i = 1, 2, \cdots, N$ 的个体执行以下操作：产生一个 $(0,1)$ 上的随机数 r_i，若 $r_i < p_c$，则选择 v_i 作为进行交叉操作的父代个体。

（3）将所选择的父代个体随机分成若干组（每组两个），对每组的两个个体按照设计的交叉算子进行交叉。交叉运算次数的期望值为

$$n_c = [p_c \cdot N/2] \tag{10-14}$$

式中：$[]$ 为取整运算。

5. 变异运算

变异算子是指改变个体中的某些基因位的操作。在变异操作中根据变异概率 p_m 选出一定数量（期望值为 $n_m = [p_m N]$）的父代个体进行变异操作。变异算子所引入的新基因可以保持种群的多样性，防止出现过早收敛的现象。变异概率过大时，种群的随机变化过大，这也可能导致失去父代解的一些好的特性。

6. 控制参数选择

当种群规模 N 过小时，模型容易陷入局部最优解；N 过大时，模型的计算量较大。故对于一般优化问题，N 取 $200 \sim 300$ 时为宜。但需注意的是，目标函数越复杂，决策变量取

值范围越大,则 N 应取较大值。此外,交叉概率和变异概率较小时,N 也应该取较大值。

对于遗传操作重叠(即进行交叉和变异操作的个体重叠)的算法,交叉概率 P_c 一般取 $0.60 \sim 0.95$,变异概率 P_m 一般取 $0.001 \sim 0.01$;而对于遗传操作非重叠(即进行交叉和变异操作的个体不重叠)的算法,交叉概率 P_c 一般取 $0.5 \sim 0.7$,变异概率 P_m 一般取 $0.2 \sim 0.4$。

10.4.3 多目标优化及 Pareto 最优解

由于单目标优化算法一次运行只能产生一个解,当需要找到多个解决方案时,该方法必须应用多次,从而每次模拟运行时找到不同的解决方案。但单目标算法对于问题的搜索容易遭受凹凸性、连续性的限制。另外,对目标函数进行无量纲化处理过程中,目标的最小值不易确定,而最大值的确定除了结合部门的规划报告外还需对每个目标分别进行最优化计算,导致了计算量的急剧增加。故从 20 世纪 90 年代中期开始,多目标进化算法被广泛应用在工程优化领域中。多目标算法的优点在于可以在一次模拟运行中找到多个帕累托(Pareto)非支配解集。Cheung 等[26] 在 2003 年首次将多目标优化算法应用在水资源优化配置研究中。本章采用基于 gamultiobj 函数的 NSGA-II 算法对多构建的钦州市水资源优化配置模型进行求解。

多目标优化问题可以描述为

$$\min[f_1(x), f_2(x), \cdots, f_n(x)]$$

$$\text{s. t.} \begin{cases} \text{lb} \leqslant x \leqslant \text{ub} \\ \text{Aeq} * x = \text{beq} \\ A * x \leqslant b \end{cases} \tag{10-15}$$

式中:lb 为变量的下限;ub 为变量的上限;Aeq $* x =$ beq 为变量的等式约束;$A * x \leqslant b$ 为变量的不等式约束。

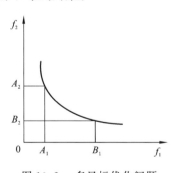

图 10-2 多目标优化问题

在图 10-2 中的两个子目标的优化问题,两个子目标函数和 $f_1(x)$、$f_2(x)$ 相互矛盾,一个目标值得提高是以另外一个目标值的降低为代价的,这样的解 A 和解 B 称为非劣解即 Pareto 最优解(Pareto Optimal)。

采用多目标优化算法的求解得到一组非劣解的集合,这个解集称为非劣解集(Pareto Set)。为使各子目标函数尽可能达到最优,需在各子目标间进行协调和折中处理(Trade-off),然后根据问题的实际情况和决策者的偏好,从非劣解集中挑选某些解作为多目标优化问题的最优解。

10.4.4 精英策略快速非支配排序遗传算法概述

带精英策略的快速非支配排序遗传算(NSGA-II)算法是由 Deb 等[26]于 2000 年提出的具有 Pareto 最优解解集且在遗传步骤选择中选择算子之前根据个体之间的支配与非

支配关系进行了分层的多目标优化算法。该算法具有全局搜索性、大规模处理能力、较高的并行性与通用性、一次可以求得到多个 Pareto 非支配解集的特点。

NSGA-II 算法的特点如下。

(1) 适应度评价机制。对种群中的所有最优个体(即非支配个体)赋以相同的选择概率。首先在种群中找出所有最优个体并赋予排序值 1,然后去掉这些最优个体并在种群剩余个体中再次发现最优个体并赋予排序值 2。如此往复直到处理完所有种群中的个体为止。

(2) 多样性维护方式。采用排挤距离估计个体邻域密度,排挤距离越小则邻域密度越大。为保证最优解集的分布特性,应去掉邻域密度大的个体。排挤距离计算方法如图 10-3 所示。

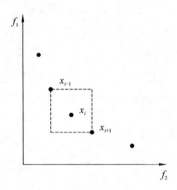

图 10-3　排挤距离计算方法

x_i 为种群个体;x_{i-1} 与 x_{i+1} 个体距离的平均值为个体;

x_i 的排挤距离,即虚线所围成四边形的平均边长

(3) 精英保留机制。为防止种群在进化过程中丢失最优解,NSGA-II 算法采用 A-a 法对“精英”进行保留。该方法让 A 个父代个体繁衍出 a 个子代个体,并让子代个体互相竞争从中选出“精英”解保留到下一代中。

(4) 偏好信息引入机制。决策者通过将偏好信息引入 NSGA-II 算法中缩小算法的搜索范围,从而得到一个满足问题要求的最优解集。NSGA-II 算法在首次对问题优化的过程中,认为各目标拥有相同的权重,当算法运行出一组最优解后,由决策者分析并选出满意解并对算法进行交互从而根据偏好引导算法的搜索过程。

10.4.5　NSGA-II 算法与 gamultiobj 函数

gamultiobj 函数通过引入分布函数来控制 NSGA-II 中精英个体被选择的数量,从而避免精英个体选择压力过大而早熟收敛和陷入局部最优,从而更好地维护种群的多样性。

gamultiobj 函数的一些基本概念和标准遗传算法是相同的,如个体、种群、进化代数、选择、交叉、变异。而其他一些概念,如支配与非劣、序值和前端、拥挤距离、最优个体前端系数的释义可参考文献。

gamultiobj 函数的组织结构如图 10-4 所示。

由上图可知各函数在 gamultiobj 函数组织结构中的作用,其中,种群进化由 stepgamultiobj

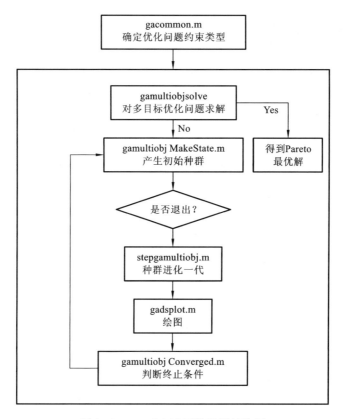

图 10-4 gamultiobj 函数组织结构图

函数计算得到,因此,stepgamultiobj 函数在循环迭代中起到关键作用。stepgamultiobj 函数结构如图 10-5 所示。

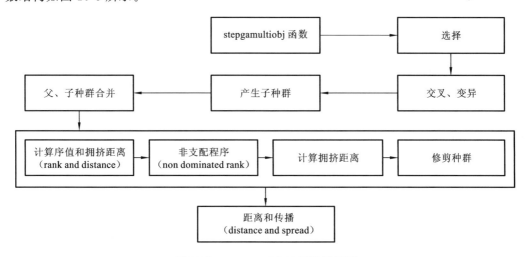

图 10-5 stepgamultiobj 函数结构图

10.4　小　　结

　　本章主要阐述了"三条红线"约束下的水资源优化配置基本理论,确立了"三条红线"与水资源优化配置的关系,分析了水资源"三条红线"对水资源配置的约束作用,并构建了考虑社会效益、经济效益、环境效益三个目标的"三条红线"约束下的水资源优化配置模型,并将"三条红线"的约束指标增加到配置模型的约束条件之中。采用基于 gamultiobj 函数的 NSGA-II 算法对构建的钦州市水资源优化配置模型进行求解,提出了模型求解的方法:基于控制精英策略遗传算法的 gamultiobj 函数,并对求解方法所涉及的遗传算法、Pareto 最优解、NSGA-II 算法、控制精英策略遗传算法等理论进行了系统性的概述。

参 考 文 献

[1] DUDLEY N J. Irrigation planning: 4. Optimal interseasonal water allocation[J]. Water Resources Research,1972,8(3):586-594.

[2] SU S Y,DEININGER R A. Modeling the regulation of lake superior under uncertainty of future water supplies[J]. Water Resources Research,1974,10(1):11-25.

[3] ASKEW A J. Optimum reservoir operating policies and the imposition of a reliability constraint[J]. Water Resources Research,1975,11(2):51-56.

[4] BRAS R L,BUCHANAN R,CURRY K C. Real time adaptive closed loop control of reservoirs with the High Aswan Dam as a case study[J]. Water Resources Research,1983,19(1):33-52.

[5] NEWLIN B D,JENKINS M W,LUND J R,et al. Southern california water markets:potential and limitations[J]. Journal of Water Resources Planning & Management,1984,128(1):21-32.

[6] LOUIE P W F,YEH W G,HSU N S. Multiobjective water resources management planning[J]. Journal of Water Resources Planning & Management,1984,110(1):39-56.

[7] EMCH P G,YEH W W G. Management model for conjunctive use of coastal surface water and ground water[J]. Journal of Water Resources Planning & Management,1998,124(3):129-139.

[8] ROSEGRANT M W,RINGLER C,MCKINNEY D C,et al. Integrated economic hydrologic water modeling at basin scale:the maipo river basin[J]. Agricultural Economics,2000,24(1):33-46.

[9] BIELSA J,DUARTE R. An economic model for water allocation in North Eastern Spain[J]. International Journal of Water Resources Development,2001,17(3):397-408.

[10] CAI X,MCKINNEY D C,LASDON L S. An integrated hydrologic-agronomic-economic model for river basin management[J]. Journal of Water Resources Planning and Management,2003,129(1):4-17.

[11] BABEL M S,GUPTA A D,NAYAK D K. A model for optimal allocation of water to competing demands[J]. Water Resources Management,2005,19(6):693-712.

[12] HAN Y,XU S G,XU X Z. Modeling multisource multiuser water resources allocation[J]. Water Resources Management,2008,22(7):911-923.

[13] DIVAKAR L,BABEL M S,PERRET S R,et al. Optimal allocation of bulk water supplies to competing use sectors based on economic criterion-An application to the Chao Phraya River Basin,

Thailand[J]. Journal of Hydrology,2011,401(1):22-35.

[14] DAVIJANI M H,BANIHABIB M E,ANVAR A N,et al. Multi-objective optimization model for the allocation of water resources in arid regions based on the maximization of socioeconomic efficiency[J]. Water Resources Management,2016,30(3):1-20.

[15] 翁文斌,蔡喜明,史慧斌. 宏观经济水资源规划多目标决策分析方法研究及应用[J]. 水利学报,1995(2):1-11.

[16] 桑学锋,周祖昊,秦大庸,等. 基于广义 ET 的水资源与水环境综合规划研究Ⅱ:模型[J]. 水利学报,2009,40(10):1153-1161.

[17] 张守平,魏传江,王浩,等. 流域/区域水量水质联合配置研究Ⅰ:理论方法[J]. 水利学报,2014,45(7):757-766.

[18] 王偲,窦明,张润庆,等. 基于"三条红线"约束的滨海区多水源联合调度模型[J]. 水利水电科技进展,2012,32(6):6-10.

[19] 梁士奎,左其亭. 基于人水和谐和"三条红线"的水资源配置研究[J]. 水利水电技术,2013,44(7):1-4.

[20] 王伟荣,张玲玲. 最严格水资源管理制度背景下的水资源配置分析[J]. 水电能源科学,2014,12(1):47-49.

[21] 王义民,孙佳宁,畅建霞,等. 考虑"三条红线"的渭河流域(陕西段)水量水质联合调控研究[J]. 应用基础与工程科学学报,2015,23(5):861-872.

[22] IWATA K,MUROTSU Y,OHBA F,et al. A probabilistic approach to the determination of the optimum cutting conditions[J]. Journal of Manufacturing Science & Engineering,1972,38(447):384-390.

[23] PHILIPSON R H,RAVINDRAN A. Application of goal programming to machinability data optimization[J]. Journal of Mechanical Design,1978,100(2):108-109.

[24] OSYCZKA A. Multicriterion Optimization in Engineering with Fortran Programs [M]. Ellis Horwood,1984.

[25] HOLLAND J H. Outline for a logical theory of adaptive system[J]. Journal of the Acm,1962,9(3):297-314.

[26] CHEUNG P B,REIS L F R,FORMIGA K T M,et al. Multiobjective Evolutionary Algorithms Applied to the Rehabilitation of a Water Distribution System:A Comparative Study [C]// International Conference on Evolutionary Multi-Criterion Optimzation. Berlin:Springer-Verlag,2003:662-676.

[27] DEB K,PRATAP A,AGARWAL S,et al. A fast and elitist multi-objective genetic algorithm:NSGA-Ⅱ[J]. IEEE Transactions on Evolutionary Computation,2002,6(2):182-197.

第 11 章　水资源优化配置模型求解

11.1　优化配置方案分析

本章选取需水量预测高方案作为水资源优化配置的需水量,目的在于突出钦州市的水资源供需问题而进行优化配置,并且需水量高方案下的优化配置结果可为需水量低方案情况下的优化配置提供参考。

考虑到钦州市的用水产业结构和污染物排放控制情况,对钦州市水资源按下面两种方案进行优化配置,分别对 2020 年、2030 年的来水频率为 50%、75%、95% 的情景进行分析。

方案一:在综合考虑钦州市社会经济及环境效益的前提下,各用水部门配置水量需满足钦州市"三条红线"约束。其中,2020 年只有本地水源进行水量配置,而 2030 年在使用本地水源的基础上增加使用郁江调水工程水源对各用水部门进行水量配置。为直观观测出污染物排放量对"纳污红线"约束下水量配置的影响,该方案采用污染物排放情形 1 作为各用水部门的 COD 排放浓度。

方案二:在方案一的基础上,从"以人为本"的原则出发,保障生活与第三产业等重要用水部门用水,因此,需要考虑强化削减污染物排放量,以满足"三条红线"的约束要求。故该方案采用污染排放情形 2 作为各用水部门的 COD 排放浓度。

11.2　模型参数与水资源限制量确定

11.2.1　模型参数

1. 缺水权重系数

缺水权重 β_j^k 可表达为部门用水优先次序,可参照下式确定[1]:

$$\beta_j^k = \frac{1 + n_{\max}^k - n_j^k}{\sum_{k=1}^{5}(1 + n_{\max}^k - n_j^k)} \tag{11-1}$$

式中:n_j^k 是第 k 子区第 j 用水部门的用水次序序号;$n_{\max}^k$ 为第 k 子区用水次序序号最大值。

根据钦州市用水部门的性质和重要程度,按照"先生活,后生产"的原则,在同一计算分区中把用水部门划分为不同的级别。钦州市供水优先次序为:生活用水、第二产业用水、第三产业用水、生态及农业用水。经计算,生活、第二产业、第三产业、生态及农业用水权重分别为0.33、0.27、0.20、0.13 和 0.07。

2. 用水部门产值系数

用水部门单方水国内生产总值产值 b_j^k 采用第三章预测得到的需水量和 GDP 总量反算:

$$b_j^k = \frac{\text{GDP}_j^k}{D_j^k} \tag{11-2}$$

式中:GDP_j^k 为 k 子区 j 用水部门 GDP 预测值。

计算结果见表 11-1。

表 11-1　钦州市用水部门单方产值系数　　　　　（单位:万元/m³）

水平年	生活用水	第二产业用水	第三产业用水	生态用水	农业用水		
					$P=50\%$	$P=75\%$	$P=95\%$
2020	0	0.025 7	0.137 7	0	0.002 7	0.002 6	0.002 2
2030	0	0.037 9	0.195 7	0	0.004 4	0.004 1	0.003 5

根据《2014 年钦州市环境公报》可知,钦州市 2014 年生活加第三产业、第二产业及农业用水部门 COD 排放总量分别为 23 730.64 t、6 360.61 t 和 12 970.24 t。另外,由《2014年钦州市水资源公报》可知,钦州市 2014 年生活加第三产业、第二产业及农业用水部门的实际用水量分别为 22 775 万 m³、18 289 万 m³ 及 110 123 万 m³。故采用式(10-3)可得,基准年(2014 年)生活及第三产业、第二产业、农业用水部门的 COD 排放浓度分别为130.25 g/m³、57.96 g/m³ 及 19.63 g/m³。

由于预测规划年 COD 浓度较为复杂,故本文根据各用水部门不同的 COD 排放浓度值设置规划年污染物排放情形。其中,以基准年(2014 年)各用水部门的 COD 排放浓度作为规划年 2020 年污染物排放情形 1 中各用水部门的 COD 排放浓度;由于钦州市政府对水环境问题的重视,污水处理设施项目相继开展,以此减少生活、第二产业产以及第三产业用水部门的污染物排放量。故以《城镇污水处理厂污染物排放标准》[2]中规定的污水排放二级标准(100 g/m³)和一级 A 标准(50 g/m³)作为规划年 2020 年污染物排放情形 2及 2030 年污染物排放情形 1 中生活用水部门的 COD 排放及第三产业用水部门的 COD排放浓度。随着钦州市污水处理设施的逐步完善,生活、第二产业及第三产业用水部门的COD 排放浓度均采用一级排放 A(50 g/m³)标准作为 2030 年污染物排放情形 2。由于农业用水部门的 COD 排放总量趋于稳定,故规划年 2020 年、2030 年各污染物排放情形中的农业用水户 COD 排放浓度均取 19.63 g/m³。两种污染物排放情形下各用水部门的COD 排放浓度见表 11-2。

表 11-2　钦州市用水部门污染物排放浓度系数　　　　　（单位:g/m³）

规划年	污染物排放情形	COD 排放浓度				
		生活用水	第二产业用水	第三产业用水	生态用水	农业用水
2020	1	130.25	57.96	130.25	0	19.63
	2	100	50	100	0	19.63
2030	1	100	50	100	0	19.63
	2	50	50	50	0	19.63

11.2.2 红线约束量

1. 用水总量控制红线

根据《广西壮族自治区实行最严格水资源管理制度考核办法》,钦州市用水总量控制目标为:2020 年为 16.53 亿 m³;2030 年为 16.95 亿 m³。各计算分区用水总量控制指标见表 11-3。

表 11-3　各计算分区用水总量控制目标　　　　　　　　（单位:亿 m³）

计算分区	2015 年	2020 年	2030 年
钦南区	3.63	3.63	3.77
钦北区	2.77	2.77	2.84
钦州港区	1.34	1.66	1.69
灵山县	6.27	6.27	6.40
浦北县	2.20	2.20	2.25
合计	16.21	16.53	16.95

注:直流火电用水只计耗水量部分

2. 水功能区限制纳污红线

根据《广西壮族自治区实行最严格水资源管理制度考核办法》,钦州市主要江河水库水功能区水质达标率控制目标为:2020 年为 86%;2030 年为 92%。《广西自治区级水功能区纳污能力核定和分阶段限制排污总量控制方案》和《钦州市中小河流水功能区纳污能力核定和分阶段限制排污总量控制方案》中已对水功能区水质达标目标分解,计算得到钦州市市级以上水功能区 COD 控制排放量为:2015 年 15 162.18 t;2020 年 15 140.20 t;2030 年 15 118.21 t。《广西壮族自治区"十二五"主要污染物总量控制规划》中钦州市 COD 总量控制要求为 44 340 t,2020 年、2030 年钦州市 COD 控制排放总量参照钦州市水功能区 COD 控制排放量同比例削减:2020 年为 44 275.75 t;2030 年为 44 211.4 t。

11.3 模型求解

11.3.1 模型求解步骤

采用控制精英策略多目标遗传算法对模型进行求解,基于 MATLAB 软件对模型目标函数和约束条件编程,并调用 gamultiobj 函数求解,模型求解步骤如下[3]。

1. 编写决策变量与目标函数

首先对决策变量中 k 个子区编号,k_1=钦南区,k_2=钦北区,k_3=钦州港区,k_4=灵山县,k_5=浦北县。按本地水源和郁江调水工程的配置水量对各计算分区各用水部门进行编号。钦州市将于 2030 年投入使用郁江调水工程,该工程可向钦北区、钦州港区、灵山县、浦北县的生活、第二产业、第三产业及农业用水部门供水。决策变量编号见表11-4。

表 11-4　决策变量编号

| 计算分区 | 本地水源供水量配置量 | | | | | 郁江调水工程配置量* | | | | |
	生活用水	第二产业用水	第三产业用水	生态用水	农业用水	生活用水	第二产业用水	第三产业用水	生态用水	农业用水
钦南区	$x(1)$	$x(2)$	$x(3)$	$x(4)$	$x(5)$	0	0	0	0	0
钦北区	$x(6)$	$x(7)$	$x(8)$	$x(9)$	$x(10)$	$x(26)$	$x(27)$	$x(28)$	0	$x(29)$
钦州港区	$x(11)$	$x(12)$	$x(13)$	$x(14)$	$x(15)$	$x(30)$	$x(31)$	$x(32)$	0	$x(33)$
灵山县	$x(16)$	$x(17)$	$x(18)$	$x(19)$	$x(20)$	$x(34)$	$x(35)$	$x(36)$	0	$x(37)$
浦北县	$x(21)$	$x(22)$	$x(23)$	$x(24)$	$x(25)$	0	0	0	0	0

注:＊表示 2030 年需要额外考虑的水源

在 MATLAB 软件中编写决策变量与目标函数的代码,以 m 文件的形式保存。
2020 年、2030 年 $P=50\%$、$P=75\%$、$P=95\%$ 来水频率下模型边界条件约束满足其可供水量、需求约束、红线水量和纳污量的约束。

2. 调用 gamultiobj 函数

采用命令形式调用 gamultiobj 函数,函数文件调用形式如下。

$[x,\text{fval}]=\text{gamultiobj}(\text{fitnessfcn},\text{nvars},A,b,\text{Aeq},\text{beq},\text{LB},\text{UB},\text{options})$

gamultiobj 函数的各参数定义见表11-5[4]:

表 11-5　gamultiobj 函数参数定义表

参数	定义
x	决策变量
fval	目标函数值
fitnessfcn	适应度函数
nvars	设计变量个数
A	线性不等式约束系数值矩阵
b	线性不等式约束约束值向量
Aeq	线性等式约束系数值矩阵
beq	线性等式约束约束值向量
LB	决策变量下限
UB	决策变量上限
options	遗传参数设定

设定本研究模型求解的遗传参数(options)为:种群大小为 200;交叉概率为 0.8;最大进化代数为 10 000 代;停止代数为 10 000 代;最优个体系数为 0.3;适应度函数偏差设

为 0.01,其他参数为 gamultiobj 函数默认值。

3. 最优解选取

方案选取时优先考虑缺水量最小目标,其次考虑经济效益最大目标,最后考虑污染物排放量最小目标,即从求得的 Pareto 解集里的所有解中选取出社会效益目标值最小的解为最优解。

4. 各类水源供水次序确定

考虑到对当地水资源保护以及供水成本问题,应将当地水资源供水次序划分不同的优先级,从求解的本地水源配置量 $x(1)\sim x(25)$ 进行水源供水次序划分:先配置再生水源(钦州市仅有中水回用);其次配置地表水;最后配置地下水。其中,地下水只向生活用水供水,中水回用只向第二产业供水。而 2030 年的水量配置应在本地水源水量被完全配置的基础上再使用郁江调水工程水源对依然缺水地区及部门进行水量配置。

11.3.2 模型求解结果

"三条红线"约束下的配置方案(方案一)中,2020 年特枯年($P=95\%$)情况下因可配置总水量少,达不到限制排污量,限制纳污红线的约束失去意义,因此在此情况下只考虑一组优化配置方案。方案一下共得到 2020 年 $P=50\%$、$P=75\%$ 来水频率下,2030 年 $P=50\%$、$P=75\%$、$P=95\%$ 来水频率下共 12 组优化配置方案。

从每一组 Pareto 解集中选取出缺水量目标最优的解为最优解。三种方案下共得到 12 组优化配置结果,各组结果目标值见表 11-6。"三条红线"约束下的配置方案(方案一)的结果见表 11-7、表 11-8;"三条红线"约束下且强化减排的配置方案(方案二)的结果见表 11-9、表 11-10。由于 NSGA-II 算法存在随机性,所求结果相对合理。

11-6　各优化配置方案目标结果

水平年	来水频率	方案	最小缺水量目标/万 m³	最大经济效益目标/亿元	最小 COD 排放量目标/t
2020	$P=50\%$	一	7 437.5	1 393.3	44 275.8
		二	3 903.2	1 550.9	40 116.7
	$P=75\%$	一	29 064.6	1 463.5	44 275.8
		二	29 064.6	1 494.6	37 836.3
	$P=95\%$	一	86 447.9	1 392.0	40 148.5
		二	86 447.9	1 396.5	32 969.3
2030	$P=50\%$	一	29 765.2	3 902.9	44 211.4
		二	29 765.2	3 804.3	40 852.4
	$P=75\%$	一	42 318.3	3 618.0	44 211.4
		二	35 886.4	3 906.4	41 656.7
	$P=95\%$	一	82 226.4	3 929.1	44 211.4
		二	82 226.4	3 877.1	38 585.4

表 11-7　钦州市 2020 年水资源优化配置（方案一）

（单位：万 m³）

计算分区	水源	P=50%						P=75%						P=95%					
		生活	二产	三产	生态	农业	合计	生活	二产	三产	生态	农业	合计	生活	二产	三产	生态	农业	合计
钦南区	地表水	3154.5	1514.8	1122.8	383.8	18182.7	24358.5	2279.3	1514.8	1122.8	383.8	19202.6	24503.3	529.4	874.4	1036.2	383.8	11809.8	14633.6
	地下水	80.5	0.0	0.0	0.0	0.0	80.5	955.6	0.0	0.0	0.0	0.0	955.6	955.6	0.0	0.0	0.0	0.0	955.6
	回用水	0.0	1825.0	0.0	0.0	0.0	1825.0	0.0	1825.0	0.0	0.0	0.0	1825.0	0.0	1825.0	0.0	0.0	0.0	1825.0
	需水量	3235.0	3339.8	1122.8	383.8	18182.7	26264.0	3235.0	3339.8	1122.8	383.8	19202.5	27283.8	3235.0	3339.8	1122.8	383.8	22084.2	30165.4
	缺水量	0.0	0.0	0.0	0.0	0.0	0.0	0.0	0.0	0.0	0.0	0.0	0.0	1750.0	640.4	86.6	0.0	10274.4	12751.5
钦北区	地表水	2024.8	4075.1	344.1	474.6	21382.2	28300.8	2732.5	5229.8	502.7	184.3	16418.8	25068.1	2995.6	5156.2	505.5	70.6	3597.0	12325.0
	地下水	1079.8	0.0	0.0	0.0	0.0	1079.8	1079.8	0.0	0.0	0.0	0.0	1079.8	1079.8	0.0	0.0	0.0	0.0	1079.8
	需水量	4075.4	5332.5	505.5	474.5	21613.4	32001.4	4075.4	5332.5	505.5	474.5	22828.3	33216.3	4075.4	5332.5	505.5	474.5	26345.8	36733.8
	缺水量	970.8	1257.4	161.5	0.0	231.2	2620.9	263.1	102.8	2.8	290.2	6409.5	7068.4	0.0	176.3	0.0	403.9	22748.8	23329.1
钦州港区	地表水	1458.3	9746.4	1211.6	350.1	11.0	12777.5	1616.5	10066.6	1283.6	119.8	10.9	13097.4	1765.8	10562.6	1306.9	250.0	6.0	13891.3
	地下水	33.8	0.0	0.0	0.0	0.0	33.8	33.8	0.0	0.0	0.0	0.0	33.8	33.8	0.0	0.0	0.0	0.0	33.8
	回用水	0.0	1825.0	0.0	0.0	0.0	1825.0	0.0	1825.0	0.0	0.0	0.0	1825.0	0.0	1825.0	0.0	0.0	0.0	1825.0
	需水量	1799.6	12387.6	1306.9	350.0	11.0	15855.2	1799.6	12387.6	1306.9	350.0	11.0	15855.2	1799.6	12387.6	1306.9	350.0	11.0	15855.2
	缺水量	307.5	791.1	95.3	0.0	0.0	1193.9	149.4	495.9	23.3	230.2	0.1	899.0	0.0	0.0	0.0	100.0	5.1	105.1
灵山县	地表水	4698.8	3720.4	288.1	905.8	44891.1	54504.2	4872.3	3132.9	671.8	311.8	31556.9	40545.7	4934.6	3386.3	650.6	664.3	34149.6	43785.4
	地下水	1899.0	0.0	0.0	0.0	0.0	1899.0	1899.0	0.0	0.0	0.0	0.0	1899.0	1899.0	0.0	0.0	0.0	0.0	1899.0
	需水量	6871.9	3819.8	675.7	905.7	46665.1	58938.2	6871.9	3819.8	675.7	905.7	49170.0	61443.1	6871.9	3819.8	675.7	905.7	56565.8	68838.9
	缺水量	274.1	99.4	387.6	0.0	1774.0	2535.1	100.6	686.8	3.9	594.0	17613.1	18998.4	38.3	433.5	25.1	241.5	22416.2	23154.5
浦北县	地表水	2917.9	5357.8	384.6	520.5	14134.1	23314.9	2943.8	4833.1	500.7	255.5	14531.9	23065.0	3031.3	5272.7	504.1	486.9	376.8	9671.8
	地下水	1269.8	0.0	0.0	0.0	0.0	1269.8	1269.8	0.0	0.0	0.0	0.0	1269.8	1269.8	0.0	0.0	0.0	0.0	1269.8
	需水量	4301.2	5370.8	504.1	520.5	14975.8	25672.4	4301.2	5370.8	504.1	520.5	15737.2	26433.9	4301.2	5370.8	504.1	520.5	17972.6	28669.2
	缺水量	113.5	13.1	119.5	0.0	841.7	1087.7	87.6	537.7	3.4	265.0	1205.4	2099.1	0.0	98.2	0.0	33.6	17595.9	17727.6
合计	配置水量	18617.2	28064.5	3351.2	2634.8	98601.2	151235.0	19682.4	28427.2	4081.6	1255.2	81721.1	135167.5	18494.8	28902.1	4003.3	1855.5	49939.0	103194.7
	需水量	20283.1	30250.5	4115.0	2634.5	101448	158731.2	20283.1	30250.5	4115.0	2634.5	106949	164232.3	20283.1	30250.5	4115.0	2634.5	122979.4	180262.5
	缺水量	1665.9	2161.0	763.9	0.0	2846.9	7437.6	600.7	1823.2	33.4	1379.4	25228.1	29064.9	1788.3	1348.4	111.7	779.0	73040.4	77067.8
	缺水率	8.21%	7.14%	18.56%	0.00%	2.81%	4.68%	2.96%	6.03%	0.81%	52.36%	23.59%	17.70%	8.82%	4.46%	2.71%	29.57%	59.39%	42.75%

表 11-8　钦州市 2030 年水资源优化配置（方案一）

（单位：万 m³）

计算分区	水源	P=50%						P=75%						P=95%					
		生活	二产	三产	生态	农业	合计	生活	二产	三产	生态	农业	合计	生活	二产	三产	生态	农业	合计
钦南区	地表水	3 159.8	6 498.2	2 257.8	416.3	15 777.0	28 109.2	3 159.8	6 498.2	2 257.8	416.3	16 863.1	29 195.2	1 409.8	5 857.8	2 171.2	416.3	9 430.9	19 286.0
	地下水	964.7					964.7	964.7					964.7	964.7					964.7
	回用水		1 825.0				1 825.0		1 825.0				1 825.0		1 825.0				1 825.0
	需水量	4 124.5	8 323.2	2 257.8	416.3	15 777.0	30 898.9	4 124.5	8 323.2	2 257.8	416.3	16 863.1	31 984.9	4 124.5	8 323.2	2 257.8	416.3	19 705.3	34 827.2
	缺水量						0.0						0.0	1 750.0	640.4	86.6		10 274.4	12 751.5
钦北区	地表水	2 006.4	11 716.5	774.5	757.8	16 532.9	31 788.1	1 971.5	10 425.3	678.5	757.8	15 377.0	29 210.3	617.8	10 491.2	769.0	397.1	13 365.8	25 640.9
	地下水	1 090.1					1 090.1	1 090.1					1 090.1	1 090.1					1 090.1
	郁江调水						0.0	34.8	1 291.1	96.0		1 155.9	2 481.8	963.5	2 375.4	137.5		1 450.6	4 927.1
	需水量	5 266.2	14 164.4	1 016.6	757.8	18 754.1	39 959.2	5 266.2	14 164.4	1 016.6	757.8	20 125.1	41 330.1	5 266.2	14 164.4	1 016.6	757.8	23 618.0	44 823.0
	缺水量	2 169.8	2 447.9	242.1	0.0	2 221.2	7 081.2	2 169.8	2 447.9	242.1	0.0	3 592.2	8 548.0	2 594.8	1 297.8	110.0	360.8	8 801.6	13 164.9
钦州港区	地表水	2 148.8	14 498.1	844.3	570.7	14.6	18 076.5	2 093.0	8 179.9	185.7	570.7	10.5	11 039.9	1 285.7	4 291.3	288.1	570.7	13.1	6 449.0
	地下水	34.1					34.1	34.1					34.1	34.1					34.1
	回用水		4 015.0				4 015.0		4 015.0				4 015.0		4 015.0				4 015.0
	郁江调水						0.0	55.7	6 318.2	658.5		4.2	7 036.6	1 568.9	17 602.9	2 090.7		1.5	21 263.7
	需水量	4 228.7	26 033.9	2 628.1	570.7	14.6	33 476.1	4 228.7	26 033.9	2 628.1	570.7	14.6	33 476.1	4 228.7	26 033.9	2 628.1	570.7	14.6	33 476.1
	缺水量	2 045.9	7 520.9	1 783.8	0.0	0.0	11 350.5	2 045.9	7 520.9	1 783.8	0.0	0.0	11 350.5	1 340.0	125.0	249.3	0.0	0.0	1 714.2
灵山县	地表水	2 398.2	9 093.6	845.8	1 532.9	31 463.1	45 333.5	2 357.4	9 072.4	832.6	1 532.9	30 111.5	43 906.9	903.0	9 340.9	558.9	1 532.9	5 729.1	18 064.8
	地下水	1 917.2					1 917.2	1 917.2					1 917.2	1 917.2					1 917.2
	郁江调水						0.0	40.8	21.2	13.2		265.6	340.7	1 729.6	771.1	799.9		2 798.7	6 099.2
	需水量	8 736.5	10 146.6	1 358.8	1 532.9	38 329.6	60 104.4	8 736.5	10 146.6	1 358.8	1 532.9	41 117.7	62 892.5	8 736.5	10 146.6	1 358.8	1 532.9	48 100.9	69 875.7
	缺水量	4 421.2	1 053.0	513.0	0.0	6 866.5	12 853.7	4 421.2	1 053.0	513.0	0.0	11 006.2	16 993.5	4 186.8	34.7	0.0	0.0	39 573.2	43 794.7
浦北县	地表水	583.9	13 512.5	710.9	891.5	13 030.4	28 729.3	583.9	13 512.5	710.9	891.5	13 030.4	28 729.3	1 052.5	13 548.2	1 005.4	32.4	10 199.4	25 837.9
	地下水	1 282.0					1 282.0	1 282.0					1 282.0	1 282.0					1 282.0
	需水量	5 461.7	14 276.6	1 013.7	891.5	13 183.1	34 826.6	5 461.7	14 276.6	1 013.7	891.5	14 059.7	35 703.2	5 461.7	14 276.6	1 013.7	891.5	16 277.5	37 921.0
	缺水量	3 595.9	764.1	302.7	0.0	152.7	4 815.4	3 595.9	764.1	302.7	0.0	1 029.3	5 691.9	3 127.3	728.4	8.2	859.1	6 078.2	10 801.2
合计	配置水量	15 385.2	61 158.9	5 433.3	4 169.2	76 818.1	163 164.7	15 585	61 158.1	5 433.3	4 169.2	76 818.1	163 068.8	14 818.5	70 118.5	7 820.7	2 949.4	42 989.4	138 696.7
	需水量	27 817.6	72 944.7	8 275.0	4 169.2	86 058.1	199 265.2	27 817.6	72 944.7	8 275.0	4 169.2	92 180.2	205 386.6	27 817.6	72 944.7	8 275.0	4 169.2	107 716.3	220 923.0
	缺水量	12 232.8	11 785.9	2 841.6	0.0	9 240.4	36 100.7	12 232.8	11 785.9	2 841.6	0.0	15 627.1	42 583.9	12 998.9	2 826.2	454.1	1 219.9	64 727.4	82 226.5
	缺水率	43.97%	16.15%	34.34%	0.00%	10.74%	18.12%	43.96%	16.16%	34.34%	0.00%	16.95%	20.73%	46.73%	3.87%	5.49%	29.26%	60.09%	37.22%

表 11-9　钦州市 2020 年水资源优化配置（方案二）

（单位：万 m³）

计算分区	水源	P=50%						P=75%						P=95%					
		生活	二产	三产	生态	农业	合计	生活	二产	三产	生态	农业	合计	生活	二产	三产	生态	农业	合计
钦南区	地表水	2 279.3	1 514.8	1 122.8	383.8	18 182.7	23 483.4	2 279.3	1 514.8	1 122.8	383.8	19 202.5	24 503.2	2 279.3	1 246.0	1 122.8	137.4	10 480.8	15 266.4
	地下水	955.6	0.0	0.0	0.0	0.0	955.6	955.6	0.0	0.0	0.0	0.0	955.6	955.6	0.0	0.0	0.0	0.0	955.6
	回用水	0.0	1 825.0	0.0	0.0	0.0	1 825.0	0.0	1 825.0	0.0	0.0	0.0	1 825.0	0.0	1 825.0	0.0	0.0	0.0	1 825.0
	需水量	3 235.0	3 339.8	1 122.8	383.8	18 182.7	26 264.0	3 235.0	3 339.8	1 122.8	383.8	19 202.5	27 283.8	3 235.0	3 339.8	1 122.8	383.8	22 084.2	30 165.4
	缺水量	0.0	0.0	0.0	0.0	0.0	0.0	0.0	0.0	0.0	0.0	0.0	0.0	0.0	268.8	0.0	246.3	11 603.3	12 118.4
钦北区	地表水	2 995.6	5 332.5	505.6	433.5	19 780.1	29 047.3	2 995.6	5 289.0	505.5	84.9	14 968.4	23 843.5	2 977.4	5 332.5	505.5	85.7	13 376.3	22 277.5
	地下水	1 079.8	0.0	0.0	0.0	0.0	1 079.8	1 079.8	0.0	0.0	0.0	0.0	1 079.8	1 079.8	0.0	0.0	0.0	0.0	1 079.8
	需水量	4 075.4	5 332.5	505.5	474.5	21 613.4	32 001.4	4 075.4	5 332.5	505.5	474.5	22 828.3	33 216.3	4 075.4	5 332.5	505.5	474.5	26 345.6	36 733.8
	缺水量	0.0	0.0	0.0	41.1	1 833.3	1 874.4	0.0	43.6	0.0	389.7	7 859.8	8 293.1	0.0	0.0	0.0	388.8	12 969.5	13 376.6
钦州港区	地表水	1 765.8	10 562.6	1 306.9	235.6	5.0	13 876.0	1 765.8	10 016.0	1 306.9	46.1	0.9	13 135.8	1 765.8	10 057.3	1 306.9	278.1	1.2	13 409.4
	地下水	33.8	0.0	0.0	0.0	0.0	33.8	33.8	0.0	0.0	0.0	0.0	33.8	33.8	0.0	0.0	0.0	0.0	33.8
	回用水	0.0	1 825.0	0.0	0.0	0.0	1 825.0	0.0	1 825.0	0.0	0.0	0.0	1 825.0	0.0	1 825.0	0.0	0.0	0.0	1 825.0
	需水量	1 799.6	12 387.6	1 306.9	350.0	11.0	15 855.2	1 799.6	12 387.6	1 306.9	350.0	11.0	15 855.2	1 799.6	12 387.6	1 306.9	350.0	11.0	15 855.2
	缺水量	0.0	0.0	0.0	114.4	6.0	120.5	0.0	546.5	0.0	303.9	10.2	860.7	0.0	505.2	0.0	71.9	9.8	587.0
灵山县	地表水	4 972.9	3 819.8	675.7	829.0	45 723.6	56 021.0	4 972.9	3 798.6	675.7	592.6	30 942.0	40 981.8	4 972.1	3 804.1	675.7	83.9	8 145.8	17 682.4
	地下水	1 899.0	0.0	0.0	0.0	0.0	1 899.0	1 899.0	0.0	0.0	0.0	0.0	1 899.0	1 899.0	0.0	0.0	0.0	0.0	1 899.0
	需水量	6 871.9	3 819.8	675.7	905.7	46 665.1	58 938.2	6 871.9	3 819.8	675.7	905.7	49 170.0	61 443.1	6 871.9	3 819.8	675.7	905.7	56 565.8	68 838.9
	缺水量	0.0	0.0	0.0	76.8	941.4	1 018.2	0.0	21.1	0.0	313.2	18 228.0	18 562.3	0.0	15.7	0.0	821.8	48 420.0	49 257.5
浦北县	地表水	3 031.3	5 370.8	504.1	478.3	14 127.9	23 512.4	3 031.3	5 370.8	504.1	5.2	14 903.7	23 815.2	3 031.1	5 370.8	504.1	109.3	7 275.4	16 291.0
	地下水	1 269.8	0.0	0.0	0.0	0.0	1 269.8	1 269.8	0.0	0.0	0.0	0.0	1 269.8	1 269.8	0.0	0.0	0.0	0.0	1 269.8
	需水量	4 301.2	5 370.8	504.1	520.5	14 975.8	25 672.4	4 301.2	5 370.8	504.1	520.5	15 737.2	26 433.9	4 301.2	5 370.8	504.1	520.5	17 972.6	28 669.2
	缺水量	0.0	0.0	0.0	42.2	847.9	890.1	0.0	0.0	0.0	515.3	833.5	1 348.8	0.0	0.0	0.0	411.2	10 697.2	11 108.4
合计	配置水量	20 282.9	30 250.5	4 115.1	2 360.2	97 819.3	154 828.1	20 282.9	29 639.2	4 115.0	1 112.6	80 017.6	135 167.5	20 264.7	29 460.7	4 115.0	694.4	39 279.5	93 814.7
	需水量	20 283.1	30 250.5	4 115.0	2 634.5	101 448.0	158 731.2	20 283.1	30 250.5	4 115.0	2 634.5	106 949.0	164 232.3	20 283.1	30 250.5	4 115.0	2 634.5	122 979.4	180 262.5
	缺水量	0.0	0.0	0.0	274.5	3 628.6	3 903.2	0.0	611.2	0.0	1 522.1	26 931.5	29 064.9	18.2	789.7	0.0	1 940.0	83 699.8	86 447.9
	缺水率	0.00%	0.00%	0.00%	10.42%	3.58%	2.46%	0.00%	2.02%	0.00%	57.77%	25.18%	17.70%	0.09%	2.61%	0.00%	73.63%	68.06%	47.96%

（单位：万 m³）

表 11-10　钦州市 2020 年水资源优化配置（方案二）

计算分区	水源	P=50%						P=75%						P=95%					
		生活	二产	三产	生态	农业	合计	生活	二产	三产	生态	农业	合计	生活	二产	三产	生态	农业	合计
钦南区	地表水	3 159.8	6 498.2	2 257.8	416.3	15 777.0	28 109.2	3 159.8	6 498.2	2 257.8	416.3	16 863.1	29 195.1	3 129.7	4 224.0	2 257.8	6.4	101.0	9 718.9
	地下水	964.7	0.0	0.0	0.0	0.0	964.7	964.7	0.0	0.0	0.0	0.0	964.7	964.7	0.0	0.0	0.0	0.0	964.7
	回用水	0.0	1 825.0	0.0	0.0	0.0	1 825.0	0.0	1 825.0	0.0	0.0	0.0	1 825.0	0.0	1 825.0	0.0	0.0	0.0	1 825.0
	需水量	4 124.5	8 323.2	2 257.8	416.3	15 777.0	30 898.9	4 124.5	8 323.2	2 257.8	416.3	16 863.1	31 984.9	4 124.5	8 323.2	2 257.8	416.3	19 705.3	34 827.2
	缺水量	0.00	0.00	0.00	0.00	0.00	0.0	0.0	0.0	0.0	0.0	0.0	0.0	30.1	2 274.2	0.0	409.9	19 604.3	22 318.5
钦北区	地表水	4 176.2	13 607.2	1 016.6	346.4	13 518.1	32 664.4	4 126.3	10 782.4	965.6	135.5	12 104.2	28 114.0	0.0	11 183.9	61.1	11.7	33.1	11 289.8
	地下水	1 090.1	0.0	0.0	0.0	0.0	1 090.1	1 090.1	0.0	0.0	0.0	0.0	1 090.1	853.4	0.0	0.0	0.0	0.0	853.4
	郁江调水	0.0	0.0	0.0	0.0	0.0	0.0	49.9	3 382.0	51.0	0.0	2 704.9	6 136.7	4 412.9	2 965.4	955.5	0.0	711.8	9 045.6
	需水量	5 266.2	14 164.4	1 016.6	757.8	18 754.1	39 959.0	5 266.2	14 164.4	1 016.6	757.8	20 125.1	41 330.1	5 266.2	14 164.4	1 016.6	757.8	23 618.0	44 823.0
	缺水量	0.0	557.2	0.0	411.5	5 236.1	6 204.7	0.0	0.0	0.0	622.3	5 316.0	5 989.3	0.0	15.1	0.0	746.1	22 873.1	23 634.3
钦州港	地表水	4 194.6	10 329.6	2 628.1	297.6	4.0	17 453.9	4 123.2	5 835.5	2 617.2	347.2	12.5	12 935.6	58.7	15 570.6	269.0	136.9	13.2	16 048.4
	地下水	34.1	0.0	0.0	0.0	0.0	34.1	34.1	0.0	0.0	0.0	0.0	34.1	34.1	0.0	0.0	0.0	0.0	34.1
	回用水	0.0	4 015.0	0.0	0.0	0.0	4 015.0	0.0	4 015.0	0.0	0.0	0.0	4 015.0	0.0	4 015.0	0.0	0.0	0.0	4 015.0
	郁江调水	0.0	0.0	0.0	0.0	0.0	0.0	71.4	7 474.1	10.9	0.0	2.1	7 558.6	4 135.9	2 687.1	2 359.1	0.0	1.4	9 183.5
	需水量	4 228.7	26 033.9	2 628.1	570.7	14.6	33 476.1	4 228.7	26 033.9	2 628.1	570.7	14.6	33 476.1	4 228.7	26 033.9	2 628.1	570.7	14.6	33 476.1
	缺水量	0.0	11 689.3	0.0	273.2	10.6	11 973.1	0.0	8 709.3	0.0	223.6	0.0	8 881.4	0.0	3 761.3	0.0	433.8	0.0	4 195.1
灵山县	地表水	6 819.3	10 110.3	1 358.8	1 337.0	30 445.2	50 070.7	6 783.3	10 122.3	1 313.5	186.0	25 158.1	43 563.2	5 086.4	653.4	36.4	75.7	27 986.1	33 838.4
	地下水	1 917.2	0.0	0.0	0.0	0.0	1 917.2	1 917.2	0.0	0.0	0.0	0.0	1 917.2	1 917.2	0.0	0.0	0.0	0.0	1 917.2
	郁江调水	0.0	0.0	0.0	0.0	0.0	0.0	36.0	24.4	45.3	0.0	2 490.0	2 595.7	1 732.4	9 402.1	1 322.4	0.0	1 604.0	14 060.9
	需水量	8 736.5	10 146.6	1 358.8	1 532.9	38 329.6	60 104.4	8 736.5	10 146.6	1 358.8	1 532.9	41 117.7	62 892.5	8 736.5	10 146.6	1 358.8	1 532.9	48 100.9	69 875.7
	缺水量	0.0	36.3	0.0	195.9	7 884.3	8 116.5	0.0	0.0	0.0	1 346.9	15 959.6	17 306.6	0.0	91.2	0.0	1 457.2	18 510.9	20 059.2
浦北县	地表水	4 179.7	13 952.1	1 013.7	94.2	10 834.1	30 073.8	4 169.6	13 961.4	983.2	154.3	8 953.8	28 222.1	4 151.6	14 003.7	1 013.7	140.2	5 310.8	24 619.9
	地下水	1 282.0	0.0	0.0	0.0	0.0	1 282.0	1 282.0	0.0	0.0	0.0	0.0	1 282.0	1 282.0	0.0	0.0	0.0	0.0	1 282.0
	需水量	5 461.7	14 276.6	1 013.7	891.5	13 183.1	34 826.6	5 461.7	14 276.6	1 013.7	891.5	14 059.1	35 703.2	5 461.7	14 276.6	1 013.7	891.5	16 277.5	37 921.0
	缺水量	0.0	324.5	0.0	797.3	2 349.1	3 470.8	10.2	315.2	30.5	737.2	5 105.9	6 199.1	28.2	273.0	0.0	751.3	10 966.7	12 019.2
合计	配置水量	27 817.7	60 337.4	8 275.0	2 491.5	70 578.4	169 500.1	27 807.6	63 920.3	8 244.5	1 239.3	68 288.7	169 449.1	27 759.5	66 530.2	8 275.0	370.9	35 761.4	138 696.8
	需水量	27 817.6	72 944.7	8 275.0	4 169.2	86 058.4	199 265.2	27 817.6	72 944.7	8 275.0	4 169.2	92 180.2	205 386.8	27 817.6	72 944.7	8 275.0	4 169.2	107 716.3	220 923.0
	缺水量	0.00	12 607.3	0.0	1 677.9	15 480.1	29 765.1	10.2	9 024.5	30.5	2 930	26 381.5	38 376.4	58.3	6 414.8	0.0	3 798.3	71 955.0	59 907.8
	缺水率	0.00%	17.28%	0.00%	40.24%	17.99%	14.94%	0.04%	12.37%	0.37%	70.28%	28.62%	18.68%	0.21%	8.79%	0.00%	91.10%	66.80%	27.12%

11.4 方案评价

1. 各方案目标值比较

对于社会效益目标,由式(11-1)知,2020 年 $P=50\%$ 来水频率下的方案一缺水总量大于方案二,其原因在于:方案一中生活、第二产业及第三产业的 COD 排放浓度过高,为满足 COD 排放总量约束的要求,造成了一部分水量无法使用。而 2030 年的两个方案下缺水量相对于 2020 年有大幅度上升,说明钦州市在"三条红线"约束下的未来用水形势不容乐观。

对于经济效益目标,方案一中平水年($P=50\%$)情况下 2020 年、2030 年目标值分别为 1 393.3 亿元、3 902.9 亿元,各水平年钦州市 GDP 和经济增长率低方案下(见表 7-4)预测值相近。

对于环境效益目标,方案一、方案二均已符合 2020 年、2030 年的 44 275.8 万 t、44 211.4 万 t 的钦州市 COD 限制排放量,能保证钦州市水功能区水质达标以及生态环境安全,有较好的环境效益。

总体来说,"三条红线"约束下的配置方案(方案一)满足了"三条红线"的约束指标,可其社会效益、经济效益受影响较大,不利于钦州市社会、经济的稳定发展;"三条红线"约束下且强化减排的配置方案(方案二)是方案一的问题的改进方案,在强化降低污染物排放量的情况下,满足了"三条红线"的约束要求,且社会效益、经济效益得到了保障,是能够满足钦州市在"三条红线"约束下发展要求的水资源配置方案。

2. 各用水部门缺水形势比较

图 11-1～图 11-4 为 2020 年、2030 年两种方案下各行业缺水率情况。

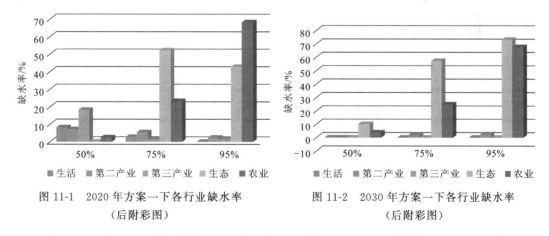

图 11-1　2020 年方案一下各行业缺水率
（后附彩图）

图 11-2　2030 年方案一下各行业缺水率
（后附彩图）

由图 11-1、图 11-2 可以看出,2020 年方案一虽然实现了污染物排放量达标,但造成了一定的生活缺水,造成这种情况的原因是钦州市生活用水 COD 排放浓度高达 130.25 g/m³,数倍于其他行业,受水资源优化配置模型中环境效益目标的影响,缺水量开始向生活用水转移;2020 年方案二中在强化减少污染排放后,各行业缺水情况和方案一类似,最关键的是在"三条红线"共同约束下生活缺水问题得到了解决。

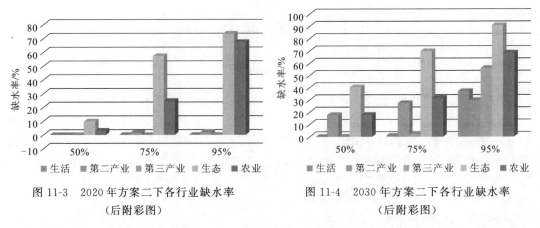

图 11-3　2020 年方案二下各行业缺水率
（后附彩图）

图 11-4　2030 年方案二下各行业缺水率
（后附彩图）

由图 11-2、图 11-4 可以看出,上述情况在 2030 年的两种配置方案中也有发生,且各行业的缺水率大幅上升:方案一中生活缺水较为突出,尤其在枯水年情况下生态缺水达到 40%以上;当生活、第二产业及第三产业 COD 排放浓度降低时,方案二的缺水量;缺水权重较低的生态及农业用水部门转移,分别造成近 70%和 30%生态和农业缺水。上述情况和 2020 年有类似的原因,但造成 2030 年缺水量进一步加大的原因是未来需水量的剧增以及水资源用水总量控制红线的共同作用:2030 年钦州市水资源用水总量控制红线为 16.95 亿 m³,而 2030 年随着钦州市 GDP 和人口的剧增,经济增长率高方案下三个来水频率下的需水量分别增加到 19.93 亿 m³、20.54 亿 m³、22.09 亿 m³;经济增长率中方案下三个来水频率下的需水量分别增加到 19.20 亿 m³、19.81 亿 m³、21.37 亿 m³;经济增长率低方案下三个来水频率下的需水量分别增加到 18.54 亿 m³、19.15 亿 m³、20.70 亿 m³。水资源用水总量控制红线与需水量之间的差值本身就造成了水资源总量的短缺,这说明钦州市未来用水效率即使达到国家用水效率控制红线约束要求但还是不能满足用水总量控制红线的要求,仍需进一步要加大节水力度。

3. 各计算分区缺水形势比较

图 11-5～图 11-8 为 2020 年、2030 年两种方案下各计算分区缺水率情况。

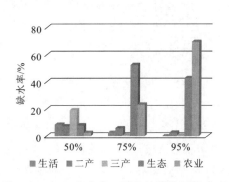

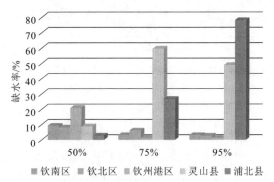

图 11-5　2020 年方案一下各计算分区缺水率
（后附彩图）

图 11-6　2030 年方案一下各计算分区缺水率
（后附彩图）

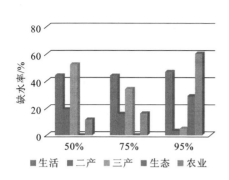
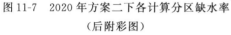

图 11-7 2020 年方案二下各计算分区缺水率
（后附彩图）

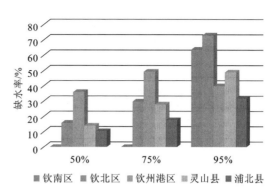

图 11-8 2030 年方案二下各计算分区缺水率
（后附彩图）

对比方案一和方案二两种方案的各计算分区缺水率,2020 年、2030 年各计算分区在两种方案下总缺水率相近,缺水趋势几乎一致。

对比各计算分区的缺水形势,供水保障最好的是钦南区,不同来水年份都不存在缺水,因为钦州市市辖区属于钦南区,对钦南区供水工程布局较好,市辖区有大型水闸青年水闸保障了生活供水,而且钦州市十座大中型水库中有 5 座布局在钦南区,保障了钦南区各行业用水。

钦州港区内的供水水源匮乏,但由于郁江调水工程的供水保障沿海工业园区的工业、生活用水,2020 年各来水年份缺水率较钦北区、灵山县和浦北县减少较多。但到了 2030 年,各来水情况下的缺水率约在 30% 以上。其原因是,一方面由于钦州市工业产业高速发展,需水量需求剧增,另一方面是由于水源供水次序原则,在用水总量控制红线的约束下首先削减的是跨流域调水工程的引调水量:$P=50\%$、$P=75\%$ 来水情况下郁江调水工程总引调水量分别为 0 亿 m^3 和 1.63 亿 m^3,都不及它的供水能力,因此,造成 2030 年调水工程对钦州港区的供水不足。而 $P=95\%$ 来水频率下郁江调水工程调水量可达其供水能力,但本地水源可供水量不足依然造成钦州市整体缺水形势加剧。

由于钦北区、灵山县是钦州市农业产业大区(县),农业需水量较大,造成辖区内一定程度的缺水。此次水资源优化配置将郁江调水工程进行了优化配置,钦北区、灵山县可供水量得到充分补给:方案一的结果中,2030 年 $P=75\%$、$P=95\%$ 两种来水情况下对钦北区的总引调水量分别为 6 136.7 万 m^3、9 045.6 万 m^3,对灵山县的总引调水量分别为 2 595.7 万 m^3、14 070.0 万 m^3,说明此次水资源优化配置对缓解缺水严重计算分区的用水压力起到了较好的效果。

钦州市缺水最为严重的是浦北县,由于该县供水水源无跨流域调水工程的补给,只能从本辖区水源供水,造成了该计算分区枯水和特枯年份缺水十分严重。

11.5 措施与建议

最严格水资源管理制度“三条红线”的实施,将过去解决水资源供需矛盾的路径“开源与节流"转变为"节水优先、综合治水、生态安全"。针对此次水资源优化配置方案的问题，为了解决钦州市水资源供需矛盾、水资源污染问题，采取的措施与建议如下。

（1）针对钦州市污染物排放量过大问题，首先需要解决的是降低各行业污染物排放浓度，这需要钦州市加大污水处理力度，落实城市规划建设的生活、工业污水处理场，并关闭、整治高污染工业企业。除了加大城镇生活、工业污水处理力度之外，农村生活污水的处理也不容忽视，而钦州市大部分农村并没有排水渠道和污水处理系统。钦州市农村应因地制宜的采用合适的污水收集模式，如村镇集中收集模式、住户分散收集模式[6]、市政统一收集模式。另外，钦州市应实施入河排污口综合整治工程，重新布局钦州市市内入河排污口，关闭不合理的入河排污口，从源头上控制污染物的排放。

（2）针对农业缺水问题，必须加大钦州市的农业节水力度。一方面应从提高农田灌溉利用系数着手，完成大型灌区钦灵灌区及10处万亩中型灌区的主干渠及其末级渠系的配套改造与节水建设，提高有效灌溉面积；另一方面，钦州市需降低部分作物的需水定额，从而降低农业需水量，这需要加强高标准节水工程建设，结合土地整治及现代农业建设，对于高附加值经济作物有计划的推广喷灌、滴灌及管灌等节水灌溉技术。

（3）针对工业、建筑业缺水问题，同样要从加大工业节水出发，逐步优化产业结构。首先必须加大对高耗水工业企业的监管，限制高耗水企业的发展；其次需要引导、扶持企业进行节水技术改造，以促进钦州市工业万元用水量指标值下降。最后应提高企业水循环利用率和废水处理回用率，以减少地表水、地下水的供给。

（4）考虑到用水总量控制红线的约束，水资源开源方式可以向海水资源方向发展，并且钦州市属于滨海城市，具有丰富的海水资源的特点。海水利用包括海水直接利用和海水淡化。钦州市现今在海水直接利用上具有一定规模，市内的钦州燃煤电厂、国电北部湾电厂、钦州港金谷石化工业园热电厂全部采用海水冷却；海水淡化是一种可实现水资源可持续利用的开源增量技术，不受气候影响，水质好，可以较好地弥补蓄水、跨流域调水等传统手段的不足[6]。钦州市拥有丰富的海洋资源，但至今未采用任何海水淡化技术。因此，积极引进海水淡化技术，大力推动海水淡化水向社会供水产业，并完善海水淡化产业链条是解决钦州市及其他滨海城市水资源供需矛盾问题的重要途径。

11.6　小　　结

本章是根据第10章所构建的"三条红线"约束下钦州市水资源优化配置模型的求解和方案分析，对钦州市水资源采取"三条红线"约束下的配置方案（方案一）以及"三条红线"约束下且强化减排的配置方案（方案二）两种方案进行优化配置；分析确定了模型参数与"三条红线"的约束指标，采用基于控制精英策略多目标遗传算法的gamultiobj函数对模型求解。在两种方案、三种来水频率下，共得到2020年、2030年共12组水资源优化配置结果；并对两种方案下的目标值、各计算分区缺水情况、用水部门缺水情况分别进行了对比分析与评价。最后本章针对钦州市水资源的问题以及钦州市滨海城市的特点提出了削减污染物排放量、加大农业节水力度、加大工业节水力度、充分利用海水资源措施与建议。

参 考 文 献

[1] 张平,郑垂勇.南水北调东线受水区水资源优化配置研究[J].水利经济,2006,24(4)：61-64,66.

[2] 国家环境保护总局,国家质量监督检验检疫总局.GB 18918-2002.城镇污水处理厂污染物排放标准 [S].北京：中国环境科学出版社,2002.

[3] 吴英杰,刘廷玺,刘晓民.基于 NSGA-II 算法的锡林浩特市多水源工业供水优化配置[J].中国农村 水利水电,2010(8)：95-98.

[4] Mathworks. gamultiobj[EB/OL]. http://cn. mathworks. com/help/gads/gamultiobj. html

[5] 谭学军,张惠锋,张辰.农村生活污水收集与处理技术现状及进展[J].净水技术,2011,30(2)：5-9.

[6] 王静,刘淑静,侯纯扬,等.我国海水淡化产业发展模式建议研究[J].中国软科学,2013(12)：24-31.

彩　插

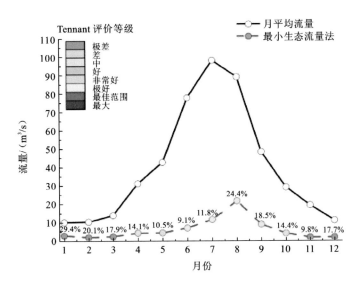

图 5-4　基本生态流量

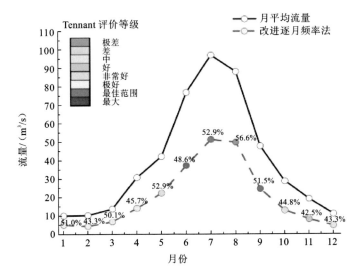

图 5-5　适宜生态流量

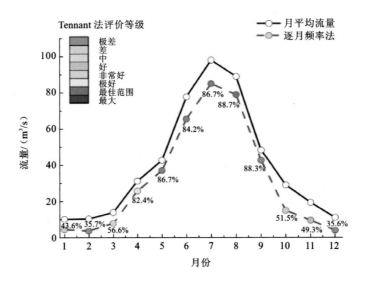

图 5-6 理想生态流量

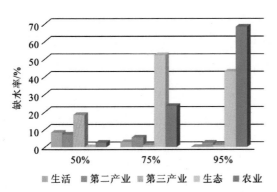

图 11-1 2020 年方案一下各行业缺水率

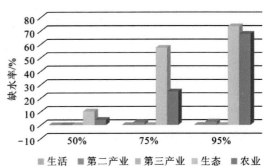

图 11-2 2030 年方案一下各行业缺水率

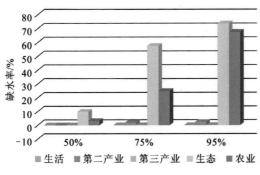

图 11-3 2020 年方案二下各行业缺水率

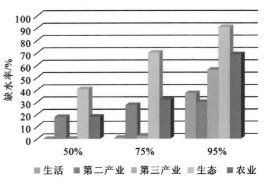

图 11-4 2030 年方案二下各行业缺水率

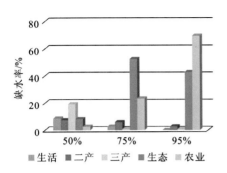

图 11-5　2020 年方案一下各计算分区缺水率

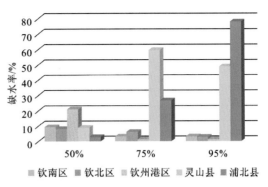

图 11-6　2030 年方案一下各计算分区缺水率

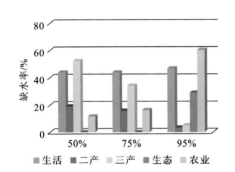

图 11-7　2020 年方案二下各计算分区缺水率

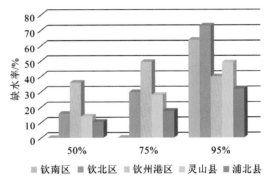

图 11-8　2030 年方案二下各计算分区缺水率